U0838443

全国各类高等院校食品加工工艺专业“十三五”规划与创新系列教材

食品添加剂

主　编　张　建　武玉涛　赵　赟
副主编　赵　芳　赵巧丽　蔚　慧
　　　　杨永清　张迎红

中国商业出版社

图书在版编目(CIP)数据

食品添加剂 / 张建，武玉涛，赵赟主编．—北京：中国商业出版社，2015.8(2021.9 重印)

ISBN 978-7-5044-8919-7

Ⅰ. ①食… Ⅱ. ①张… ②武… ③赵… Ⅲ. ①食品添加剂-高等职业教育-教材 Ⅳ. ①TS202.3

中国版本图书馆 CIP 数据核字(2015)第 052712 号

责任编辑：蔡凯

中国商业出版社出版发行

010-63180647 www.c-cbook.com

(100053 北京广安门内报国寺 1 号)

新华书店经销

北京军迪印刷有限责任公司印刷

*

787 毫米×1092 毫米 16 开 15 印张 300 千字

2015 年 8 月第 1 版 2021 年 9 月第 2 次印刷

定价：56.00 元

* * * *

(如有印装质量问题可更换)

前言

随着《中华人民共和国食品安全法》、《中华人民共和国食品安全法实施条例》与《食品安全国家标准管理办法(草案)》的颁布与实施,我国《食品添加剂使用卫生标准》将成为"食品安全国家标准"之一。食品添加剂在改善食品色、香、味和质构,提高食品营养价值,加快新产品开发等方面发挥着重要作用,已成为食品工业科技创新的推动力,而掌握食品添加剂的相关法律法规以及各种食品添加剂的功能特性是科学使用食品添加剂的基础。

本书主要包括我国《食品添加剂使用卫生标准》(GB 2760—2007)所列入的食品添加剂的主要部分和国内外已广泛使用的重要食品添加剂类别和常用品种,结合我国食品添加剂的使用情况,重点介绍了食品添加剂的定义、性质、性能、作用机理、毒性、使用方法、应用范围与剂量,以及食品添加剂的使用原理、使用时的注意事项等有关知识,同时也介绍了国内外食品添加剂发展的动态以及国际上食品添加剂的发展形势和使用情况,旨在通过本课程的学习,让学生理解和掌握食品添加剂对改善食品品质、改进生产工艺、提高生产率、延长食品保质期的重要作用,学会在食品加工中如何正确使用食品添加剂,培养学生发现、分析、解决问题的能力,为发展食品工业,开拓食品市场培养创新实用的新型人才。

本书主编由邯郸职业技术学院张建(模块七、模块十)、邯郸职业技术学院武玉涛(模块六)、邯郸职业技术学院赵赟(模块一、模块十二、模块十三)担任,副主编由邯郸职业技术学院赵芳(模块八、模块九)、邯郸职业技术学院赵巧丽(模块四、模块五)、邯郸职业技术学院蔚慧(模块二、模块三)、邯郸市疾病预防控制中心杨永清(模块十一)、邯郸市第一中学张迎红(模块十四)担任。

本书可作为高职高专层次食品加工技术类、食品质量与安全、食品营养与检测等相关食品专业使用的教材,亦可作为食品生产、科研和管理人员的参考用书。

编者

2021 年 8 月

目录

模块一

食品添加剂概述

基础理论和知识

1. 食品添加剂的概念；
2. 食品添加剂的分类。

基本技能及要求

1. 掌握食品添加剂的概念及特征；
2. 掌握食品添加剂的作用；
3. 掌握食品添加剂的分类和法定编号；
4. 了解我国食品添加剂工业发展趋势。

◆学习重点

食品添加剂的概念及分类。

◆学习难点

食品添加剂的法定编号。

◆导入案例

北京某区工商分局接到群众举报在某市场查获一批以半成品猪肉假冒牛肉上市销售，工商执法人员当即将这批牛肉拿出来认真检查与识别，发现这批半成品牛肉肉质细腻，不像真牛肉有那种晶体状的粗肉纹，便质问该经营者这批“牛肉”是否假冒。经营者神情慌乱支支吾吾地承认，这批“假牛肉”原来是一批猪肉，经染色加上牛肉膏，煮成半成品制作而成。记者随后来到食品添加剂店集中的路段进行打探，店老板告诉记者，这种膏不仅有牛肉味的，还有鸭肉味的、鸡肉味的，做烧烤、做肉丸、做汤料都可以。业内人士透露，这种牛肉膏不仅在小肉松作坊中，在一些小吃店也有使用，也是公开的秘密。在冷冻食品以及烧烤类食品中，这种肉膏早就是造假的手段之一。通常一瓶500克装的牛肉膏可以让25千克猪肉全变成牛肉，一次腌制25千克猪肉来冒充卤牛肉，就可直接省下近千元的成本。牛肉膏里究竟藏了什么秘方？在牛肉膏罐身上，记者看到其注明主要成分是新鲜肉类、各种氨基酸、核苷酸二钠、味精、水解蛋白等，记者将牛肉膏和羊肉香精粉拿给质监局质检院专家鉴定，专家鉴定查看后表示，这其实是复合添加剂，是食用香精的一种，比如核苷酸二钠，它是新一代的食品增鲜剂，可直接加入到食品中，起增鲜作用，有“强力味精”之称。事实上牛肉膏这种“牛肉香精”，是一种很常规的食品香精，跟味精、鸡精一样，在现代食品工业中广泛应用。肉的香味来自蛋白质水解产生的氨基酸与多肽、碳水化合物、核苷酸、糖等，尤其是氨基酸与还原糖在加热条件下发生美拉德反应，会生成各种挥发性的分子。不同的氨基酸与糖，以及不同的反应条件，会产生不同的香味。这类香精用量应有限制，吃多了对身体肯定有害。食用香精、核苷酸二钠等添加剂都是国家允许的食品添加剂品种，但有限量使用要求。如核苷酸二钠的用量为2%～5%，水解蛋白每日限量为50～100克。食品添加剂用于食品生产是十分必要的，它可满足消费者的适口性和健康的需要，改善和提高食品 色、香、味及口感等感官指标。食品添加剂在加工食品中有着无法替代的作用，但如果在生产过程中过量或违规使用添加剂则会影响食品的安全。更多新型食品添加剂不断出现正考验着食品从业者的道德底线，也考验着我国相关法律的完善和执行力。

讨论

1. 为什么有假冒牛肉上市销售，牛肉膏有危害吗？
2. 你认为怎样才能杜绝此类事情发生？

Food Additives

项目一　食品添加剂的概念及特征

食品添加剂一词源于西方工业革命，近20年来已成为一门新兴独立的产业直接影响着食品产业的发展，故其价值远远大于自身的经济价值。关于对它的认识，各国基本相似，但也有一些差异。

任务1　食品添加剂的定义

目前对食品添加剂的定义种类较多，不少国家都根据自己的要求和理解对添加剂进行了定义。

我国《食品添加剂使用卫生标准》（GB 2760—1996）规定“食品添加剂是指为改善食品品质和色、香、味，以及为防腐、保鲜和加工工艺的需要而加入食品中的人工合成或者天然物质。营养强化剂、食品用香料、胶基糖果中基础剂物质、食品工业用加工助剂也包括在内”。

日本《食品卫生法》规定：“生产食品的过程中，为生产或保存食品，用混合、浸润等方法在食品里使用的物质称为食品添加剂。”换句话说，所谓食品添加剂就是为了生产、保存食品而添加的物质。从使用目的看，主要是提高食品的质量和稳定性、强化营养成分、增香添味防止食品氧化变质以及延长保存期等。在日本，将食品添加剂分为非天然物和天然物两大类，前者对质量指标、限量等均有严格规定，而后者则均以“按正常需要为限”，不作明确的各种限制规定。在英国《食品标签法》中添加剂的定义是：“通常它本身不用作食物来消费，无论其是否具有营养价值，都不用作食品的某种特征性成分。它添加到食品中是用以满足食品在生产、加工、调理、处理、包装、运输和贮存过程中的技术要求，或者可能达到某种合理的预期结果，其本身或副产物直接或间接地成为食品的组成成分。”美国食品和营养委员会则规定食品添加剂是指：“由于生产、加工、贮存或包装而存在于食品中的物质或物质的混合物，而不是基本的食品组分。”

对于营养强化剂的概念一直有分歧，我国将其列为食品添加剂的范畴，定义为：“指为增强营养成分而加入食品中的天然的或者人工合成的属于天然营养素范畴的食品添加剂”称为“食品强化剂”。联合国粮农组织（FAO）和世界卫生组织（WHO）联合食品法规委员会对食品添加剂定义为：“食品添加剂是有意识地一般以少量添加于食品，以改善食品的外观、风味、组织结构或贮存性质的非营养物质。”按照这一定义，以增强食品营养成分为目的的食品强化剂不应该包括在食品添加剂范围内。国际食品法典委员会（CAC）的定义为：“食品添加剂是指其本身通常不作为食品消费，也不是食品的典型成分，而不管其有无营养价值。它们在食品的制造、加工、调制、处理、装填、包装、运输或保藏过程中由于技术（包括感官）的目的，有意加入食品中或者预期这些物质或其副产物会成为（直接或间接）食品的一部分，或者改善食品的性质。它不包括污染物（农残、包装材料溶出物等）或者为保持、提高食品营养价值而加入食品中的物质。”CAC的定义明确指出不包括食品营养强化剂。一般认为，食品营养强化剂虽有营养作用但也不能随便乱用，应参照食品添加剂的原则予以适当管理。

◈知识拓展

联合国粮农组织（FAO）

联合国粮农组织（Food and Agriculture Organization，FAO）是联合国系统内最早的常设专门机构。其宗旨是提高人民的营养水平和生活标准，改进农产品的生产和分配，改善农村和农民的经济状况，促进世界经济的发展并保证人类免于饥饿，是联合国专门机构之一，各成员国间讨论粮食和农业问题的国际组织。

世界卫生组织（WHO）

世界卫生组织（World Health Organization ，WHO）是联合国下属的专门机构，国际最大的公共卫生组织，总部设于瑞士日内瓦。世界卫生组织的宗旨是使全世界人民获得尽可能高水平的健康。该组织给健康下的定义为“身体、精神及社会生活中的完美状态”。世界卫生组织的主要职能包括：促进流行病和地方病的防治；提供和改进公共卫生、疾病医疗和有关事项的教学与训练；推动确定生物制品的国际标准。

任务2　食品添加剂的特征

虽然目前国际上对食品添加剂没有一个统一的定义，不少国家和地区根据各自的要求和理解对食品添加剂有不同的定义，对食品添加剂界定范围有一定的差别，但食品添加剂总的来说还是具有一些相同的特征。主要特征体现为食品添加剂是加入到食品中的物质，一般不单独作为食品来食用；食品添加剂既包括人工合成的物质，也包括天然物质；食品添加剂加入到食品中的目的是为改善食品品质和色、香、味以及为防腐、保鲜和加工工艺的需要。

项目二 食品添加剂的作用及与食品加工业关系

任务1 食品添加剂的作用

食品添加剂对食品工业具有非常重要的意义，其主要具有以下作用。

一、改善和提高食品的感官性状

对色、香、味、形及口感等食品的感官评价，是衡量食品质量的重要指标。食品加工过程一般都有碾磨、破碎、加温、加压等物理过程，在这些加工过程中，食品容易褪色、变色，有一些食品固有的香气也散失了。此外，同一个加工过程难以解决产品的软、硬、脆、韧等，适当地使用添加剂可明显地提高食品的感官质量，满足人们对食品风味和口味的需要。饮食的发展从当初果腹到人类物质享受，经历了漫长的发展过程，有着深厚的历史、文化、美学、人文、艺术等多方面的积淀。各国、各地区，甚至各民族、各阶层都有着自己鲜明的饮食特色。香精、香料、色素有着悠久的应用历史，也是当今食品添加剂中比例最大、使用最为活跃的部分。

◈知识拓展

食品感官评价

食品感官评价是指这样一门学科，它用于揭示、测量、分析和说明食品或材料在为人的视、嗅和触等感觉器官所接受时的特性。换言之，感官评定是用人们的感觉器官（即嗅、味、触、听、视）对食品的感官特性进行评价的一门科学。其本质就是科学地量度和分析人们接触到食品时，感觉器官所感知的各种物性反应。食品感官评价学是在食品理化分析的基础上，集心理学、生理学、统计学的知识发展起来的一门学科。

二、有利于食品的保藏和运输，延长食品的保质期

食物原料大部分来自动、植物，属于生鲜食品，如不采取防腐保险措施，出厂后将很快腐败变质。每年在储藏、运输过程中因贮藏不当造成的浪费数目惊人，这对于资源日渐短缺、人口飞速膨胀的全球是一种极大的灾难。因此，加快食品保鲜剂、防腐剂的研制，尽可能地延长食品的保质期，成为加速食品添加剂发展的动力。食品在腐败变质的同时，由于氧化还原反应的发生，还会出现脂肪的酸败、色泽褐变，营养成分损失等多方面的变化，促使食品的品质下降，所以，食品中也需要使用抗氧化剂等。

三、保持或提高食品的营养价值

食品添加剂的存在，可抑制食品腐败变质，保护营养成分免受或少受损失。在食品中适当地添加一些营养素，可大大提高和改善食品的营养价值。这对于防止营养不良和营养缺乏，保持营养平衡，提高人们的健康水平具有重要的意义。如食盐中加碘，面粉中加强化铁、

锌等，儿童食品中加强化钙、维生素等。日常食品的营养强化，是关系着一个国家、一个民族身体素质的重要问题，也将影响国家的发展和强大。

四、有利于食品加工操作

食品的加工程度越来越高，工业化生产的食品已深入我们日常生活的每一天。食品添加剂可使食品原料更具有可加工性，以适应现代化食品机械设备的大规模生产。食品加工过程中许多需要润滑、消泡、助滤、稳定和凝固等，如果不用食品添加剂就无法加工。

五、增加食品的品种和方便性

食品品种多样化是满足不同消费群体需要的前提，目前超级市场的食品有成千上万种，不论是色泽、形状、口味的改变，还是原料、营养、品种的调整，琳琅满目的食品都极大地促进了人们的消费欲望。现代生活、工作的快节奏，使得人们对方便食品的需求大大增加，快餐食品、即食食品、速冻食品等都深受都市人的喜爱。

◙知识拓展

方便食品

方便食品指以米、面、杂粮等粮食为主要原料加工制成，只需简单烹制即可作为主食的具有食用简便、携带方便、易于储藏等特点的食品。随着中国经济的迅速发展，尤其是生活节奏的加快促使人们改变了传统的生活方式，随着人们越来越不愿在厨房里多花时间，新一代的消费群体在不断壮大，使方便食品越来越保持良好的增长势头。目前国内以菜肴为主要内容的新型方便食品，运用中华传统美食的“色、香、味、形”四大要素把其延伸到方便食品，使得方便食品市场已进入一个新的发展阶段，全国市场上方便菜肴的品种有250种之多，方便食品正随着人们的需求变化而不断变化着。

六、满足其他的特殊需要

食品在调节人体机能和维护人体健康方面发挥着重要的作用，因此大力开发低糖、低脂食品成为食品工业发展的一种趋势，这使糖类、脂类替代品的开发成为重要方向。目前，肥胖、糖尿病患者数量激增，专用食品的开发也需要有大量食品添加剂的保证。

七、提高经济效益和社会效益

食品添加剂的使用不仅增加了食品的花色品种和提高了品质，而且在生产过程使用稳定剂、凝固剂、絮凝剂等各种添加剂能降低原材料消耗，提高产品收率，从而降低了生产成本，可以产生明显的经济效益和社会效益。

任务2　食品添加剂与食品加工业

1856年英国人发明了第一种人工合成色素苯胺紫，1906年出现于市场上的用于食品的化学品仅有12种，20世纪30年代使用化学品作为防腐剂还不普遍，直到20世纪50年代，化学品在食品保藏以及在食品加工中的使用才日益增长，使化学品添加剂在食品中大规模地应用并生产，形成了食品添加剂行业。随着化学工业的迅猛发展，得到大量人工合成的添加剂变得非常容易，价格低，稳定性等方面效果好，使得化学合成品在某些方面一定阶段逐步取代了天然添加剂在食品中的使用，食品添加剂在食品工业的发展中功不可没。

现代，中国食品添加剂与中国食品工业一起发展壮大，并已成为中国食品工业重要的组成部分。没有食品添加剂，现代人类的日常生活将不堪设想。它对于改善食品香、色、味，调整营养构成，改进加工条件，提高产品质量，方便食用，防止腐败变质，延长食品的货架期，发挥着日益重要的作用。食品工业促进了食品添加剂的发展，食品添加剂的广泛应用又带动了现代食品工业的发展，二者相辅相成。2004 年，全世界食品添加剂的年贸易额达 200 亿美元。

食品添加剂在食品中的应用使得我们的饮食丰富多彩并且更易接受，可以说，当今社会我们几乎所接触的每一种食品都与食品添加剂息息相关，有防腐剂的存在，从生产厂家到消费者手中才使多数食品有更长的保质期；增稠剂的存在，美味的果肉饮料才具有那么均匀的体系及丰满的口感；有了乳化剂，才有爽滑可口的冰淇淋；有了甜味剂才有低糖、低热量的产品；有了香精，才有香气浓郁的产品。同样，在家庭生活中也离不开食品添加剂，烹饪时使用的味精、鸡精、调味料等属于食品添加剂；做馒头时的发酵粉属于食品添加剂；甚至煮粥时加入的碳酸钠也属于食品添加剂。总之，目前我们的食品产业对食品添加剂依赖度很高，如果没有食品添加剂，我们的食品就会受到很大的局限性，食品添加剂使我们的食品、我们的生活更加丰富多彩。

由于食品工业的迅速发展，食品添加剂的种类和用量日益增多，使用范围也日益扩大，它们已成为现代食品工业生产中必不可少的物质，被称为“食品的灵魂”。目前，食品添加剂工业已发展成为独立的行业，并且成为现代食品工业的基础工业之一。随着经济的发展，人们对饮食提出了更新、更高的要求，一方面要求色、香、味、形俱佳，另一方面要求食用方便、卫生安全，而食品添加剂就发挥了极其重要的作用。

◈知识拓展

中国古代食品添加剂应用

食品添加剂在中国的直接应用可追溯到一万年以前，与传统的中国饮食同样悠久。中国在远古时代就有在食品中使用天然色素的记载，如《神农本草》《本草图经》中即有用栀子染色的记载；在周朝时即已开始使用肉桂增香；大约在东汉时期我国人民就用盐卤（现在叫凝固剂）点制豆腐；北魏时期的《齐民要术》中记载了从植物中提取天然色素予以应用的方法；约 800 年前，南宋时期就用亚硝酸盐（现在叫防腐剂、护色剂）制作腊肉。

项目三　食品添加剂的分类和法定编号

任务 1　食品添加剂的分类

食品添加剂种类繁多，据统计，国际上目前使用的食品添加剂种类已达 14000 种。到 2003 年，我国共批准许可使用的食品添加剂将近 1700 种（含香精香料）；日本许可使用的食品添加剂约 1100 种，其中包括合成品 347 种；美国许可使用的食品添加剂约 3000 种；欧盟许可使用的食品添加剂有 1500 ~ 2000 种。一般来说，目前在世界上采用的分类法主要有 4 种：按来源分类、按安全性评价分类、按用途（功能）分类、按卫生法的定义分类。当然也可以根据不同的需要进行适当分类。

一、按来源分类

食品添加剂按其来源可分为天然的和化学合成的两大类，即天然食品添加剂和化学合成食品添加剂。

1. 天然食品添加剂

是指利用动植物或微生物的代谢产物等为原料，经提取而获得的天然物质，有些天然的产品通常又细分为植物、动物、微生物来源3类。

2. 化学合成食品添加剂

是指采用化学手段，使元素或化合物通过氧化、还原、缩合、聚合、成盐等合成反应而得到的物质，其又可分为一般化学合成品与人工合成天然类似物两类。目前使用的大多属于化学合成食品添加剂。

二、按安全性评价分类

食品添加剂的使用安全性是人们最关心的话题，因此可将食品添加剂按其安全性进行分类。目前以日摄取容许量（ADI值）为判断食品添加剂毒性大小的标准。食品添加剂联合专家委员会（JECFA）根据安全性评价资料，将食品添加剂先分成A、B、C类，然后再按用途各细分成两个小类。

1. A类

A（1）类：经JECFA评定，认为毒理学资料清楚，已制定出ADI值，或者认为毒性有限，不需规定ADI值的食品添加剂。

A（2）类：JECFA已制定暂定ADI值，但毒理学资料不够完善，暂时许可使用于食品者。

2. B类

B（1）类：JECFA曾进行过评价，由于毒理学资料不足，未制定ADI值。

B（2）类：JECFA未进行过评价者。

3. C类

C（1）类：JECFA根据毒理学资料认为在食品中使用不安全者。

C（2）类：JECFA根据毒理学资料认为应严格控制在某些食品中做特殊应用者。

由此可以很明显地看出3类食品添加剂的使用安全性依次降低。很显然，A类产品的安全性最高，尤其是A（1）类食品添加剂，均具有明确的ADI值，毒理资料清楚，因此认为只要正确合理地使用此类食品添加剂，则对人体是无害的。但3类产品安全性依次降低与食品添加剂是天然还是化学合成无关。

三、按用途（功能）分类

按用途（功能）分类的方法最常用，国内食品添加剂相关书籍大多按其进行分类，各国对食品添加剂的分类大同小异，差异主要是分类多少的不同。食品添加剂分类的主要目的是便于按用途需要，迅速查出所需食品添加剂。食品添加剂只有在应用后才能发挥其功能，而按功能分类后，在应用时只需在相应的功能类别中查找即可，方便实用。分类情况太细、太粗都会对食品添加剂的使用与选择带来一定困难，因此分类时应本着适当、实用的原则进行。

美国《食用化学法典（FCC）》第三版中又将其分成45类，欧盟将食品添加剂分为26类，日本将食品添加剂分成31类。

按照《中华人民共和国食品添加剂使用卫生标准》（GB 2760—1996）的规定，我国食品添加剂分为：防腐剂、抗氧化剂、发色剂、漂白剂、酸味剂、凝固剂、疏松剂、增稠剂、消泡剂、甜味剂、着色剂、乳化剂、品质改良剂、抗结剂、香料等，共23类。

四、按卫生法的定义分类

日本对食品添加剂除了按用途分类外，还按食品卫生法对食品添加剂的定义将食品添加剂分为制造、加工、保存3大类。

1. 制造

制造是指某种物质经过生产过程使其发生了质的变化，例如用大豆生产酱油、用淀粉生产糖浆，大豆与淀粉在制造过程均发生了质的变化，转变为另一种物质，再如面包等加工中用的膨松剂，在焙烤过程发生了分解等。在日本用于制造的食品添加剂有60多种，如凝固剂、乳化剂、溶剂、萃取剂、食品制造用剂、膨胀剂、消泡剂、糊料、黏结剂等。

2. 加工

加工是指物质没有质的变化，只是使其在形态上起了变化，即物理变化，例如食品着色、调味等。用于此类的食品添加剂在日本有230多种，如强化剂、调味剂、酸味剂、甜味剂、着色剂、发色剂、着色剂、漂白剂等。

3. 保存

保存是指对于所用的食品具有保护(病、虫、微生物害等)作用，此类食品添加剂在日本有40多种，如防虫剂、保存剂、防腐剂、杀菌剂、抗氧化剂、被膜剂等。

五、其他分类方法

在正常的使用过程中，最常用也最实用的分类方法是按用途分类。但是在实际应用中，可能会因某种需要而对食品添加剂提出不同的要求，或是对已分的大类再进行细分，这就要求我们对食品添加剂进行独特的分类以满足生产的需求。如为了满足运输的要求往往希望添加剂是以固体形状存在的，而有时为了添加需要又希望食品添加剂是液态的；在某些加工过程中希望所使用的添加剂是水溶性的，而有时又希望是醇溶性的等。为了满足这样的一些要求，可以对食品添加剂在按用途分类的基础上再进行分类。

1. 按存在状态分类

所有添加剂基本上可分为固态、液态和气态3种类型。

气态食品添加剂很少，在上述添加剂分类中，仅有漂白剂中的二氧化硫和防腐剂中的二氧化碳、二氧化氯属于气态。液态的食品添加剂也相对较少，酸味剂中仅有磷酸、醋酸、盐酸等为液态，消泡剂中有乳化硅油、焦糖色等，被膜剂的液态石蜡，稳定剂和凝固剂中的丙二醇，酶制剂中也有以液态存在的，还有双氧水等，另外，液态添加剂最多的当属香精类物质，市售的大多数香精为液态。而大多数食品添加剂是以固态形式存在的，这里不再详细列举。但是有时这种分类并不是绝对的，例如红曲红与高粱红色素，既有以固体形式存在的也有以液态形式存在的，这都是根据生产方便的需要而变化的。

2. 按溶解特性分类

不同的食品添加剂的在不同溶剂中的溶解特性是不一样的，诸如水溶性、油溶性、醇溶性及可溶、不可溶等概念在有的加工过程中是会提出来的。因此对食品添加剂关于这方面的分类也是有必要的。比较突出的例子是在制造某些糖果过程中是不希望有水存在的，因此就要求在加工过程中不能使用水溶性的色素，而必须使用醇溶性的色素。一般将色素分为水溶性色素、醇溶性色素和脂溶性色素；抗氧化剂通常也按溶解性分为水溶性和油溶性两类。

3. 按化学结构分类

由于着色剂都是靠不同的显色基团来呈现不同颜色的，因此也有按分子结构来分类的。通常将着色剂分为吡咯类、多烯类、酚类、醌酮类及吡啶类5大类。吡咯类，如叶绿素、血红素等；多烯类，如辣椒红、子胡萝卜素等；酚类，如越橘红、萝卜红、红花红、沙棘红等；醌酮类，如红曲红、紫胶红、酸枣红等；吡啶类，如甜菜红等。其中酚类又可依细微结构不同分为花色素苷类和黄酮类等。

4. 按作用方式分类

抗氧化剂按照抗氧化剂的作用方式分为如下几类：

(1)自由基吸收剂

自由基吸收剂主要指在类脂氧化中能够阻断自由基连锁反应的酚类物质，它们具有给电子的功能，如生育酚、黄酮类物质、BHA、BHT及TBHQ等均属于此类。

(2)酶抗氧化剂

酶抗氧化剂的作用是除去溶解的氧或消除来自食物体系的超氧化物，如葡萄糖氧化酶、超氧化物歧化酶、过氧化氢酶、谷胱甘肽过氧化物酶等。

任务2 食品添加剂的法定编号

食品添加剂的统一编号有利于建立食品添加剂数据库，便于电子计算机迅速检索，查询核对食品添加剂相关信息，对食品添加剂使用安全性、合法性快速核查。统一编号也可弥补分类之不足和因名称不统一等所导致的信息冲突。随着信息技术的发展，以计算机网络为基础的电子数据交换(EDI)应运而生。EDI因其传递信息的快速、有效、便捷、准确等明显优势而得以迅速发展。美国和欧共体等国家宣布以EDI方式办理报关等贸易业务，否则将推迟办理，由此造成的压关、压港等损失由客户承担，或不再选为贸易伙伴。

食品添加剂品种繁多，学名、俗名、地方名、商品名等名称众多，难以统一。因此急需一种在全球范围内统一的编码系统，以解决技术资料、生产、质量等需求，使之科学化、国际化、标准化和规范化。为了适应信息时代的需要，制定了食品添加剂的统一编码。

一、食品添加剂的欧盟编号

最早采用编号系统的是欧盟，采用的E - number (European Union Inventory Number，亦称为e - code)编号系统是食品添加剂领域最早采用的编号系统。欧盟的编号从E100至E999，采用3位数字。由于容量有限，对同类物有时会用E × × ×a ~ 等形式表示(即在编号的右方以a、b、c、d等加以区别)，对改性淀粉则单独采用4位的E14 × × 编号，而对食品香料、营养强化剂则没有收编。根据欧盟商标法规定，在使用食品添加剂的产品上可以只写出E - number，而不需标示具体名称。目前，E - number收编的食品添加剂有300多种，其中合成色素25种。欧盟的这一编码体系已经被国际食品法典委员会(CAC)的国际食品添加剂编码系统(INS)采用，凡是有E - number的食品添加剂大部分与INS相同，分类从E100至E999，采用三位数字，但该系统稍显凌乱，且目前收编的仅有296种，有关香料、营养强化剂也均未收编。

二、食品添加剂的国际编号

FAO/WHO曾两次制定食品添加剂的国际编码系统。第二次FAO/WHO在1989年7月

CAC 第 18 次会议上通过了以 E - number 为基础的国际食品添加剂编码系统(INS)。INS 编号绝大部分均与 E - number 编号相同，但对 E - number 编号中未细分的同类物作了补充。INS 的收取原则是“包括至少一个 CAC 成员国正式允许使用的添加剂的名单，无论是否已由 JECFA 作过评价”，并规定以后每隔 2 年增补一次。现在 INS 不单为欧盟各国所接受，在美国 FDA 的法定出版物(FCCⅣ，1996)中也采用，已成为国际上通用的一种编码系统。由于 INS 是各方妥协的结果，因此凡 E - number 中不包括的香料、营养强化剂等，INS 也不包括。

◈知识拓展

国际食品添加剂编码系统

许多食品添加剂都有特定名称，这些名称不少是冗长和复杂的。为方便消费者，食品法典委员会为食品添加剂编制了一套国际编码系统，供国际间采用，以识别各种食品添加剂。

三、食品添加剂的我国编号

我国食品添加剂分类代码(CNS)，参照 CAC 文件，采用 5 位数字表示法，按其功能特征分类。功能分类按英文名称第 1 个字母的顺序列出，各食品添加剂品种则按其所属主要功能类别任意排列，功能类别编号由和其在该功能类别中的编号两部分组成，前 2 位数字码代表添加剂功能分类，后 3 位数字码代表该类目中添加剂品种，中间以黑点分隔 CNS 。编码体系虽具有更大的容量，但是与 INS 编码不同，只对于食品添加剂的某一种功能赋码，没有反映食品添加剂的多种功能，而且在国际上不通用，不便于国际交流和进行有关的比较研究。

项目四　食品添加剂的安全和管理

任务 1　食品添加剂的安全性问题

如何安全合理地使用食品添加剂并看待它们的毒性是我们首先应当注意的问题。食品添加剂的安全性评价是对食品添加剂进行安全性或毒性鉴定，以确定该食品添加剂在食品中无害的最大限量，对有害的物质提出禁用或放弃的理由。

一、正确认识食品添加剂的安全性

近年来随着人们追求纯天然食品热的兴起，在人们的头脑中自然而然地产生一种印象，即凡是天然的食品添加剂都是安全可靠的，而一提到化学合成的就谈虎色变，立即想当然地认为这类食品添加剂对人体有害。其实不然，许多天然的食品物质也是非常有害的，很多消费者一看防腐剂就害怕，专拣“纯天然”的买。实际上，商品外包装上的“纯天然”字样是厂家在误导消费者。例如，天然的植物、动物的酶制剂等也会产生污染，如果加工时不注意，就会侵入到食品里，危害人体健康。此外，植物的病虫害、喷洒的残留农药等，在提取天然色素时，也往往被携带到添加剂中，污染了食品，从而影响了人体健康。因此我们应当消除对合成添加剂的偏见，正确对待食品添加剂。一般来说天然食品添加剂会更安全一点，但它们之间并不存在谁更有害的说法，事实上，有些天然添加剂其毒性远较合成添加剂大，在应用食品添加剂时不应存有偏见。

二、严格毒性评价和使用剂量保障食品添加的安全性

毒性和安全性是食品添加剂的命脉。我们知道即使某种物质性能再好，如果有毒也不能作为食品添加剂。毒性和安全性有时要辩证看待，食品添加剂是否科学规范使用，可能会产生毒害和安全两种截然不同的后果。各种食品添加剂的能否使用、使用范围和最大使用量，各国都有严格规定，受法律制约，以保证其能安全使用。这些规定是建立在一整套科学严密的毒性评价基础上的。

1. 急性毒性评价值 LD_{50}

毒性的定量测定是把不同剂量的被试验物质导入实验动物（如老鼠）体内，而足以使占全体数量 50% 的个体在实验条件下致死的剂量称为 LD_{50}（致死量 50%），一般用每千克体重所使用的毒物克数表示。所以，如果大量老鼠实验数据的统计分析表明每千克 1 克的剂量可使 50% 实验老鼠致死，对实验老鼠而言，这种毒物的 LD_{50} 就是 g/kg。LD_{50} 是判断食品添加剂安全性的常用指标，任何食品添加剂都必须进行急性毒性评价。

2. 评价食品添加剂安全性的首要和最终依据

日许量是每日允许摄入量（Acceptable Daily Intakes，ADI）的简称，单位为每天每千克体重允许摄入的毫克数，简写为 mg/kg。它是国内外评价食品添加剂安全性的首要和最终依据，也是制定食品添加剂使用卫生标准的重要依据。日许量主要由 FAO/WHO 所属食品添加剂联合专家委员会（JECFA）根据各国所用食品添加剂的毒性报告和有关资料自 1956 年起陆续制定的。根据 JECFA 对 ADI 的定义：依据人体体重，终生摄入一种食品添加剂而无显著健康危害的每日允许摄入的估计值。这是根据对小动物（大鼠、小鼠等）近乎一生的长期毒性试验中所求得的最大无作用量，取其 1/100～1/500 作为 ADI 值。

确定某物质的每日摄入总量后，就需要进行人群的膳食调查，根据膳食中含有该物质的各种食品的每日摄取量，分别制定出其中每种食品含有该物质的最高允许量。至于各种食品中的最大使用量是使用标准中的主要内容，这通常是根据上述各种食品中的最高允许量并略低于它而制定出的，目的是保证人体的安全。具体某种食品中某物质的最大允许用量，还要按照该物质的毒性及在食品中的实际需要而定。

3. 一般公认为安全者（GRAS）

美国 FDA 将 FEMA（美国食用香料制造者协会）推荐的 2834 种香料列为 GRAS，另有 3000 余种非香料的食品添加剂列为 GRAS。按 FDA 规定，凡属于 GRAS 者，均应符合下述一种或数种范畴。在某一天然食品中存在者；已知其在人体内极易代谢（一般常量范围）者；其化学结构与某一已知安全的物质非常近似者；在广大范围内证实已有长期安全食用历史者（在某些国家已安全使用 30 年以上者）。

随着科学技术的发展以及人们对食品添加剂的深入认识，一方面已将那些对人体有害，对动物致癌、致畸，并有可能危害人体健康的食品添加剂品种禁止使用，另一方面对那些有怀疑的品种则继续进行更严格的毒理学检验以确定其是否可用、许可使用时的使用范围、最大使用量与残留量，以及其质量规格、分析检验方法等。比如过量使用或杂质含量过高引起人类急、慢性中毒，如肉制品加工中亚硝酸盐使用过量可导致急性中毒。部分食品添加剂可引起变态反应发生，尤其是儿童由于免疫系统和肝脏代谢功能发育不完善，如糖精可引起皮肤瘙痒及日光性皮炎，一些香料可引起支气管哮喘、荨麻疹等，亚硫酸盐（漂白剂、防腐剂）、苯甲酸也可引起哮喘。部分添加剂本身具有致癌作用。如糖精，国外研究表明摄入大量的糖精可以导致雄性大鼠的膀胱癌，还可导致实验动物的肝肿瘤，安息香酸也有可能引起肝癌；还有的添加剂在使用过程中，与食品中的成分发生作用生成致癌物。如亚硝酸盐过量使用可与肉制品中胺类物质反应生成亚硝胺。

我国目前使用的食品添加剂都有充分的毒理学评价，并且符合食用级质量标准，因此只要其使用范围、使用方法及使用量符合食品添加剂使用卫生标准，一般来说使用的安全性是有保证的。有关专家认为，食品添加剂，特别是化学合成的食品添加剂均有一定的毒性。然而，不论其毒性强弱、剂量大小，它对人体均有一个剂量与效应关系的问题，即只有达到一定浓度或剂量水平，才会产生副作用；反之，则是安全无害的。长期食用食品添加剂，是否会危害人体健康呢？科学实验表明，不管是天然的还是合成的食品添加剂，只要按照国家标准生产，对人体绝对是安全无害的，长期吃也没有关系。

任务2　食品添加剂的基本要求

人们对食品的要求首先是为了满足安全方面的需求，其次人们又希望得到食品良好的色、香、味、形态和组织结构，以满足感官方面的要求，而食品添加剂正是为了改善这些方面的特性而使用的。但是在满足各方面需求时，安全性是不容忽视的，因此也就要求食品应是无毒、无害的，这样也就为添加剂提出了相应的要求，据此对添加剂提出的一些一般性要求如下：

(1)食品添加剂本身应该经过充分的毒理学评价程序，证明在规定的使用范围内对人体是无毒无害的。食品添加剂在进入人体后，最好能参加人体正常的物质代谢，或能被正常解毒过程解毒后全部排出体外，或因不被消化道消化吸收而全部排出体外，不能在人体内分解为对人体有害的物质或加入食品后形成对人体有害的物质。食品添加剂在达到一定的工艺功效后，若能在以后的加工、烹调过程中消失或破坏，那么避免摄入人体，则更为安全。

(2)食品添加剂要有助于食品的生产、加工、制造和贮藏等过程，具有保持食品营养、防止腐败变质，增强感官性状、提高产品质量等作用，并在较低的使用量的条件下具有显著效果。食品添加剂应有严格的质量标准，有害物质不得检出或不能超过允许的限量。食品添加剂对食品的营养成分不应有破坏作用，也不应影响食品的质量和风味，特别是不得掩盖食品原有品质。

(3)食品添加剂应使用方便安全，易于贮存、运输与处理。食品添加剂添加于食品后能被分析鉴定出来。食品添加剂价格低廉，来源充足。

任务3　食品添加剂使用原则

食品添加剂改善和提高食品的感官性状，丰富了食品种类，提高了食品可加工性，促进了现代化大规模生产食品加工，是现代食品工业的重要组成部分。因食品工业的蓬勃发展也驱使食品添加剂工业快速发展，而由于我国食品添加剂工业起步晚，食品添加剂生产和使用的相关从业人员素质不高，食品添加剂相关法律法规不够完善，这就需要我们设定食品添加剂使用相关的原则，从宏观上约束和指导行业发展。我国《食品添加剂使用标准》(GB 2760—1996)规定食品添加剂的使用原则，以帮助企业规避在使用食品添加剂过程中存在的理解误区，有利于从根源上防范由食品添加剂使用不当引发的食品安全问题。

第一，不应对人体产生任何健康危害，这需要食品添加剂限量限范围使用，使用剂量和范围由卫生部技术机构按照《食品安全性毒理学评价程序》对食品添加剂的安全性进行评价。不应掩盖食品腐败变质，个别黑窝点使用亚硝酸盐和胭脂红处理病死腐烂的猪肉，掩盖肉变质问题，就属于违法违规使用食品添加剂。

第二，不应掩盖食品本身或加工过程中的质量缺陷。日本有一个公司生产的所谓牛肉糜（牛肉馅），是在猪、鸡等碎肉中加入牛油搅拌，同时添加血液制剂使之产生牛肉特有的红色，再经过一系列美化加工而成。这种做法以次充好，掩盖肉品质量。不应降低食品本身的营养价值，防止加入的食品添加剂破坏和降低食品固有营养价值，或抑制食品本身的营养价值的吸收。

第三，在达到预期目的前提下尽可能降低在食品中的使用量。食品添加剂多数为化学物质，而由于研究技术的局限性，对它的研究往往还不够全面，存在一定的滞后性。食品工业用加工助剂一般应在制成最后成品之前除去，有规定食品中残留的除外。如开心果制作过程中使用的双氧水；萃取法制取大豆油时的萃取溶剂。

◆知识拓展

溴酸钾的禁用

自1914年溴酸钾初次在美国用于面包烘焙以来，迄今已有90年历史。在没有任何因使用溴酸钾而危害健康的报告公布以前，由于成本低廉，溴酸钾在世界范围内被广泛应用。1983—1986年，日本通过长期毒性实验表明：溴酸钾在实验条件下对大鼠有致癌作用。其后的多项研究证实了日本的实验结果，表明溴酸钾是一种毒害基因的致癌物质，可导致动物的肾脏、甲状腺及其他组织癌变，2005年我国禁止使用溴酸钾。

第四，出口食品还应注意遵循出口对象国的相关规定。不同国家对不同食品添加剂使用量可能一定的差别，应避免违反出口对象国的相关法律，造成不必要的损失。供婴儿的主辅食品，除按规定可以加入食品营养强化剂外，不得加入人工甜味剂、色素、香精等不适宜的食品添加剂。食品添加剂可以通过食品配料带入食品中，带入原则是食品配料中标准允许使用该食品添加剂，食品配料中该添加剂的用量不应超过允许的最大使用量，应在正常生产工艺条件下使用这些配料且食品中该添加剂的含量不应超过由配料带入的水平，由配料带入食品中的该添加剂的含量应明显低于直接将其添加到该食品中通常所需要的水平。

任务4　食品添加剂管理

食品添加剂作为食品中一类特殊的添加物，已经越来越多地应用于食品生产加工中。一个饺子从放进口中起，你的舌尖可能就沾染了20余种添加剂。卡拉胶、变性淀粉、增白剂、复配乳化剂、复合酶制剂等可以改善面制品褐变现象，显著改善面制品的色泽，使饺子耐煮，让饺子皮变得筋道爽口；香喷喷的肉馅可能是血脖肉、老母猪肉、鸡皮等劣质肉用高弹素、大豆蛋白、增香剂等调制成的，牛肉香精、骨髓香膏则能把肉馅调成各种味道。复杂的食品配料体系提高了产品的各种性能，但也会被商家为降低成本，以次充好。庞大的食品安全链加大了追踪潜在问题食品的难度，加强食品添加剂的管理是十分必要的。

世界各国都十分重视食品添加剂其本身的安全以及可能对食品卫生质量产生的各种影

响，及使用过程的卫生管理。随着法制化管理体系的不断完善，我国也相继制定并实施了一系列与食品添加剂有关法规与标准，并且这些法规标准均在以下方面对食品添加剂提出了严格要求。

一、国外对食品添加剂的管理组织及法规

1. 联合国对食品添加剂的管理

联合国粮农组织（FAO）和世界卫生组织（WHO）专门成立了一个国际性专家咨询组织——食品添加剂联合专家委员会（JECFA），该组织进行评估食品添加剂、污染物等物质的安全性相关工作，在此基础上 FAO/WHO 联合成立的国际食品法典委员会（CAC）制定出食品添加剂的国际法典通用标准，供各国参考。JECFA 是由世界权威组织专家以个人身份参加的，以纯科学的立场对世界各国所用的食品添加剂进行评议，并将评议结果不定期进行公布，会议基本上每年召开一次。CAC 下设的食品添加剂法典委员会（CCFA）也每年定期召开会议，对 JECFA 所通过的各种食品添加剂标准、试验方法、安全性评价等进行审议和认可，再提交 CAC 复审后公布，以期在广泛的国际贸易中，制定统一的实验方法和评价等，克服由于各国法规不同而造成的贸易上的障碍。但由于联合国是一种松散型的组织，因此其所属机构所通过的决议只能作为向各国推荐的建议，不具备直接对各国起到指令性法规的作用，因此，各国仍自行制定各自的相应法规标准，但可作为参考。

2. 美国对食品添加剂的管理

美国的食品添加剂使用规定在联邦法 72 至 178 部分，分为直接食品添加剂、次级直接食品添加剂和间接食品添加剂的使用规定。食品添加剂有严格的审批规定，1938 年，联邦食品、药品、化妆品法（FD&C）赋予美国食品药品管理局（FDA）管理食品、食品成分的权力。1958 年，通过了 FD&C 食品添加剂补充法案，FDA 进行食品添加剂上市前的审批，同时也要求生产者证实其使用安全性。该补充法案豁免了两类物质的审批程序：第一类物质是所有的 1958 年之前经 FDA 或美国农业部（USDA）确定为安全的物质；第二类物质是通常认为安全的物质（GRAS），GRAS 物质是根据 1958 年以前食品中广泛使用的历史或者发表的科学文献依据，专家组认定其使用的安全性。自 1958 年以来，FDA 和 USDA 根据最新的科学信息对这两类物质进行连续监测。一旦有证据表明可能存在安全问题，联邦当局就会禁止其使用或要求进行进一步研究。FDA 食品添加剂安全办公室（OFAS）的申请审查部（DPR）主要负责在食品中具有功能作用的食品添加剂上市前的审批工作。为了完成法规义务，DPR 主要由三部分组成，即消费者安全官员、化学审查专家和毒理审查专家。消费者安全官员是申请管理和申请者与 FDA 联系的窗口，同时负责回答有关食品添加剂和色素添加剂有关的咨询。化学审查专家和毒理审查专家负责对申请者提交的科学资料和指派给 DPR 的其他申请进行评价。

3. 欧盟对食品添加剂的管理

欧盟成立了欧盟食品安全管理局，负责欧盟范畴内有关食品添加剂的管理，包括对 ADI 的确认、是否允许使用、允许使用范围及限量，并据此编制各种食品添加剂编号。食品安全局下设 10 个科学小组，其中之一是关于食品添加剂、香料、加工助剂和食品接触材料的小组。该小组由两个专家组组成，一个是关于添加到食品中的食品添加剂和营养源的专家组（ANS 小组），另一个是关于食品接触材料、酶、香料和加工助剂的专家组。ANS 小组由 21 名成员组成，有化学家、食品工艺师、暴露方面的专家和毒理学家等。小组每月召开 1 ~ 2 次会议，对相关申请进行审议。欧盟食品添加剂的审批过程为：收到申请文件后，由食品安全局秘书处预

筛选并编制意见初稿。如果预筛选通过，由申请人将申请文件交 ANS 秘书处，然后由专家组讨论，并决定是否通过。其间，如申请数据不全或专家组对数据有异议，申、审双方可随时沟通。同时其还有各种不定期的出版物出版。欧盟对食品添加剂的立法采取“混合体系”，即通过科学评价和协商，制定出能被全体成员国接受的食品添加剂法规，以肯定的形式公布允许使用的食品添加剂名单、使用的特定条件及在某类食品中的最高限量等。

二、我国对食品添加剂的管理

我国制定了《食品添加剂使用标准》和《食品添加剂卫生管理办法》。任何一种新的食品添加剂在使用前都要依据法规经过一系列毒理学试验和严格的审批手续才能使用，还要根据试验确定使用范围和最大无毒作用量。相应的法规有《食品营养强化剂使用卫生标准》《中华人民共和国食品卫生法》《食品添加剂卫生管理办法》《食品添加剂生产管理办法》《全国特种营养食品生产管理办法》《食品标签通用标准》《特殊营养食品标签》等。

标准内容包括质量标准，规范了食品添加剂的产品质量和技术要求；卫生标准规范了重金属、微生物、污染物、添加剂使用标准等基础卫生要求，生产、经营环境卫生、人员、设备等一般性卫生规范，产品卫生质量要求的产品标准；分类标准规范了归类与划分、系统编码；检验标准规范了分析与检测、毒理评估、等级划分。比如《食品添加剂使用卫生标准》（GB 2760－1996）规定了食品添加剂类别、名称与代码、使用范围（适用的食品种类）、最大使用量（g/kg）、最大使用的限度。如食品添加剂卫生管理办法规定了申请生产或者使用食品添加剂新品种的，应当提交原料及其来源、化学结构及理化特性、生产工艺、毒理学安全性评价报告、检验方法、产品质量标准或规范等证明文件或资料、卫生部规定的其他资料。食品添加剂审批程序需申请者应向所在地省级卫生行政部门提出申请，提供规定的资料；省级卫生行政部门初审，并报卫生部审批；卫生部召开专家评审会，对申报资料进行技术评审并作出是否批准的决定。进口食品添加剂新品种和进口扩大使用范围或使用量的食品添加剂，生产企业或者进口代理商应当直接向卫生部提出申请。进口食品中的食品添加剂必须符合相关标准。这些规定系统地规范了食品添加剂审批、生产、使用等几乎所有环节，尽可能减少食品添加剂存在的各种危害，保护消费者的权益和健康。

任务5 食品添加剂的质量指标

质量指标是各种食品添加剂能否使用和能否保证消费者健康的关键，而编制各种食品添加剂的质量指标则是成立各种法定组织的主要目的之一。

联合国的食品添加剂法典委员会（CCFA）和食品添加剂联合专家委员会（JECFA）对所制定的标准通过《FAO/WHO 食品与营养报道》不断进行报道并汇总。在各食品添加剂标准右上角用“CXAS/19 × ×”字样标明该添加剂由 CAC 批准的年份。美国则由 FDA 制定法规，然后通过《食品化学品法典》予以公布。

在我国，食品添加剂的质量标准则由“中国食品添加剂标准化技术委员会”审定，相应地由各部委批准后再报国家标准局编制国家标准的编号（GB）。在质量指标中，一般分为 3 个方面——外观、含量和纯度，有的还包括微生物指标和黄曲霉毒素等毒物指标。在纯度指标中一般均有铅、砷、重金属及铬、铜、镉、贡、锌等有害金属指标。此外还有干燥失重、灼烧残渣、不溶物、残存溶剂等指标。

食品添加剂使用卫生标准的制定相对超前，而相应质量标准相对滞后，引起了一些安全卫生问题，例如，我国允许丁苯橡胶作为胶姆糖基础剂，按生产需要适量使用胶姆糖，但由于没有相应的国家或行业的质量标准，监督管理部门很难进行添加剂自身质量的合格判定，给一些不法企业造成可乘之机。应该认识到，食品添加剂的质量规格标准是进行安全性评价的前提，是保证食品添加剂以及食品安全卫生的重要措施。因此，应加快质量标准的制定、修订步伐，由于资源、能力的限制，可以按照轻重缓急的原则优选立项，逐步完善配套。

Food Additives

项目五　食品添加剂的发展要求

食品添加剂作为古老而重要的食品加工元素，在人类文明历史的长河中起了太多重要作用，帮助人类延长了食物的储藏时间，产生更鲜美的味道。随着现代社会的发展，食品添加剂变得更加重要，不可或缺，已成为医药、农用化学品及饲料添加剂之后的第四类备受人们关注的精细化工行业。

任务1　我国食品添加剂工业发展

随着改革开放的深入发展、经济的发展、物质文明的丰富和国民经济的增长，中国食品工业也快速发展起来。食品工业在过去20年中，年平均增速始终高于全国工业的年均增加值。从1996年起，食品工业已跃居工业行业中的第一位，利税总额占同期工业利税的20%，中国食品工业已是国民经济的重要产业之一。我国食品添加剂是随着食品工业的发展而迅速发展起来的新兴工业，经过近20年的努力，在品种与数量上均有很大增长。1986年我国批准使用的食品添加剂仅有16类618种，如今则达到了23类1700多种，其中多数产品在国内达到批量生产。1996年中国食品添加剂全行业主要产品总产量762万吨，产值767亿元。上规模上档次的品种日益增多，小苏打、柠檬酸、味精、明矾、酶制剂、糖精、山梨糖醇、甜蜜素、发酵粉（泡打粉）、苯甲酸钠、食用色素、香精香料等品种已形成万吨以上的规模；调味剂、甜味剂、增稠乳化剂市场份额也在不断增加，有些品种还在国际上占有一定的市场。目前，我国食品添加剂总产值约占国际贸易额的10%，而且在某几个品种方面，已在国际上占重要地位，这在改革开放初期是不可想象的。经过几十年的发展，我国现在已成为世界柠檬酸第一大生产国和出口国，目前全国柠檬酸的年产能已经达到140余万吨，占世界的80%左右，主要销往美国和欧洲；我国年产木糖、木糖醇1万多吨，大部分出口，占世界贸易量的50%以上；我国是防腐剂的生产与出口大国，苯甲酸钠年产4万吨以上，出口1万多吨；我国是糖精的生产、消费与出口大国，全世界每年糖精的消费量相当于1100万吨蔗糖的甜度，其中亚洲占44%，南美洲占35%，欧洲占18%。糖精占各种高倍甜味剂消费的60%，我国约产2万吨，出口1.6万吨。乙基麦芽酚中国年生产量为1500吨，出口1200吨，占国际贸易量的80%。

任务2　我国食品添加剂各方面存在的问题

我国的食品添加剂近几年在生产应用技术水平、产品质量、成本、品种等方面取得了巨大的进步，但和国外发达国家相比，仍存在较大差距。随着人们对食品安全意识的逐步提高以及国家对食品添加剂的使用监管加强，食品添加剂监管中也发现使用中主要存在各种各样的问题。

一、我国食品添加剂生产行业存在明显的不足，主要表现在以下几个方面

1. 产品品种少，结构不合理，配套性差。世界上批准使用的常用食品添加剂有5000余种，而我国仅有1500多种。如食品工业需求量较大的乳化剂世界允许使用的品种有60多种，年产量25万吨，美国有58种，年产量15万吨；而我国只有30种，年产量只有2万多吨；生鲜肉类食品的持水剂方面，世界批准使用的磷酸盐有30多个品种，年消耗量超过50万吨，而我国只有10多个品种，年产量只有1万吨左右。

2. 生产规模小，工艺技术落后，成本高。如木糖、木糖醇，虽然我国是生产和出口世界第一，但厂家有50多家，每家年平均生产能力只有300～500吨，而俄罗斯虽然生产厂家不多，但每个企业的年生产能力达3000多吨。

3. 产品质量不稳定，针对性不强。如香兰素香味不典型，香气不足；乳化剂蔗糖酯的甜度低；而集防、腐乳化多功能于一体的蔗糖多酯开发缓慢。

4. 应用技术和制剂化水平有待提高。我国制剂化和复配化刚开始起步，成效不明显，应大力开发和研究。

二、食品添加剂在市场使用中发现主要存在以下问题

1. 人为故意滥用添加剂

这一类问题主要发生在一些小作坊和小企业，它们生产条件简陋，生产工艺不符合有关规定，为了提高产品的色香味以及保存期而无视人们的身体健康在生产中滥用添加剂，甚至使用工业添加剂代替食品添加剂。食品添加剂生产法律法规不健全，食品添加剂监督管理不到位，给了人为故意滥用添加剂的机会。

“苏丹红”事件曾引起相当大的食品风波，三聚氰胺事件可能是中国食品工业最严重的事件，影响了多数乳品业，造成上万名婴幼儿健康受损，该事件亦重创了中国制造商品的信誉，多个国家禁止了中国乳制品进口，也使国产乳制品在国人心中留下了阴影。中国妈妈一度使港澳的进口优质婴幼儿乳制品断货，迫使香港政府推出严法限制大陆购买乳制品，而国产奶粉企业却销售困难，这无疑是一个黑色幽默，也严重影响了中国食品工业。

◆知识拓展

“苏丹红”事件

2005年中央电视台“焦点访谈”引出了“苏丹红”事件，发现肯德基调料中含有苏丹红一号，经层层追查最后追溯至广东田洋公司。该公司以工业原料违法假冒制成食品增色剂，销售给河南驻马店豫香调味品有限公司用于辣椒粉加工，再经过安徽义门苔干有限公司包装，卖给宏芳香料（昆山）有限公司，最后售给肯德基的供应商基快富公司，从而混合肯德基的调料。供应环节过多，造成产品成分来源复杂，不宜监管控制。

2. 非人为故意因素导致添加剂超标

非人为故意因素导致添加剂超标可分为三个方面：一是由于企业的计量失准而过失造成

添加剂超标。二是由于在采购原材料时没注意添加剂导致最终产品检出禁止添加的添加剂，例如在月饼中禁止添加苯甲酸，但如果在采购原材料时不严格把关，采购了含有过氧化苯甲酸(氧化分解为苯甲酸)的面粉。馅的原料国家允许添加苯甲酸，如果在采购时不注意，就会导致最终产品中检出微量苯甲酸以至于产品不合格。三是由于添加剂的检测设备价格昂贵，大多数食品企业对自己原料中添加剂含量不能清楚，虽然在配方时添加剂未超标，但由于多种原料中添加剂进行叠加就有可能使最终产品中的添加剂超标。对这一大类的问题企业主要是以教育为主，提高其质量意识加强内部质量控制，开展内部计量比对，同时，加强原材料检验，确保原材料合格。对所添加的食品添加剂做到心中有数，从而确保在生产中合理添加以保证添加剂不超标。

任务3　食品添加剂工业展望和要求

随着经济的不断发展，人民生活水平的不断提高，人们对食品有了更新的要求，如营养食品、功能食品、保健食品、绿色食品等，已成为食品消费市场的热点，而食品添加剂对生产这些食品的品质，起着决定性的作用。有关功能性食品添加剂的研究方兴未艾，日本研究的天然磷灰石由牛骨烧制到1200℃制成，它能吸附和分离蛋白质，去除产生口臭和虫牙的病源齿垢，将其加入口香糖中，具有补钙、预防口臭的功效。多种核酸类强化食品已在许多国家问世，如把以糙米为原料制造的核酸，添加在豆腐中做成核酸豆腐等，减轻皱纹和肌肤粗糙等衰老现象。

我国地域辽阔，资源丰富，有着几千年药食同源的传统，具有发展天然、营养、多功能的食品添加剂的独特优势，但仍需加快发展高质量的食品添加剂的步伐，学习和引进国外高新技术，提高我国食品的质量、档次，进一步推动我国食品工业的发展，以适应日益增长的食品市场的需求。

一、我国食品添加剂工业的发展建议有以下几个方面

1. 充分利用我国的资源优势，开发食品添加剂新品种

国外天然产品的消费趋势已经逐步形成，这一点也正在为国内市场所认可，在添加剂的应用中，有些国家已经开始禁止某些合成添加剂的使用，如对于姜黄素，各国规定只能使用天然提取物，而不能使用合成产品替代。相对欧美国家，我国自然资源丰富，在天然抗氧化剂、天然色素、天然香料领域都具有巨大的发展潜力，并已经在国际市场形成一定竞争力。我国大量种植万寿菊，为生产叶黄素提供原料；我国有丰富的玉米资源，可以利用玉米芯制作甜味剂木糖醇、增香剂麦芽酚等；我国甘薯产量居世界之首，用甘薯可制成多种食品添加剂，如柠檬酸、乳酸、低聚葡萄糖、环状糊精等。

2. 增产市场缺口较大的品种和产品向规模化生产发展

改性淀粉在世界的总产量已达250万吨/年，原料易得，我国已有一定生产能力，但品种少，规格不多，应扩大生产规模。甜度更高的三氯蔗糖，甜度达650倍，因其以蔗糖为原料，安全性好，口感近似蔗糖，故备受国际食品界推崇。在美国，大有三氯蔗糖取代糖精的趋势。我国三氯蔗糖近年生产日益增长，主要用于出口。这些更高甜度的高倍甜味剂上市并有替代原有老品种的趋势，需求量扩大非常快。我国食品添加剂行业必须改变目前食品添加剂企业数量多、规模小的状况，只有重点扶持技术力量强、规模较大的企业，通过集约化、规模化经

营，不断增强实力、提高质量、降低成本、开发新品，创立并发展我国食品添加剂行业的民族品牌，才能与国际市场上食品添加剂大公司的产品进行竞争。

3. 开发应用新技术设备，提高工业技术水平

与国外相比，国内添加剂行业的发展历史相对比较短，在生产技术和设备上与国外同类企业存在一定差距，通过从国外引进和自主研发具有自主知识产权的技术和设备，提高我国食品添加剂工业技术水平。国外的食品添加剂工业已有90%采用了新技术，因此它又是一个高新技术产业，我国应加强如生物工程技术、微胶囊技术、膜分离技术、吸附分离技术、分子蒸馏技术、冷冻干燥技术等新技术的开发与应用。生物合成添加剂在我国食品添加剂行业的发展中举足轻重，目前国内已经形成产业化规模的生物合成添加剂主要是柠檬酸、酶制剂、维生素C、乳链菌肽、味精等几十种产品。

4. 加强应用技术的开发，同时提高制剂化水平

在食品添加剂开发过程中，其应用技术开发十分重要。复合添加剂可以将同类型添加剂复合，也可以将不同类型添加剂复合在一起，便于应用或是发挥协调增效的作用。通过食品添加剂的复合，可以大大改善食品添加剂的性能，拓展使用范围，提高品质和效果，方便添加和使用，降低用量和成本，减少副作用，不仅大大降低了超量和滥用食品添加剂的风险，而且降低了因使用者具备的知识不够而造成的安全风险。复合食品添加剂产业的发展，已经引起有关部门、专家学者和业内人士的高度重视。国外对应用技术开发十分重视，投入的力量约占产品整个开发过程的一半。国外产品的型号多，很重要的原因就是应用开发得好。如日本公布的已投放市场的食品添加剂复配品就有1252种之多，主要得益于其复配化和制剂化技术水平高。食品添加剂应用技术的重点是复配技术和制剂化技术，如抗氧化剂、甜味剂、乳化剂和增稠剂等往往都不是作为单一品种使用，而是几种复配在一起，产品产生协同效应，可以达到用量少、效果好的目的。新剂型可以使某些产品具有独特效力，同时扩大应用范围。

复合添加剂的开发及应用正受到液态奶、蛋糕、冰淇淋领域的重视。目前乳品乳化剂、冰淇淋乳化稳定剂、饮料悬浮剂、米面制品改良剂、食用香精香料、合成色素等方面都有复合形式产品上市。目前国内复合添加剂的主要生产厂商有帕拉斯嘉、丹尼斯克、奇华顿、芬美意等。

5. 把握消费者需求方向，不断加强研发投入

营养型、健康型产品将是未来消费的一个重点，随着人们生活水平的提高，消费者健康意识增强，既要求色、香、味、形等感官质量，又要具有保健、营养功能；女性要考虑是否会产生肥胖、老年人要考虑血脂、儿童要避免龋齿，这些不断出现的新需求，促使添加剂生产企业要加大研发上的投入，改进工艺及发明新技术，并不断通过研究消费者的消费习惯变化来安排产品研发。

二、对食品添加剂生产和使用的监管和要求

1. 完善食品添加剂监管的法律法规和标准体系，完善的食品添加剂监管法律和标准体系有利于食品添加剂的安全生产、合理经营、正确使用。适应当前的新形势，新特点，对食品添加剂的生产经营、使用监管提出了更高的要求。对食品添加剂的监督管理，《食品安全法》确立了分段监管的体制，明确了各部门的职责分工，进一步规范了食品添加剂的生产和管理。加大对食品添加剂企业自身的监管力度，有利于从源头上制止假冒伪劣等不合格产品流入市场，以免造成不必要的损失。

2. 建立健全食品添加剂危险评估体系，为了保证食品添加剂的使用不会给消费者带来健康危害，在食品添加剂的管理中，世界各国普遍采用了由危险性评估、危险性管理和危险性信息交流三个部分组成的危险性分析技术。在危险性分析的三个组成部分中，危险性评估是一个以科学为依据的过程，主要由危害识别、危害特征描述、暴露评估和危险性特征描述四个步骤组成。

3. 加强食品添加剂使用的监督管理，加强对非法使用非食用化学物质、不正当使用食品添加剂的管理和处罚力度。政府应逐步建立上下一致、责权分明的食品质量安全监管体系，把责任明确到部门、岗位、人员，对因非法使用非食品添加剂和不正当使用食品添加剂行为导致食品安全事件发生的部门和个人，严厉追究责任。

4. 市场缺乏宏观调控，产能增长过快，市场上供大于求，企业间相互压价，造成市场环境恶化，使企业无度降低生产成本，整个行业的利润空间受到压缩，无序竞争产生“劣币驱逐良币”，并由此产生了全行业的安全隐患，不利于行业的快速发展。国家及行业协会应积极发挥管理及指导作用，规范市场，提高行业进入门槛，防止行业无序竞争，改善竞争环境，推动行业进步。

5. 盲目种植天然食品添加剂原料，市场上已经供大于求，引发了种植户利益受损、土地资源浪费等问题。所以，有关方面应该对这些问题进行干预，生产企业应根据市场需求变化，安排生产并指导种植户的种植安排，建立良性发展的原料供应、生产加工、销售(出口)的产业链。以便为我国食品添加剂产业的稳步发展创造良好的生产经营环境。

6. 食品添加剂生产或使用企业要尽量减少供应环节，强化每个供应商的准入制度，防止一些小原料供应商由于企业的计量失准或其他原因而造成添加剂超标；提高采购和生产人员素质，提高他们的质量意识加强内部质量控制，开展内部计量比对，加强原材料检验，对所添加的食品添加剂做到心中有数，防止由于在采购原材料时没注意添加剂导致最终产品检出禁止添加的添加剂或对自己原料中添加剂含量不够清楚而导致多种原料中添加剂进行叠加可能使最终产品中的添加剂超标。

7. 加强食品添加剂相关科学知识的普及和宣传，减少因消费者对食品添加剂的了解不足而给很多不法企业带来制假售假的机会。市场上很多产品声称不含食品添加剂都是对消费者的误导，加深了人们对食品添加剂的恐惧感。由于民众对食品安全和个人的健康状况的关注，有些媒体对食品添加剂的不准确、不正确报道对人们也是一种误导。人们可能会选择不添加任何添加剂的食品，或者退而求其次，选择添加天然食品添加剂的食品，进而使消费者对相关的其他种类的添加剂也失去信心，这些都是由于对食品添加剂相关科学知识缺少必要的宣传和普及。

8. 食品中的添加剂种类应尽量减少，可以通过一些新型食品工业技术和方法来弥补不添加添加剂的不足,食品添加剂是一把双刃剑，有明显的优点，也有特别多的缺点。

总之，这几年食品添加剂更是得到飞速发展，得益于功能食品、方便食品、速冻食品以及微波食品等新兴食品的兴起和推广，因而大大扩展了食品添加剂的开发空间。食品添加剂的迅速发展还得益于市场范围的不断拓展和新兴行业的兴起。随着生活节奏的加快及旅游业的发展，方便食品获得了空前的发展机遇，从而带动了新型复合调味料的同步发展。从而极大地调动了许多投资人对食品添加剂行业的投资热情，使其迅速崛起成为传统行业中最具潜力的产业。我们还要在创新方面下功夫，多开发一些具有新意的产品以满足消费者不断变化的需求。食品添加剂生产企业，必须对食品生产配方和工艺流程深入了解和认真研究，这样才能在同质化产品中突出优势，形成不同于其他企业的核心竞争力。在食品添加剂市场的快速发展过程中，难免会遇到这样那样的问题，只要政府不断加强监督，完善相关法规政策，企业以消费者利益为本，我国的食品添加剂市场就能健康发展，并且能有力推动食品工业的快速发展，让我们的生活更加多彩。

思考题

1. 我国对食品添加剂的定义是什么。
2. 概括食品添加剂在食品加工中具有什么作用。
3. 阐述食品添加剂与食品工业的关系。
4. 食品添加剂是如何分类的，可以分多少种类。
5. 分析食品添加剂的安全性问题。
6. 阐述怎样对食品添加剂进行有效管理。
7. 阐述对食品添加剂的发展要求。

模块二

食品防腐剂

基础理论和知识

1. 食品防腐剂的定义；
2. 食品防腐剂的分类。

基本技能及要求

1. 掌握食品防腐剂的作用及机制；
2. 掌握食品防腐剂的化学性质；
3. 掌握食品防腐剂的添加剂量和作用方法。

◈学习重点

1. 食品防腐剂的作用机制、使用条件；
2. 掌握常用防腐剂的化学性质和使用方法。

◈学习难点

食品防腐剂的作用机制及使用条件。

◈导入案例

我们家家户户用的酱油，为了防止夏天发霉，必须添加防腐剂苯甲酸钠。大家熟知的名牌饮料可乐等，为了防止变质也添加了防腐剂苯甲酸钠；为了在常温下保存水果和蔬菜，可以采用含仲丁胺的气雾保存或用有防腐功能的保鲜涂膜保存；肉肠为了保证其保质期，必须添加防腐剂山梨酸钾及异维生素C等抗氧化剂……

讨论

1. 食品为了延长贮藏期可以使用哪些手段呢？
2. 你认为使用防腐剂安全吗？

项目一 食品防腐剂的定义

任务1 食品防腐剂的定义

防腐剂(Preservatives)是指具有杀死微生物或抑制微生物增殖作用的物质。如果从抗微生物的角度出发，称抗菌剂(Antimicrobal Agents)。

为了防止各种加工食品、水果和蔬菜等腐败变质，我们可以根据具体情况采用物理方法或化学方法来防腐。化学方法即使用化学制品来抑制或杀死微生物，这种化学物质即为防腐剂。

防腐剂的概念有广义和狭义之分。狭义的防腐剂主要指山梨酸、苯甲酸等直接加入食品中的化学物质，广义的防腐剂除包括狭义防腐剂所指的化学物质外，还通常包括认为是调味料而具有防腐作用的物质，如食盐、醋，以及那些通常不加入食品，而在食品储藏过程中使用的清毒剂和防腐剂等。作为食品添加剂的防腐剂是指为防止食品腐败、变质，延长食品保存期，抑制食品中微生物繁殖的物质。有的文献将防腐剂分为杀菌剂和保藏剂。

杀菌剂:是指具有杀菌作用的化学物质。

保藏剂:是指具有抑菌作用的物质。

但杀菌剂和保藏剂没有严格的区分界限，同一物质，浓度低时能抑菌，而浓度高时则能杀菌;作用时间长可杀菌，作用时间短则只能抑菌。同时，由于微生物种类繁多，性质各异，同一物质对一种微生物有杀菌作用，而对另一种物质只有抑菌作用，所以笼统地将其称为防腐剂较好。

从防腐剂的组成和来源来看，可分为有机化学防腐剂和无机化学防腐剂。有机化学防腐剂主要包括苯甲酸及其盐类、山梨酸及其盐类、对羟基苯甲酸酯类、乳酸等;无机化学防腐剂主要包括亚硫酸及其盐类、二氧化碳、硝酸盐及亚硝酸盐、游离氯及次氯酸盐。

任务2 食品变质的基本条件

食品腐败变质是指食品受微生物污染，在一定条件下，微生物繁殖导致食品品质劣变，从而失去商品价值。食品发生腐败变质是有一定条件的，食品本身的性质、微生物的种类、当时所处环境，三者之间的作用结果则决定着食品是否发生变质及变质的程度。

一、食品特性

1. 营养组成

食品所含的主要成分是碳水化合物、蛋白质和脂肪。富含碳水化合物的食品变质一般称为发酵;富含蛋白质的食品变质一般称为腐败;而富含脂肪的食品变质称为酸败或哈败。

2. 基本条件

(1)氢离子浓度

pH 值是制约微生物生长，影响食品腐败变质的重要因素之一。不同食品的 pH 值范围不一，动物性食品 pH 值范围为5 ~7，蔬菜 pH 值范围为5 ~6，水果 pH 值范围为2 ~5。一般酸性食品 pH 值 <4.5，非酸性食品 pH 值 >4.5；微生物作为一个总体来说，其生长的 pH 值范围极广，为2 ~8，绝大多数种类生长 pH 5 ~9。在一般食品中，细菌最适 pH 值下限为4.5，因而非酸性食品是适合多数细菌生长的，而在酸性食品体系中，则主要是适合霉菌和酵母菌的生长。

(2)水分

水分是微生物赖以生存的条件，不同微生物生长所需的水分活度(Aw)是不一样的。Aw 以0.6 为界，一般情况下，Aw <0.6，微生物不能生存，Aw >0.6，微生物易生长从而使食品变质。新鲜食物，如鱼、水果、蔬菜的 Aw 值一般为0.98 ~0.99，所以非常适合微生物的生长。因此，Aw 与食品的货架寿命关系很大，例如:Aw 为0.8 ~0.85、0.72、<0.65 的食品其货架寿命分别为几天、2 ~3 个月、1 ~3 年。在实际应用中，用水分含量的高低来表示食品的含水量，以此控制微生物的生长，如奶粉水分含量控制在小于8%，大米水分含量控制在小于13%。

(3)渗透压

一般来说，微生物在低渗透压的食品中较易生长，而在高渗透压中易脱水死亡。就微生物种类来说，各种微生物对渗透压的忍耐能力大小不同。酵母和霉菌一般能忍耐较高的渗透压。

(4)存在状态

食品完好无损则不易腐败。

二、微生物

能引起食品变质的微生物种类很多，如细菌、霉菌、酵母菌可引起食品的腐败变质。有的微生物是病原的，有的是非病原的；有的是有芽孢的，有的是非芽孢的；有嗜热、嗜温、嗜冷的；有好氧或厌氧；有的分解蛋白质能力强，而有的分解碳水化合物能力强。有的微生物还能导致食物变质从而使人类中毒。食物中毒可分为感染型食物中毒和毒素型食物中毒，感染型食物中毒是指食用的食物中含有大量的病原，进入人体后大量繁殖。霉菌生长的水分活度较低，0.93 ~0.73 就能生长，能生长在含水量较少的食品上。霉菌分解利用物质的能力很强，无论是蛋白质、脂肪还是糖类，有很多种能将其分解利用。其中有些属种分解物质还不少，如根霉、毛霉、曲霉、青霉等。

三、环境因素

温度、气体、湿度等外界环境均能影响微生物的生长。

任务3　防腐剂的作用机制

食品加入抗菌剂的结果，可能杀死食品中的微生物，也可能是其中的微生物仍然存活，这取决于抗菌剂的用量，因为抗菌剂只有达到一定的浓度后才能有抑菌和杀菌的作用，这种作用应是物理、化学、生物学等几个方面效应累积的结果。不同微生物的结构特点、代谢方式是有差异的，因而同一种防腐剂对不同的微生物的效果不一样。防腐剂抑制与杀死微生物的机理是十分复杂的，作用机制归纳如下：

第一，作用于细胞膜，导致细胞膜的通透性增加，细胞内的物质外流，从而使细胞失去活力。如苯甲酸和酚类物质。

第二，使细胞活动必需的酶失活。很多抗菌剂的作用就是通过抑制细胞中酶的活性或酶的合成来实现的。这些酶可以是基础代谢的酶，也可以是合成细胞重要成分的酶，如蛋白质或核酸合成的酶类。

第三，破坏细胞内的遗传物质或使其失去功能。

防腐剂的作用机理：

(1)能使微生物的蛋白质凝固或变性，从而干扰其生长和繁殖。

(2)防腐剂对微生物细胞壁、细胞膜产生作用。由于能破坏或损伤细胞壁，或能干扰细胞壁合成的机理，致使胞内物质外泄，或影响与膜有关的呼吸链电子传递系统，从而具有抗微生物的作用。

(3)作用于遗传物质或遗传微粒结构，进而影响到遗传物质的复制、转录、蛋白质的翻译等。

(4)作用于微生物体内的酶系，抑制酶的活性，干扰其正常代谢。

Food Additives

项目二　常用食品防腐剂

任务1　苯甲酸及其盐类

苯甲酸是最早使用的一种食品防腐剂，1985 年就有人描述其杀菌作用，1900 年大规模生产 利用，又名安息香酸，许多天然果胶中就存在。例如，安息树胶中含 20% 的苯甲酸，红莓、杏子、苹果、桂皮中均含有苯甲酸。

分子式：$C_7H_6O_2$ GBl7.001 GBl7.002，结构式为

纯苯甲酸为白色，具有光泽的鳞片或针状结晶，无臭或略带安息香味或苯甲酸气味，微溶于水，易溶于乙醇，m. p. 为 122.4℃，b. p. 为 249.2℃，密度为 1.265 9。25℃时，100g 水中能溶解 0.364g 苯甲酸，100g 乙醇中能溶解 33.3g 苯甲酸，一般情况下多使用其钠盐——苯甲酸钠。

苯甲酸钠为白色粒状或结晶性粉末，在水中溶解度比苯甲酸大，在 0℃、20℃、和 100℃水中溶解度分别为 62.8g/100mL，66.0g/100mL 和 74.2g/100mL。在空气中稳定，但遇热易分解，因此在实际中苯甲酸钠比苯甲酸更为常用。

苯甲酸钠毒理学依据：ADI：0 ~ 5 mg/kg(bw)(苯甲酸及其盐的总量，以苯甲酸计)(FAO/WHO，1994)；大鼠口服 4070mg/kg；GRAS：

苯甲酸及其钠盐的防腐效果相同。在酸性条件下，有抑霉作用，但对产酸菌作用较弱，当 pH 值在 5.5 以上时，对很多霉菌和酵母的作用较弱。其抑菌作用的最适 pH 值为 2.5 ~ 4.0，一

般以低于pH 4.5 ~5为宜，此时，它对一般微生物完全抑制的最低浓度为0.05% ~0.1%。苯甲酸及其钠盐需要在酸性条件下通过未解离的分子起抗菌作用，故称之为酸性防腐剂。

苯甲酸及其钠盐是各国允许使用而且历史较久的食品防腐剂，其安全性较高。苯甲酸进入机体后，与体内苷氨酸或葡萄醛酸结合生成马尿酸，全部从尿中排出，而不在体内蓄积。据报道，即使苯甲酸的用量超过食品防腐实际需求量的许多倍时也没有见毒害作用。但近来的报道称苯甲酸及其钠盐可引起过敏性反应，苯甲酸对皮肤、眼睛和黏膜有一定的刺激性。苯甲酸可引起肠道不适，再加上有不良味道，近年来有逐渐减少的趋势。

苯甲酸作用方法：

我国规定：苯甲酸及其钠盐可用于葡萄酒、果酒、软糖为0.8g/kg，酱油、食醋、果酱、果汁饮料为1.0g/kg。苯甲酸毒理学依据：ADI：0 ~5mg/kg（FAO/WHO，1994），苯甲酸及其钠盐最大使用剂量为0.2 ~1g/kg。日本规定苯甲酸及其钠盐可用于鱼子酱、清凉饮料和酱油中，最大使用量鱼子酱中为2.5g/kg，清凉饮料、酱油中为0.6g/kg。苯甲酸及其钠盐在大多数食品中的一般用量都在1.0g/kg以下。

苯甲酸在使用时要注意以下事项：

（1）由于苯甲酸在水中溶解度低，故实际应用时要加适量的碳酸钠和碳酸氢钠，用90℃以上的热水溶解，使其转化为苯甲酸钠后再添加到食品中去。若必须使用苯甲酸，可先用适量乙醇溶解后再应用。溶解用的容器器壁要高一些，搅拌要轻缓，防止溶解时溅出。此外，因苯甲酸能同水蒸气一起挥发，操作时最好戴口罩。

（2）由于苯甲酸对水的溶解度比苯甲酸钠低，因此在酸性食品中使用苯甲酸钠时要注意防止由于苯甲酸钠转变成苯甲酸而造成沉淀和降低使用效果。

（3）1g苯甲酸相当于1.18g苯甲酸钠，1g苯甲酸钠相当于0.847g苯甲酸。

（4）使用苯甲酸钠时，一般把苯甲酸钠调制成20% ~30%的水溶液，再加入食品中，搅拌均匀即可。如果苯甲酸钠直接与酸性饮料相接触，容易转化成难溶于水的苯甲酸。所以，苯甲酸钠一般在汽水、果汁中使用时，应在配制糖浆时添加，苯甲酸钠、柠檬酸、悬浊剂必须先后依次加入，若苯甲酸钠、柠檬酸同时加入则会出现絮状物。

（5）苯甲酸钠用于酱油防腐时，要在加热工序中添加。通常是将生酱油放入杀菌设备中，加热至杀菌温度时，再添加苯甲酸钠。苯甲酸钠用于醋的防腐时，通常将醋淋出，调整好酸度后再添加。

任务2 山梨酸及其钾盐（Sorbic Acidand Potassium Sorbate）

一、分子式：$C_6H_8O_2$ GBl7.003 GBl7.004，结构式

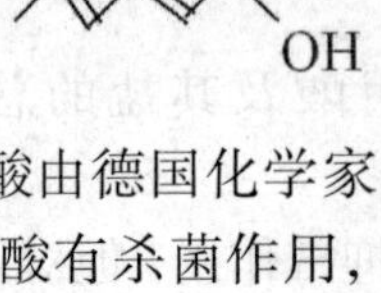

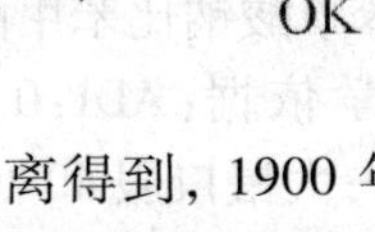

1859年，山梨酸由德国化学家A. W. VonHoffmann分离得到，1900年第一次人工合成，1940年发现了山梨酸有杀菌作用，1945年第一次申请专利作为防腐剂，1953年WHO/FAO同意其作为食品防腐剂。

山梨酸又名花楸酸，为无色、单斜晶体或结晶体粉末，无臭或稍具有特殊气味和酸味，对光热均稳定，但在氧气中长期被放置易氧化着色，从而降低防腐效果。m. p. 为134.5℃，b. p. 为228℃，微溶于水。

山梨酸钾也是白色鳞片状结晶或结晶性粉末，无臭或微臭，极易溶于水，也易溶于高浓度蔗糖和食盐溶液。其抑菌效果为同质量山梨酸的74%。山梨酸和山梨酸钾的溶解度不同（20℃分别为0.16和58.2）。

二、山梨酸和山梨酸钾的毒理学依据

山梨酸是一种毒性较低的食品防腐剂，其毒性仅为苯甲酸的1/4，食盐的1/10。山梨酸的生理代谢作用和其他脂肪酸一样，通过水合、脱氢、氧化等作用最后生成二氧化碳和水，并释放出能量，因而山梨酸及其盐类是对人体无害的食品防腐剂。ADI：0～25mg/kg(bw)（山梨酸及其盐总量，以山梨酸计）(FAO/WHO，1994)；LD_{50}：大鼠经口7 360mg/kg(bw)，小鼠静脉注射1300mg/kg(bw)；GRAS：FDA－21CFRl81.23，182.308 9。

山梨酸钾毒理学依据，ADI：0～25 mg/kg(bw)（山梨酸及其盐总量，以山梨酸计）（FAO/WHO，1994）；LD_{50}：大鼠经口4 920mg/kg(bw)；GRAS：FDA－21CFRl82.364 0。

山梨酸及其钾盐具有相同的防腐效果，它们能够抑制包括肉毒杆菌在内的各类病原体滋生。0.1%山梨酸可大大抑制无益的革兰氏阴性菌滋生，而对有益的菌丛实质上没有影响。必须注意，在有少量霉菌存在的介质中，山梨酸表现出抑菌作用，甚至还可以表现出杀菌效果。但在有大量霉菌存在的介质中，山梨酸会被霉菌作为营养物摄取，不仅没有抑菌作用，相反会促进食品的腐败和变质。

有关山梨酸类抗菌剂的抑菌机理，现仍无定论，概括起来是对酶系统的作用、对细胞膜的作用及对芽孢萌发的抑制作用。在不同条件下可能有不同的机制在起作用。

对酶系统的抑制作用是由于进入细胞内的山梨酸分子和细胞中各种硫基酶的结合而使这些酶失活。山梨酸类抗菌剂主要是抑制霉菌、酵母菌及一些好氧性细菌（如沙门氏菌、大肠杆菌、假单胞菌、副溶血性弧菌等），而对乳酸菌则几乎没有什么抑制作用。因此在产酸型发酵食品的生产中，山梨酸（0.1%）可抑制表面酵母及其有害微生物的生长，而不影响正常发酵过程。

山梨酸及其钾盐也属于酸性防腐剂，抑菌作用与pH值有关，随pH值下降而抑菌作用加强，因为低pH值使未解离分子增多。尽管在低pH值范围其抑菌作用最强，但山梨酸类抗菌剂在pH值为6.0左右仍有效，与其他抗菌剂最高作用pH值相比，算是较高的。如丙酸pH值最多为5.0～5.5，苯甲酸pH值最高为4.0～4.5。

山梨酸的ADI值为0～25mg/kg（山梨酸及其钾、钠、钙盐，1994），山梨酸与其他脂肪酸一样，参加氧化降解，以CO_2形式排出，而有一部分用于合成新的脂肪酸而留在动物的器官、肌肉中，一般认为很安全。

由于山梨酸及其钾盐的毒性低于苯甲酸及其钠盐，且无异味，所以目前国内外广泛使用山梨酸及其钾盐作为防腐剂。山梨酸无毒害作用且抗菌很广，几乎在所有pH值低于6.0的食品中都可使用。现主要作为乳制品（0.05%～0.30%）、焙烤食品、蔬菜、水果制品、饮料等抑真菌剂。各类蔬菜类制品（包括腌菜、泡菜）都广泛地应用水溶性山梨酸盐类做防腐剂。由于山梨酸的口感温和且基本无味，因而比其他抗菌剂更适合于水果产品的保鲜。目前果汁、果酱、果浆、果子罐头都用山梨酸做保鲜剂。在焙烤食品中山梨酸虽然没有丙酸用途广泛，但因其抑真菌作用较丙酸强，且在较高 pH 值仍有效，因此仍有作用。为了不干扰酵母的发酵过程，应在面团发好后加入。在不同酵母发酵的焙烤食品中，则应尽早加入，以便均匀分布。

近年来的研究证实山梨酸盐可以延长肉制品、禽蛋制品的贮存期。在烟熏肉制品中加入山梨酸盐，可减少亚硝酸钠的用量，降低形成致癌物亚硝胺的潜在危险，并有抑制肉毒杆菌的效果，这就扩大了山梨酸盐的适用范围。因此，山梨酸盐是很有前途的食品添加剂。

使用山梨酸时，因其对水的溶解度低，应先将山梨酸溶解在乙醇或碳酸氢钠的溶液中，随后再添加到食品中。溶解时注意不要使用铜、铁容器，以免形成不良色泽。

为了防止山梨酸受热挥发，最好在食品加热过程的后期添加。例如生产果酱时可在果酱浓缩终点前加入，并使之在果酱中分布均匀。

山梨酸钾易溶于水，使用方便，但其1%水溶液的 pH 值为7～8，有使食品 pH 值升高的倾向，应予以注意。

山梨酸及其钾盐能刺激眼睛，若进入眼睛，需立即用清水冲洗，然后就医。

任务3　对羟基苯甲酸酯类

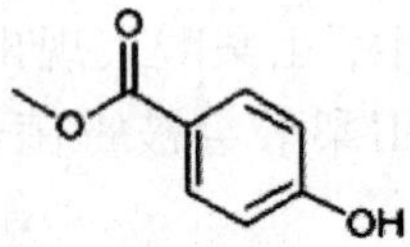

对羟基苯甲酸酯类又称尼泊金酯类，用于食品防腐的主要有对羟基苯甲酸甲酯、对羟基苯甲酸乙酯、对羟基苯甲酸丙酯、对羟基苯甲酸丁酯、对羟基苯甲酸异丁酯，其结构式中 R 基可分别为—CHa、—CH_2CH_3、—CH_2CH_2CH3、—$CH_2CH_2CH_2CH_3$。

对羟基苯甲酸酯类为白色或无色结晶或粉末，无味，无臭，难溶于水，与苯甲酸相似，其溶解度比苯甲酸高，但随着酯基 R 中 C 链的增长溶解度下降，而在油、乙醇、甘油中随 C 链的增长溶解度增大。

对羟基苯甲酸乙酯毒理学依据：ADI：0～10 mg/kg(bw)(FAO/WHO，1994)；LD_{50}：小鼠经口 5000mg/kg(bw)。

对羟基苯甲酸丙酯毒理学依据：ADI：0～10 mg/kg(bw)(FAO/WHO，1994)；LD_{50}：小鼠经口 6700mg/kg(bw)。

对羟基苯甲酸酯类的抑菌机理类似苯酚，可破坏细胞膜，使细胞内蛋白质变性，并可抑制微生物细胞的呼吸酶系与电子传递酶系的活性，对真菌的抑菌效果最好，对细菌的抑制作用也较苯甲酸和山梨酸强，对革兰氏阳性菌有致死作用。

其抑菌活性主要是分子态分子起作用，分子内羟基已经酯化，不再电离，所以抗菌作用在 pH 值为4～8 范围内均有良好效果，对细菌最适 pH 值为7.0。

对羟基苯甲酸酯类的抑菌效果随 C 原子数的增多而增强，其毒性随 C 原子数的增多而减弱，其溶解度随 C 原子数的增多而减小。

许多国家都允许对羟基苯甲酸甲酯、对羟基苯甲酸乙酯、对羟基苯甲酸丙酯、对羟基苯甲酸丁酯作为食品防腐剂，美国允许甲酯、丙酯、庚酯在啤酒中使用，日本多用丁酯。

对羟基苯甲酸酯类在人肠中很快被吸收，与苯甲酸类抗菌剂一样，在肝、肾中酯键水解，产生对羟基苯甲酸直接由尿排出或再转变成羟基马尿酸、葡萄糖醛酸酯后排出，在体内不累积，安全，ADI 为 0 ~ 5mg/kg。

对羟基苯甲酸酯类对霉菌、酵母、细菌有光谱抗菌作用，对霉菌、酵母的作用较强，对细菌特别是革兰氏阴性杆菌的作用较差。对羟基苯甲酸酯类同苯甲酸和山梨酸一样，也是未解离分子发挥抗菌作用，但比这两种酸的抗菌作用强，且因其羟基被酯化后可以在更广泛 pH 范围内保持不解离，作用范围比苯甲酸和山梨酸广，一般在 pH4 ~ 8 的范围内效果较好。

对羟基苯甲酸酯类在世界各国普遍使用，一般用于清凉饮料、果酱、醋等。按 GB 2760 - 1996，果蔬保鲜：0.012 g/kg；食醋：0.01g/kg；碳酸饮料：0.20g/kg；果汁（果味）型饮料、果酱、酱油、酱料：0.25g/kg；糕点馅：0.5g/kg；蛋黄：0.20g/kg。我国台湾省的标准：酱油：0.25g/kg；碳酸饮料：0.1g/kg；水果及蔬菜的外皮：0.012g/kg。

以上三种食品防腐剂从安全性角度来说，山梨酸 > 对羟基苯甲酸酯类 > 苯甲酸，对羟基苯甲酸酯类 pH 使用范围最广，而苯甲酸成本最低。

任务 4　丙酸及其盐类

丙酸盐类作为防腐剂一般使用丙酸的钠盐和钙盐，丙酸钠与丙酸钙均为白色结晶、颗粒或结晶型粉末，无臭或略具特异性臭，易溶于水。

丙酸盐呈微酸性，对各类霉菌、需氧芽孢杆菌或革兰氏阴性杆菌有较强的抑制作用，对能引起食品发黏的菌类如枯草杆菌抑菌效果较好，对防止黄曲霉菌素的产生有特效。对酵母基本无效，故丙酸盐常用于面包的防霉。

丙酸为无色液体，易溶于水和乙醇，其盐类白色，结晶状，有奶酪味，丙酸钠溶解度大于丙酸钙，丙酸天然存在于瑞士奶酪中约含 1%，它在奶酪的防霉中运用较多。

丙酸钙通常用于面包，如用钠盐会使 pH 值升高，影响生面的发酵（pH 值最佳为 4.5），而且钙元素能增加产品的营养。

丙酸钙在面包生产中使用较合适。此外，其使甜、咸面包存放时间比不放此盐者可延长 20h。丙酸钙用于面包防霉的添加方法有两种：一是把面粉、酵母、防腐剂一起混合；二是把面粉的一半量加酵母、水混合后发酵，把防腐剂与另一半面粉混合，然后将两者合并。此方法可以减轻防腐剂对酵母的影响，而缩短混合的时间。

丙酸钠主要用于糕点，糕点中有膨松剂（化学发酵剂），如用钙盐会生成碳酸钙，减少 CO_2 生成。丙酸为食品的正常成分，也是人体代谢的正常中间体。丙酸易被消化系统吸收，无积累性，不随尿排出，它可与 CoA 结合形成琥珀酸盐（或酯）而参加三羧酸循环代谢，生成二氧化碳和水。

丙酸及其盐类的使用标准，按 GB 2760 - 1996，丙酸钙用于生面制品，最大值为 0.25g/kg，用于面包、酱油、糕点、豆制品为 2.5g/kg，台湾用于面包最大值为 2.5g/kg。

丙酸盐一般在和面的时候添加，浓度根据产品的种类和各种烧烤食品的储存时间确定，使用丙酸盐，不仅防腐，而且有抵抗霉菌生成霉菌毒素的作用。面包中添加 0.3%，可延长 2 ~ 4 天不长霉，蛋糕中添加 0.25%，可延长 30 ~ 40 天不长霉。

任务5　脱氢乙酸及脱氢乙酸钠

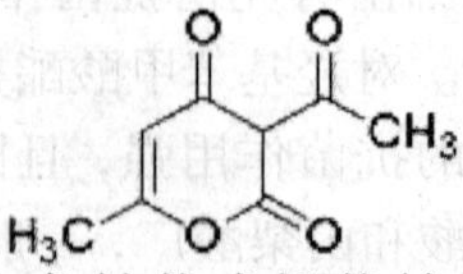

脱氢乙酸简称 DHA，为无色至白色针状或板状结晶或白色结晶粉末。无臭，略带酸味。熔点 108℃ ~111℃（升华），沸点 269.9℃。易溶于固定碱的水溶液，难溶于水，所以一般多用其钠盐作为防腐剂。

脱氢乙酸钠为白色结晶性粉末，无臭或略带微臭，易溶于水。

脱氢乙酸及其钠盐的防腐作用也受 pH 值的影响，在中性溶液中的防腐效果最好。

我国规定：脱氢乙酸可用于腐乳、什锦酱菜、原汁橘浆，最大使用量为 0.3g/kg。国外将其广泛应用于干酪、奶油，最大使用量为 2g/kg；清凉饮料，最大剂量为 0.05g/kg；酸乳、乳酸饮料，最大使用量为 0.2g/kg，一般用量为 0.04g/kg。

脱氢乳酸钠主要用于干酪、奶油、人造奶油，使用剂量为 0.61g/kg，为乳制品常用防腐剂。因此，乳制品放置在空气中熟成时，会出现长霉的现象，此时有必要添加这种防腐剂。用于腐乳、酱菜、果酱，最大用量为 0.3g/kg；汤料、糕点和干酪等，最大用量为 0.5g/kg；在盐渍蔬菜中最大用量为 0.3 g/kg。

脱氢乙酸钠使用时一般喷洒在制品表面或包装材料上，喷洒液的浓度为 0.1 ~0.2% 的水溶液，喷洒量为 20 ~40ml/kg。

任务6　乳酸链球菌素

乳酸链球菌素（Nisin）亦称乳酸链球菌肽或音译为尼辛，是乳酸链球菌产生的一种多肽物质，分子式为 $C1_{43}H_{228}N_{42}O_{37}S$。商品名为乳酸链球菌制剂，由乙醇结晶制得。

乳酸链球菌素的溶解度取决于溶液的 pH 值。pH2.5 时为 12%，pH5.0 时为 4.0%，中性和碱性时不溶；pH2.5 时稳定，pH7.0 时在室温下亦不可致钝化，但 pH8.0 时易被蛋白水解酶钝化。本品在干燥状态下稳定，但在食品中可逐渐失活。

本品仅对革兰氏阳性菌有抑制作用，而对革兰氏阴性菌、酵母菌或霉菌一般无抑制作用。当用于肉制品等时，可显著减少加热温度或时间，并取得良好的杀菌效果。

我国规定可用于罐头类食品、植物蛋白类食品。最大使用剂量为 0.2g/kg。用于乳制品、肉制品时最大使用剂量为 0.5g/kg。

通过病理学家研究以及毒理学试验都证明乳酸链球菌素是完全无毒的。乳酸链球菌素可被消化道蛋白酶降解为氨基酸，无残留，不影响人体益生菌，不产生抗药性，不与其它抗生素产生交叉抗性。世界上有不少国家如英、法、澳大利亚等，在包装食品中添加乳酸链球菌素，通过此法可以降低灭菌温度，缩短灭菌时间，降低热加工温度，减少营养成分的损失，改进食品的品质和节省能源，并能有效地延长食品的保藏时间。还可以取代或部分取代化学防腐剂、发色剂（如亚硝酸盐），以满足生产保健食品、绿色食品的需要。

项目三　防腐剂的合理使用

为了正确有效地使用防腐剂，应该充分了解防腐剂的性质及影响防腐效果的各种因素，这样就可以按照食品的保存状态和预期保藏时间，来确定所有防腐剂的品种、用量及使用方法。

任务1　使用范围及使用量

对于含糖量较高、容易腐败或贮藏期较长的食品通常有必要使用防腐剂。否则，容易被微生物污染引起食品败坏，甚至在食用后产生食物中毒。罐头食品通常不使用防腐剂，主要原因是在加工过程中，经过高温杀菌，在密闭的罐头内已经达到无菌状态，这样便能达到食品保存的目的。在用量上，使用太少不能达到抑菌防腐效果，用量太大则可能对人体健康有害。此外，冬天气温低，对微生物生长不利，某些食品如酱油、醋等可以少用或不用防腐剂。总之，对于防腐剂的适用范围和使用量，一定要在严格遵守我国食品添加剂使用卫生标准的前提下，通过试验选定。

任务2　使用注意事项

使用防腐剂前，一定要确定哪些食品需要添加防腐剂，并且应该添加哪种防腐剂，能不用的尽量不用或少用。对于所选用的防腐剂，应保证质量合格，为了避免使用过量，还应查明食品原料、配料是否含有防腐剂。

使用时，为了使防腐剂在食品中充分发挥作用，应注意以下几点：

1. 减少原料染菌的机会。食品加工用的原料应保持新鲜、干净，所用容器、设备等应彻底消毒，尽量减少原料被污染的机会。原料中含菌数越少，所加防腐剂的防腐效果越好。若含菌数太多，即使添加防腐剂，食品也易于腐败。尤其是快要腐败的食品，即使添加防腐剂也如同没有添加一样。

2. 确定合理的添加时机。防腐剂是在原料中添加还是在半成品或者成品表面，应该根据产品的工艺特性及食品的保存期限来确定，不同制品的添加时机可有不同。

3. 适当增加食品的酸度。酸性防腐剂通常在 pH 值较低的食品中防腐效果好。此外，在较低 pH 食品中，细菌也不易生长。因此，若能在不影响食品风味的前提下增加食品酸度，可减少防腐剂用量。

4. 与热处理并用。热处理可减少微生物数量。因此，加热后再添加防腐剂，可使防腐剂发挥最大的功效。如果在加热前添加防腐剂，则可以减少加热时间。但是，必须注意加热的温度不应太高，否则防腐剂会与水蒸气一起蒸发掉而失去防腐效果。

5. 分布均匀。防腐剂必须均匀分布于食品中，尤其在生产中更应注意。对于水溶性良好的防腐剂，可将其先溶于水，或直接加入食品中混匀，对于难溶于水的防腐剂，可将其先溶于乙醇等食品级有机溶剂中，然后在充分搅拌下加入食品中。有些防腐剂并不一定要求完全溶解于食品中，尚可根据食品的特性，将防腐剂添加于食品表面或喷洒于食品包装纸上。

6. 不同防腐剂并用。两种或者两种以上防腐剂并用，往往可有协同作用，而且比单独使用更为有效。由于使用卫生标准的限制，不同防腐剂并用的案例不多，但同一类防腐剂并用如山梨酸及其钾盐，对羟基苯甲酸酯类的并用则较多。

Food Additives

项目四　防腐剂使用效果

由于化学保藏的方法并不是全能的，它只能在一定时期内防止食品变质，而且化学防腐剂添加的时机需要掌握，添加时机不当则起不到预期效果，因此除了防腐剂用量外，防腐剂本身的理化性质、保藏条件、食品的性质、微生物种类、数量等多种因素对保藏效果都有影响，实际的保藏效果是上述各种因素共同作用的结果。了解各种因素的影响将有助于在实际中灵活使用各种防腐剂。

任务1　防腐剂的理化性质

一种抗菌剂的抗菌谱、作用机制及抗菌效果主要取决于理化性质。

一、极性

极性是抗菌剂最重要的物理性质。水溶性表明其在微生物生长的水相中的溶解性，抗菌剂只有具有一定的水溶性才能与微生物细胞同处一相而进入一相并发生作用；同时，抗菌剂要作用于疏水性的膜，则需一定的亲脂性。因此一种抗菌剂要最有效地发挥作用，必须既有亲水性又有一定的亲脂性。

二、挥发性

抗菌剂的沸点高低直接影响抗菌效果。尤其是抗菌剂在食品中的保持性，沸点低（易发挥）则在加热中损失大，且常常有气味。

三、解离性

由于不带电荷的分子易进入细胞并发挥作用，因此抗菌剂的解离状态对其抗菌作用影响很大。同一抗菌剂在不同 pH 值的食品中有截然不同的效果，易解离基团的脂化往往既减少了解离基团又改变了分子的极性，因此能增强抗菌作用，如苯甲酸酯类的抗菌作用就较苯甲酸及其盐类强。

四、与其他化合物的反应活性

抗菌剂与食品中脂类、蛋白质、碳水化合物及其他添加剂的作用，不仅会使其抗菌作用减弱，而且会导致变色变味，如山梨酸发生自动氧化而变味。

任务2　食品的性质

食品本身的性质（pH 值、脂类含量等）对抗菌效果也有明显影响。

一、pH 值

在含水食品中抗菌剂是处于解离平衡状态的，起主要抗菌作用的可能是其解离部分（H^+或其他离子），也可能是未解离部分。山梨酸是以其未解离状态通过细胞膜进入细胞内起作用的，解离部分则因带电荷不能进入细胞而无抑菌作用。这种抗菌剂要在 pH 值偏低的条件下效果好，且较低剂量就有效（<1%）。一般在不影响风味的前提下，降低 pH 值，提高保质效果。

pH 值降低，H^+增多，弱酸的电离平衡向生成分子态的方向移动，即未解离分子态增多。

二、分配系数

分配系数是指抗菌剂在食品的脂相和水相中溶解度之比。这也是对抗菌效果起很大作用的因素。因为微生物一般在水相中生长，溶解在脂相中的抗菌剂基本不起作用，因此活性很强的疏水性抗菌剂可能会因为分配系数大而保质效果差。

三、食品组分

食品中蛋白质、纤维素能与一些抗菌剂结合而使其失效，这是抗菌效力损失最大的一项。另外食品中的盐、糖等组分可降低水分活度，影响酶的结构，因而可增强抗菌效果；但它同时又使抗菌剂分配系数增大，从而又削弱了抗菌效果。此外，糖还是微生物生长的良好营养物，实际上增强了抗菌难度。若食品中有能与抗菌剂发生化学反应的组分，则只有加大抗菌剂的使用量来补偿。

任务3　其他影响因素

一、食品中已有菌的影响

食品中污染微生物的数量越多，种类越杂，发生变质的可能性就越大。因为每种抗菌剂都有特定的抗菌谱，对其他菌的抗菌作用很弱或没有，因此食品污染菌越杂，因对某些菌的抑制作用弱而导致防腐失败的可能性就越大。表 2 – 1 为某些抗菌剂的抗菌谱。

表 2 – 1 某些抗菌剂的抗菌谱

	细菌	酵母	霉菌
亚硝酸盐	+ +	–	–
亚硫酸盐	+ +	+	+
丙酸		+	+ +
山梨酸	+	+ + +	+ + +
苯甲酸	+ +	+ + +	+ + +
对羟基苯甲酸酯类	+ +	+ + +	+ + +
乳酸链球菌素	+ +	–	–

注：“ – ”无作用；“ + ”微弱作用；“ + + ”中等作用；“ + + + ”强烈作用。

不同生长期的微生物对抗菌剂的敏感性差异也很大，延滞期、对数期的细胞往往很敏感，而衰老期细胞的抵抗力较强。

二、其他防腐措施的影响

其他防腐措施可决定食品中已有菌的种类和数量，从而决定添加抗菌剂的种类和用量。对经热加工的食品，主要应添加能抑制耐热产芽孢的抗菌剂；低水食品中主要是些干生性霉菌，酵母菌还可以生长；冷藏食品中主要是一些冷育的革兰氏阴性细菌；包装食品中因空气少，好氧菌不生长，所以主要是一些厌氧菌和兼性厌氧菌。以上各种情况下，由于生长的优势菌不同，因此具体使用的抗菌剂也不同。

三、保藏温度、时间

在有效抑菌浓度下，温度越高则抑菌和杀菌作用越快，随着保藏期延长，菌数会逐渐减少。若抗菌浓度低而其中的微生物还可生长，或某些微生物可以降解抗菌剂，则温度越高，腐败变质越快，保存时间越长，变质越严重。

四、协同效应

几种抗菌剂合用，既可以扩大抑菌范围，又能增强抑菌效果。与加热、冷却、辐射及干燥法结合使用，也可以增加抗菌剂的抗菌效果。例如，山梨酸与氧化氢溶液混合使用时，抗菌活性会显著增加；山梨酸与山梨酸钾并用；山梨酸（主要抑制霉菌、酵母菌及需氧细菌）与辐照配合使用，则可使抗菌谱扩大。

目前，世界各国都在致力于广谱、安全、高效的食品防腐剂的研发。近年来，随着人们生活和消费水平的提高，食品加工的需求也越来越向“绿色”和“天然”等方向转变，因此，天然、安全的功能性食品防腐剂的开发就成为必要。目前主要是从动植物或微生物及其代谢产物中分离制得，如从蒜、生姜、花椒、丁香、黑胡椒等许多香辛料和传统中草药等植物中可提取有效抑菌成分。天然动物型食品防腐剂如蜂胶，具有极强的抗细菌、真菌、病毒等各种微生物的作用，日本已将蜂胶用于果冻、糖果和口香糖等食品的防腐保鲜。另外，鱼料蛋白是鱼类成熟精细胞中的一种碱性蛋白，对部分微生物有明显的抑制作用，可用于水产品、肉及肉制品、乳及乳制品、面食和蔬菜等食品的防腐保鲜。微生物型防腐剂是近年来开发的一个热点。例如：日本的传统食品纳豆中含有的纳豆菌，可产生抗菌蛋白，纳豆菌抗菌蛋白具有广谱抗菌作用，对很多微生物具有一定的作用，特别是对志贺氏菌、金黄色葡萄球菌和异常汉逊酵母具有较强的抗菌作用。另外，可从海洋生物中制备食品防腐剂，如海藻中存在许多具有抗菌活性的物质，如琼脂低聚糖、海藻糖等。值得一提的是，我国目前一些天然香料辛料或中草药型防腐剂以及一些生物型防腐剂等尚处于实验室研究或中试研究阶段，很多产品还没有工业化生产，这给食品工业生产中的批量应用带来不便，如果依靠从国外进口，价格相当昂贵，必将导致生产成本的升高。可见，新型、天然、高效的功能性食品防腐剂的研发具有很大的潜力和市场。

项目五　果蔬保鲜用防腐剂简介

随着生产和生活的发展和提高，人们对果蔬的防腐保鲜日益重视，我国是一个农业大国，地域辽阔，果蔬品种繁多。目前由于缺乏必要的手段，致使我国果蔬腐烂损失率每年高达20% ~25%。为了充分利用食物资源满足人们，尤其是不同地区人们生活的需要，许多科研、生产、销售部门纷纷研究果蔬保鲜技术并推广使用。其中主要是进行化学品处理，如采用防霉、杀菌、被膜、代谢控制剂处理等，用于保护果蔬的鲜度，延长其保存期。

我国食品添加剂卫生使用标准现已批准乙氧基喹、仲丁胺、桂醛、噻苯咪唑等作为食品防腐剂。对于上述物质要严格遵守有关规定应用。

例如乙氧基喹别名虎皮灵，淡黄色至琥珀色黏稠液体，在光照和空气中长期放置逐渐变为暗棕色液体，但不影响其抗氧化作用，沸点134℃ ~136℃(13.33Pa)，相对密度1.029 ~ 1.031，不溶于水，可与乙醇任意混溶。主要用于苹果、梨贮藏期虎皮病的防治。可将本品制成乳液浸果，药液浓度2 ~4g/kg，也可将本品加到包装纸上制成包果纸，加到塑料膜中制成单果包装袋，或与果箱等结合，借其熏蒸性而起作用。我国《食品添加剂使用卫生标准》(GB 2760 -1996)规定:苹果保鲜可按生产需要适量使用，残留量为1mg/kg。

仲丁胺，是一种有氨臭的无色液体，溶于水、乙醇、乙醚、丙酮，熔点 -104.5℃，沸点:62.5℃，可用作保鲜剂，我国规定可用于水果的保鲜，按生产需要适量使用。荔枝、柑橘、苹果(果肉)的残留量分别为≤0.009g/kg、0.005g/kg、0.001g/kg。

桂醛，无色至淡黄色油状液体，具有强烈的肉桂气味。相对密度1.048 ~1.052。几乎不溶于水(1g可溶于700水中)，能溶于乙醇、乙醚、氯仿、油脂等，有抑菌防腐作用。使用时应控制其残留量为0.0003g/kg。

为了进一步做好果蔬保鲜，我国正在继续研究，选用安全性高、保鲜效果好的物质予以应用。

◈知识驿站

本项目讲解防腐剂(Preservatives)是指具有杀死微生物或抑制微生物增殖作用的物质。防腐剂的作用机制，以及影响防腐剂效果的因素，在食品加工领域，食品中经常用到的防腐剂苯甲酸及其钠盐，山梨酸及其钾盐和对羟基苯甲酸酯类、丙酸及其盐类的作用范围，注意事项。

思考题

1. 比较苯甲酸及其盐类、山梨酸及其钾盐、对羟基苯甲酸酯类、丙酸及其盐类、脱氢乙酸及脱氢乙酸钠、乳酸链球菌素的防腐范围及应用特点。

2. 简述防腐剂的使用范围及其注意事项。

3. 哪些因素会影响食品防腐剂的防腐效果？如何提高食品防腐剂的防腐效率？

4. 以苹果为例，试设计果蔬产品的防腐方案。

模块三

食品抗氧化剂

基础理论和知识

1. 食品抗氧化剂的定义;
2. 食品抗氧化剂的分类和安全使用。

基本技能及要求

1. 抗氧化剂的作用原理;
2. 抗氧化剂在食品中的应用。

◆学习重点

常用抗氧化剂的用途和使用方法。

◆学习难点

抗氧化剂的使用注意事项。

◆导入案例

超市中的产品琳琅满目，有许多味道鲜美的油炸食品，这些食品通常用不透明的塑料袋或纸盒进行包装，它们的货架期通常为 12 个月，而且消费者食用时也没有难闻的气味，这是怎么回事呢？原来，食品行业针对油炸食品容易发生氧化，生成哈喇味和酸败味加入了一些抗氧化剂，这样可以保证食品拥有较好的口感。

讨论

1. 油炸食品加入抗氧化剂还安全吗?
2. 油炸食品怎样才能没有怪味?

项目一　油脂的酸败及脂肪的自动氧化

脂类是生物体内一大类微溶于水，能溶于有机溶剂（如氯仿、乙醚、丙酮、苯等）的重要有机化合物。脂肪是脂类中最重要的一种，是由1个分子甘油和3个分子脂肪酸脱水结合而成的酯。若3个脂肪酸分子是相同的，则称为单纯甘油酯，若不相同则称为混合甘油酯。

根据室温下存在的状态，习惯上将固体状态的三酰甘油称为脂肪，液体状态称为油。

天然油脂暴露在空气中会自发地发生氧化反应，氧化产物分解生成低级脂肪酸、醛、酮等，产生恶劣的酸臭和口味变坏等，这一现象就称为油脂的自动氧化酸败，此现象是油脂及含油食品败坏变质的主要原因。

油脂的自动氧化遵循自由基（也称游离基）反应机制，它包括以下4个阶段（式中以RH代表脂肪或脂肪酸分子）。

反应过程：

a. 引发（慢，诱导期）

$$RH + O_2 \rightarrow R\cdot + \cdot OOH$$

$$RH + R\cdot + H\cdot$$

b. 传递（快，活性氧吸收期）

$$R\cdot + O_2 \rightarrow ROO\cdot$$

$$ROO\cdot + RH \rightarrow R\cdot + ROOH$$

c. 分解：$ROOH \rightarrow RO\cdot R\cdot + ROO\cdot$

d. 终止：$ROO\cdot + R\cdot \rightarrow ROOR$

$$R\cdot + R\cdot \rightarrow RR$$

反应过程中会产生许多短链羰基化合物，如醛、酮、羧酸等，是产生酸败和劣味的主要物质，而大量过氧化物的存在，对人体也会产生不良结果。

项目二　抗氧化剂的作用和分类

任务1　抗氧化剂的作用及机理

氧虽为人体必需，但它却能使食品，特别是使油脂氧化变质。氧化不仅可以使食品褪色、变色、维生素破坏等，而且会降低其感官质量和营养价值，严重时甚至可以产生有害物质，引起食物中毒。多年来，人们在大力研究食品的氧化和抗氧化问题。

抗氧化剂是能阻止或推迟食品氧化，以提高食品质量稳定性和延长贮存期的食品添加剂。

食品的劣变常常是由于微生物的繁殖生长活动、一些酶促反应和化学反应引起的。在食品的贮藏期间，所发生的化学反应中以氧化作用最为广泛。特别是对于含油较多的食品来说氧化是导致食品质量变劣的主要因素之一。油脂氧化可影响食品的风味和引起褐变，可破坏维生素和蛋白质的营养价值，甚至还能产生有毒有害物质。因此，防止氧化，已成为食品工业中的一个重要问题。

抗氧化剂的作用比较复杂，存在着多种可能性，归纳起来大致可有以下两种：

（1）通过抗氧化剂的还原反应，降低食品内部及其周围的氧含量。有些抗氧化剂如抗坏血酸与异抗坏血酸本身极易被氧化，能使食品中的氧首先与其反应，从而避免了油脂的氧化。

（2）抗氧化剂的作用机理最主要是释放氢原子与油脂自动氧化反应产生的过氧化物结合，终止链式反应的传递。

模式如下（以 AH 代表抗氧化剂）：

AH + ROO · →ROOH + A ·

AH + R · →RH + A ·

抗氧化剂的自由基 A · 没有活性，它不能引起链式反应，却能参与一些终止反应。如：

A · + A · →AA

A · + ROO · →ROOA_

有一些物质本身没有抗氧化功能，但与酚型抗氧化剂丁基羟基茴香醚（BHA）、二丁基羟基甲苯（BHT）、没食子酸丙酯（PG）等作用时，却能增强抗氧化剂的抗氧化效果，这些物质统称为抗氧化增效剂。常用的增效剂有柠檬酸、磷酸、酒石酸、植酸等，使用剂量是抗化剂的 1/4 ~ 1/2。

任务 2 抗氧化剂的分类

抗氧化剂按来源可分为人工合成抗氧化剂（如 BHA、BHT、PG 等）和天然抗氧化剂（如茶多酚、植酸等）。

按溶解性可分为油溶性抗氧化剂和水溶性抗氧化剂和兼溶性抗氧化剂。油溶性抗氧化剂能溶于油脂中，主要用来抗脂肪氧化。水溶性抗氧化剂可以溶解于水相，主要用于食品的防氧化变色、变味。兼溶性抗氧化剂有抗坏血酸棕榈酸酯等。根据 GB 2701 - 2007 规定允许使用的食品抗氧化剂为 18 种，常用的抗氧化剂有 BHA（丁基羟基茴香醚）、BHT（二丁基羟基甲苯）、PG（没食子酸丙酯）等。

抗氧化剂按照作用方式可分为自由基吸收剂、金属离子螯合剂、氧清除剂、过氧化物分解剂、酶抗氧化剂、紫外线吸收剂或单线态氧猝灭剂等。

项目三　油溶性抗氧化剂

任务1　丁基羟基茴香醚

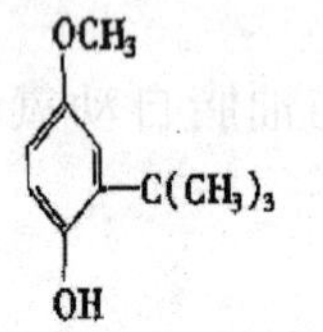

3 – BHA

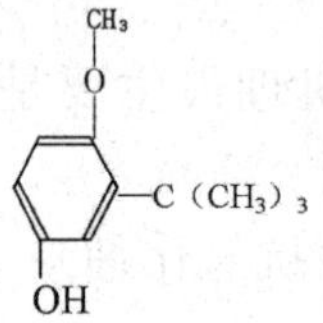

2 – BHA

丁基羟基茴香醚又称为叔丁基 – 4 – 羟基茴香醚，简称为 BHA，丁基茴香醚为白色或微黄色蜡样结晶状粉末，稍有酚类的臭气和有刺激性气味。它通常是 3 – BHA 和 2 – BHA 两种异构体混合物。熔点为57℃ ~65℃，随混合比不同而异。沸点为 264℃ ~270℃，不溶于水，可溶于油脂和有机溶剂，对热相当稳定，在弱碱性的条件下不容易被破坏，这就是它在焙烤食品中仍能有效使用的原因。

3 – BHA 的抗氧化效果比 2 – BHA 强 1.5 ~2 倍，两者混合后有一定的协同作用，每日允许摄入量(ADI)暂定为 0 ~0.5mg/kg。食品添加剂使用卫生标准规定：以油脂量计最大使用量为 0.2g/kg。BHA 的抗氧化效果以用量 0.01% ~0.02% 为最好，超过 0.02% 时抗氧化效果反而下降。BHA 除具有抗氧化作用外还具有相当强的抗菌作用。最近有人报道，用 150mg/kg 的 BHA 可抑制金黄色葡萄球菌，用 280mg/kg 可阻止寄生曲霉孢子的生长，能阻碍黄曲霉毒素的生成，效果大于尼泊金酯。

BHA 对动物脂肪的抗氧化作用较强，单独使用 BHA 可将猪油的氧化稳定性从 4h 提高到 16h。如果与增效剂柠檬酸一起使用，可提高到 36h。其他增效剂如磷酸、卵磷脂和蛋氨酸均有此效果。如果在 BHA 与 PG 或 BHT 的混合物中再加一种螯合剂如柠檬酸，则将更有效。

BHA 对植物油的作用比动物油小。在粗制植物油中加入 0.02% 的 BHA 作为抗氧化剂，精炼后可使其有比较长的保质期。在人造黄油中，使用 0.01% 的 BHA 和 0.005% 的 PG，比单独使用 BHA 的效果好。对于肉制品，0.01% 的 BHA 可稳定生牛肉的色泽和抑制脂类物质的氧化，并能防止各种干香肠的褪色和变质。用于奶制品，0.01% 的 BHA 可延长奶粉和奶酪的保质期。对于香辛料和坚果，BHA 能稳定辣椒粉的颜色，防止核桃、花生等的氧化。将 BHA 加入焙烤用油和盐中，可以保持焙烤食品和咸味花生的香味。

BHA 或 BHA、PG 和柠檬酸的混合物加入用于制作糖果的黄油中，可抑制糖果氧化。用于压缩饼干和油脂含量高的饼干，按油脂量每千克添加 BHA 0.035g，PG 0.035g 和柠檬酸 0.07g，可有效防止氧化。可采用直接添加法，将油脂加热到 60℃ ~70℃ 时加入抗氧化剂，再继续搅拌 20min，以保证其分布均匀和充分溶解。

BHA 具有一定的熏蒸性，因此可在食品包装材料中应用而对食品起抗氧化作用。可涂抹在包装材料内面，也可在包装袋内充入抗氧化剂的蒸气，或用喷雾法将抗氧化剂喷洒在包装纸上。用量为 0.02% ~0.1%，最大量为 0.2g/kg。日本禁用，对大鼠前胃有致癌作用。

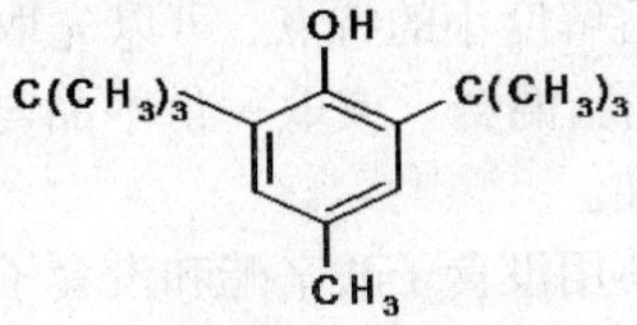

任务 2 二丁基羟基甲苯

二丁基羟基甲苯（简称 BHT），为白色结晶或结晶性粉末，无味，无臭，熔点为 69.5℃ ~70.5℃（其纯品为 69.7℃），沸点为 265℃，不溶于水及甘油，能溶于有机溶剂。耐热性较好，抗氧化作用较强，遇金属离子反应不着色。具有升华性，加热时能与水蒸气一起挥发，无 BHA 那种特异臭味且价格低廉。使用标准规定最大使用量和 BHA 相同为 0.2g/kg。

在植物油中，可使用 BHT、BHA 和柠檬酸组成比为 2：2：1 的混合物。精炼油添加 BHT 时必须在碱炼、脱色和脱臭后，在真空下油品冷却到 12℃时添加。添加时应事先用少量油脂使 BHT 溶解，柠檬酸用水或乙醇溶解后再真空吸入油中搅拌均匀。

用于起酥油，BHT 比 BHA 有效。但用于油炸食品，BHT 的携带进入能力不如 BHA。

用于肉制品、奶制品及坚果等，和 BHA 相同。BHT 也可加入包装焙烤食品、速冻食品及其他食品的纸或塑料薄膜等材料中，其用量为每千克包装材料加 0.2 ~1gBHT。

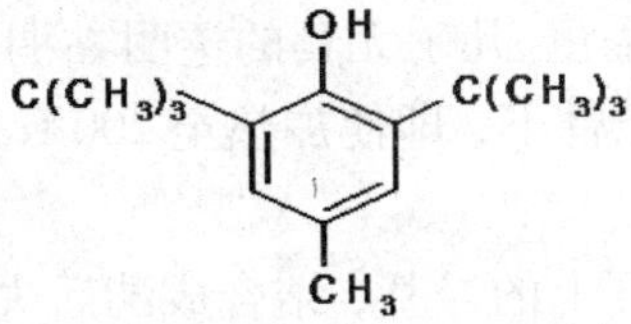

任务 3 没食子酸丙酯

没食子酸丙酯（简称 PG），纯品为白色至淡褐色的结晶性粉末，无臭，稍有苦味，熔点为 146℃ ~150℃，易溶于乙醇、丙酮、乙醚，难溶于水、脂肪。其水溶液微有苦味，对热非常稳定，易与铜、铁离子反应显紫色或暗绿色，潮湿和光线均能促进其分解。

表 3-1 BHA、BHT、PG 的溶解度

溶剂	BHA	BHT	PG
乙醇	70	25	103
丙二醇	50	不溶	67
甘油	1	不溶	25
猪油	30	40 ~50	1.1
玉米油	20	40 ~50	1.2
棉籽油	30	40 ~50	1.2
水	不溶	不溶	0.35

没食子酸丙酯抗氧化作用较 BHA 和 BHT 都强些，但由于遇金属易着色，故常与柠檬酸合用，因柠檬酸可螯合金属离子，既可作为增效剂，又避免了遇金属离子着色的问题。

每日允许摄入 ADI 定为 0 ~ 0.2mg/kg，没食子酸丙酯可用于油脂、油炸食品、干鱼制品、速煮面、罐头等，最大使用量为 0.1g/kg。

使用本品时，考虑在油脂中溶解度小的特点，可以先取一部分油脂，然后将本品按量加入，加温充分溶解后，再与全部油脂混合。或取一份本品与半份柠檬酸、三份 95% 乙醇混合后，徐徐加入油脂中搅拌均匀添加。

除没食子酸丙酯外，国外还使用没食子酸辛酯和没食子酸十二酯等作为抗氧化剂。在没食子酸丙酯中加入适量的没食子酸辛酯和十二酯可增加丙酯在油脂中的溶解度。近年来，已经发现没食子酸辛酯可能渗入母乳中，但对人体有过敏反应。CCFA 已经建议清凉饮料禁用。

任务 4　生育酚混合浓缩物

生育酚即维生素 E，天然维生素 E 广泛存在于高等动植物体中，它是一种天然的抗氧化剂，有防止动植物组织内的脂质氧化的功能。

生育酚的结构：

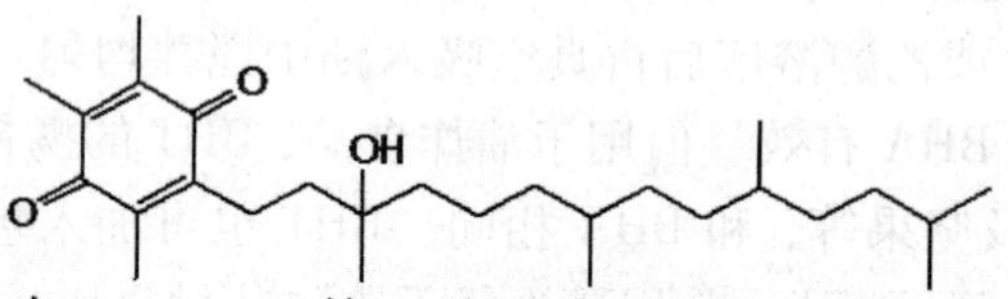

已知的天然维生素 E 有 α、β、γ、δ 等 7 种同分异构体，作为抗氧化剂使用的是它们的混合浓缩物。生育酚混合物为黄至褐色、几乎无臭的透明黏稠液体，溶于乙醇，不溶水，可与油脂任意混合，对热稳定。在无氧条件下，即使加热至 200℃ 也不会被破坏，有耐酸性，但不耐碱，对氧敏感。

生育酚的抗氧化作用来自苯环上的羟基，结合成酯后失去抗氧化性能。在上述生育酚的同分异构体中，其抗氧化效果大小的顺序为：$\alpha < \beta < \gamma < \delta$。

在一般情况下，生育酚对动物油脂的抗氧化效果比对植物油的效果大。这是因为动物油脂存在天然的生育酚比植物油少。对猪油的抗氧化试验证明，生育酚的抗氧化效果几乎与 BHA 相同。生育酚对有的植物油有效，有的无效。这与植物油内含有的天然生育酚同分异构体的种类和数量有关。

生育酚的抗氧化作用通常比 BHA、BHT 弱，但它的热稳定性高，即使加热至 220℃ 也不会被破坏。故适用于油炸食品，但应注意尽量隔绝空气。此外，因其比较耐光、耐紫外线和耐放射线，故也适用于作为透明薄膜包装食品的抗氧化剂。

生育酚很适于作为婴儿食品、疗化食品及乳制品的抗氧化剂或营养强化剂使用。目前，国外将其用于油炸食品、全脂奶粉、奶油或人造奶油、粉末汤料等食品的抗养化。具体用量对动物脂肪可添加 0.001% ~ 0.5%，对植物油可添加 0.03% ~ 0.07%。据报道在方便面的猪油中添加本品 0.05% 抗氧化效果很好。若与 BHA 并用效果更好。此外，本品还可用于肉制品、水产品、脱水蔬菜、果汁饮料、冷冻食品、方便食品等。用量一般为食品油脂含量的 0.01% ~ 0.2%。

任务5　愈疮树脂

愈疮树脂为绿褐—红褐色玻璃样块状物。粉末在空气中易变成暗绿色，不溶于水可溶于乙醇。安全性高，ADI 为 0 ~ 2.5mg/kg。抗氧化作用强，用于牛油、奶油中，只添加 0.005% 就有效。

愈疮树脂是使用最早的天然抗氧化剂之一，也是公认的安全性高的抗氧化剂，其 ADI 为 0 ~ 2.5mg/kg。但是，由于树脂本身具有红棕色，在油脂中的溶解度小，成本又高，应用越来越少。不过因为其抗氧化性作用强，目前国外仍用于牛油、奶油等易酸败食品的抗氧化剂，一般只需添加 0.005% 就有效。

其脱甲基产物 NDGA，为白色—灰色结晶性粉末，难溶于水，可溶于乙醇、热水和油脂。抗氧化效果强，猪油添加 0.01%，在室温及阳光下，经 19 个月仍未酸败。NDGA 还可用于油基食品包装纸的涂布，以阻止内部食品的氧化，与增效剂并用可提高抗氧化效果。

项目四　水溶性抗氧化剂

任务1　L－抗坏血酸及其钠盐

L－抗坏血酸又称维生素 C，为白色或略带淡黄色的结晶粉末，无臭，味酸，易溶于水。遇光颜色逐渐变深，干燥状态比较稳定。易溶于水，不溶于苯、乙醚等溶剂。它的水溶液受热、遇光后易被破坏，特别是在碱性及重金属存在时更能促进其破坏。因此，在使用时必须注意避免从水及容器中混入金属和接触空气。

L－抗坏血酸钠为白色或带有黄白色的细粒或结晶性粉末，无臭，稍咸，较抗坏血酸易溶于水，2% 水溶液 pH 值为 6.5 ~ 8.0。

L－抗坏血酸是人体所必需的维生素之一，通常的摄入量对人体无害。抗坏血酸及抗坏血酸钠的 ADI 为 0 ~ 15mg/kg。

抗坏血酸常用作啤酒、无醇饮料、果汁等的抗氧化剂，可以防止褪色、变色、风味变劣和其他由氧化而引起的质量问题。其主要用于以下几方面：

（1）果汁与碳酸饮料，防止产品在储存、销售期间因氧化而引起的变色、风味改变的问题。罐头或瓶装果汁或饮料中的非酶氧化作用，可由每升物料加 50mg 抗坏血酸而降低。此外，应避免铜铁的污染，并防止果汁与空气接触，尽量除去共存的氧。抗坏血酸一般先溶解于少量水中再添加，添加后最好立即隔绝空气。其用量应根据果汁中原有抗坏血酸的含量和容器中的真空度来确定，使用时每升物料添加 50 ~ 200mg。

（2）水果、蔬菜罐头，添加抗坏血酸可消耗氧保持食品原有品质，用量为 0.025% ~ 0.06%。蔬菜罐头只有花椰菜和蘑菇为了防止褐变和变黑，可以添加 0.1% 的抗坏血酸。另外可用 0.1% 抗坏血酸浸渍液抑制蘑菇在加热时的褐变。

（3）酒类中葡萄酒添加抗坏血酸有助于保持葡萄酒的风味。啤酒过滤时添加 0.01 ~

0.02g/kg 可以防止氧化褐变。

(4)冷冻食品中冷冻果品添加抗坏血酸可以防止褐变与风味劣变。一般用0.1 ~0.5g/kg抗坏血酸浸渍食品5~10分钟。肉制品中多采用抗坏血酸钠作为抗氧化剂以辅助亚硝酸铜的作用。同时肉类制品可保持其风味,增加肉制品的弹性以及防止亚硝胺生成,一般用量为0.05%。

抗坏血酸及其钠盐不溶于油脂,而且对热不稳定,实际上不能作为无水食品的抗氧化剂使用。近年来,人们研究了许多抗坏血酸的衍生物作为无水食品的抗氧化剂,其中公认较为理想的是L-抗坏血酸硬脂酸钠。

L-抗坏血酸硬脂酸酯为微具光泽的白色结晶性粉末,不溶于水,易溶于油脂。因其极易氧化,多用于油脂、奶油、肉制品、面粉、水果类等,以防止氧化变质。

任务2 异抗坏血酸

异抗坏血酸是抗坏血酸的同分异构体,化学性质与L-抗坏血酸非常相似,其抗氧化的作用也与L-抗坏血酸大致相同。

异抗坏血酸为白色或淡黄色结晶或结晶性粉末,无臭,有微酸味和微咸味,易溶于水,水溶液呈酸性。0.1%水溶液pH为3.5,对热和光稳定性差。

异抗坏血酸纳为白色或淡黄色的粒或结晶性粉末,无臭,有微咸味,易溶于水,0.1%水溶液pH为7.3。

异抗坏血酸几乎没有维生素C的抗坏血酸的作用。有人提出它可能在人体内与抗坏血酸起竞争性作用,影响抗坏血酸的消化吸收,从而使维生素C不能充分发挥其生理作用。但实际使用时,剂量很小,一般不会影响维生素C的代谢。

我国规定,异抗坏血酸钠可用于果蔬罐头、果酱、冷冻鱼。最大使用剂量为1g/kg;用于啤酒最大使用剂量为0.04g/kg ;用于果酒果汁饮料最大使用剂量为0.15g/kg;用于肉及其肉制品最大使用剂量为0.5g/kg。

任务3 植酸

植酸又名肌醇六磷酸,广泛分布于高等植物内,多与钙镁构成盐的形式存在,淡黄色或淡褐色黏稠液体。易溶于水和乙醇,对热比较稳定,有较强金属螯合作用。它除抗氧化作用外,还有调节pH值及缓冲作用。具有防止罐头特别是水产罐头产生的鸟粪石与变黑等作用。

在食品工业中,主要用于:

(1)植物油。植酸对植物油具有抗氧化效果,在植物油中添加0.01%即可明显防止植物油酸败。其抗氧化效果因植物油的种类不同而不同,用于花生油最好。大豆油次之,棉籽油较差。

(2)水产品 。防止磷酸铵镁生成。在大马哈鱼虾、金枪鱼等罐头中,经常发现有玻璃状结晶的磷酸铵镁。添加0.1% ~0.2%的值酸便不再产生玻璃状结晶。

(3)防止罐头食品变黑。贝类罐头在加热杀菌时可产生硫化氢等,与肉中的铁铜及从罐头表面溶出的铁锡等结合,产生硫化物而变黑。为防止变黑可添加0.1% ~0.5%的植酸。

(4)防止蟹肉罐头出现蓝斑。螃蟹是节足动物,其血液中含有血蓝蛋白,是一种含铜的血色素蛋白。加热杀菌时所产生的硫化氢与铜反应，容易产生蓝变现象，添加0.1%的植酸和1%的柠檬酸钠可防止出现蓝斑。

(5) 防止鲜虾变黑，鲜虾变黑不适用于做凉拌材料。为防止其变黑，使用0.7%的亚硫酸钠很有效。但二氧化硫的残留量过高。若添加0.01%～0.05%的植酸与0.3%的亚硫酸钠效果更好，且可以避免二氧化硫残留量过高。

我国规定，植酸用于对虾保鲜，控制残留量在20ppm以下。

任务4 乙二胺四乙酸二钠(EDTA－2Na)

乙二胺四乙酸二钠为白色结晶颗粒或粉末，易溶于水，难溶于乙醇，无臭，无味，重要金属螯合剂。添加于食品中可防氧化变质，保持食品原来的色香味。

我国规定，可用于清蒸虾、蟹等水产品罐头。鸭四宝罐头和糖水栗子罐头，最大使用量为0.25mg/kg，ADI为0～2.5mg/kg。

任务5 茶多酚

茶多酚又称维多酚，浅黄或浅绿色粉末，有茶叶味，无不良气味，易溶于40℃～80℃温水或含水乙醇中，在酸性和中性条件下稳定，最适pH 4～8。

茶多酚系从茶中分离得到，内含多酚类化合物和抗坏血酸。主要化学成分为没食子儿茶素、没食子酸酯，对油脂和含油脂食品有良好的抗氧化作用。效果高于人工合成品BHA、BHT，且有抑菌、防止食品褪色、保护维生素的作用。

茶多酚安全性高，我国规定，可以用于油脂，最大剂量为0.4g/kg。含油酱料为0.1g/kg。糕点、油炸食品、方便面最大剂量为0.2g/kg。肉制品、鱼制品最大剂量为0.3g/kg。对油脂可按计算量添加其乳化液，并充分搅拌均匀。

任务6 甘草抗氧化物

甘草抗氧化物是从甘草浸膏或甘草酸之后的甘草渣中提取出来的一组脂溶性混合物。呈粉末状，熔点70℃～90℃，主要成分为黄酮类、类黄酮类物质。有良好的抗氧化作用，效果比PG更好，安全性高。

我国规定可以用于油脂、油炸食品、腌制鱼、肉制品、饼干、方便面、含油食品。最大使用剂量为0.2g/kg。

项目五　抗氧化剂使用注意事项及发展

任务1　抗氧化剂的使用注意事项

各种抗氧化剂均有其特殊的化学结构和理化性质，在使用时必须全面考虑。一般应注意以下几点：

(1)均匀分布。抗氧化剂的用量较少，为了充分发挥作用，必须十分均匀地将其分散在食品中。水溶性抗氧化剂的溶解度较大，在水基食品中一般分布较均匀。油溶性抗氧化剂在油脂中的溶解度较小，一般需将其溶解在有机溶剂如甘油、丙二醇、乙醇等中，搅拌均匀后再加到油基食品中，尤其在与油溶性抗氧化剂并用时，更需要考虑每种抗氧化剂的溶解性，如BHA、PG、CA等前两者可溶于油脂，而后者难溶于油脂，但三者都溶于丙二醇，因此可选用丙二醇作溶剂。

(2)正确掌握添加时机。由于抗氧化剂只能阻碍或延缓食品的氧化，所以一般应当在食品保持新鲜状态和未发生氧化变质之前使用，在食品已经发生氧化变质后再用，则不能改善食品的品质。

(3)选择合适添加剂量。使用抗氧化剂的浓度要适当，虽然浓度大时抗氧化效果好，但它们并不成正比。由于溶解度、毒性等问题，油溶性抗氧化剂使用浓度一般不超过0.02%，浓度过大，除了会造成使用困难外，还会引起不良作用，水溶性抗氧化剂的使用浓度高，一般也不超过0.1%。所以用量不能超出其安全剂量。有些剂量不合适时反而会有促氧化作用。

(4)充分了解抗氧化剂的性能。在实际应用中常使用两种或两种以上的抗氧化剂，由于不同的抗氧化剂对食品的抗氧化效果不同，一旦需要添加抗氧化剂的食品确定后，应在充分了解抗氧化剂的性能基础上，选择最适宜的品种。

两种或两种以上的抗氧化剂混合使用，常会增加抗氧化效果。国外销售的抗氧化剂常为复合品，如Tenox(2)为BHA、PG、CA的复合品，Teox(6)为BHA、BHT、PG、和CA的复合品，G－50为BHA、BHT和柠檬酸甘油单酯的复合品。

(5)避免光、热、氧、金属离子对抗氧化剂的影响。光热等能促进氧化反应的进行，经过加热的油脂，极易被氧化。一般的抗化剂经过加热很容易分解或挥发，例如几种抗氧化剂在大豆油中经加热至170℃，其完全分解失效的时间分别是：BHT 90min，BHA 60min，PG 30min。此外，BHT在70℃以上，BHA在100℃以上加热，则会迅速升华挥发。

食品的氧化反应必须有氧的存在才能进行，如果任由食品和大量氧气接触，即使大量添加抗氧化剂，也很难达到预期的抗氧化效果。

因此，在食品中添加抗氧化剂的同时，应采取真空密封或充氮包装，以降低氧的浓度或隔绝空气中的氧，使抗氧化剂更好地发挥作用。铜、铁等重金属离子是促进氧化的催化剂，它们能缩短诱导期，提高过氧化物的分解速度，从而提高了自由基产生的速度。它们的存在会使抗氧化剂迅速发生氧化而失去作用。因此，在添加抗氧化剂时，应尽量避免这些金属离子混入食品。

任务2　抗氧化剂的发展

目前有许多天然产物具有抗氧化作用，如粉末香辛料和其石油醚、乙醇萃取物的抗氧化能力都很强。茶叶中含有大量酚类物质、儿茶素类、黄酮、黄酮醇、花色素、酚酸、多酚缩合物等，其中儿茶素是主体成分，占茶多酚总量的60%～80%。从茶叶中提取的茶多酚为淡黄色液体或粉剂，略带茶香有涩味，易溶于水、乙醇、乙酸乙酯，略有吸湿性，具有很强的抗氧化和抗菌能力。此外还具有多种保健作用（降血脂、降胆固醇、降血压、防血栓、抗癌、抗辐射和延缓衰老等），现已批准为食用抗氧化剂，在很多食品中得到应用。

◈知识驿站

本项目讲解抗氧化剂的作用机理，通过抗氧化剂的还原反应，降低食品内部及其周围的氧含量。抗氧化剂释放出氢原子与油脂自动氧化反应产生的过氧化物集合，中断连锁反应，从而阻止氧化过程继续进行。

在两种抗氧化作用中，主要是后一种。抗氧化剂的分类：按来源分天然抗氧化剂和人工抗氧化剂；按溶解性不同分为油溶性及水溶性。

常用油溶性抗氧化剂和水溶性抗氧化剂的使用及安全性评价。

思考题

1. 简述油脂氧化酸败的机理。

2. 比较BHA、BHT、PG、抗坏血酸、植酸 、乙二胺四乙酸二钠、茶多酚等抗氧化剂的应用特点。

3. 如何提高食品抗氧化剂的抗氧化效率？

4. 论述食品抗氧化剂在使用过程中的注意事项。

5. 设计以方便面为例的抗氧化方案。

模块四

着色剂

基础理论和知识

1. 着色剂的定义和分类；
2. 着色剂的性质及要求。

基本技能及要求

1. 掌握着色剂的概念、分类及性质；
2. 掌握着色剂使用常见问题及注意事项；
3. 了解着色剂的发展趋势；
4. 了解色素的种类。

◆学习重点

着色剂的性质和使用方法。

◆学习难点

色素的种类。

项目一 概述

任务1 食品着色剂的定义

食品着色剂是指使食品着色或改变食品色泽的食品添加剂。

许多天然食品具有本身的色泽，能促进人的食欲，增加消化液的分泌，因而有利于消化和吸收，是食品的重要感官指标。但是，天然食品在加工保存过程中容易褪色或变色，为了改善食品的色泽，人们常常在加工食品的过程中添加食用色素，以改善感官性质。

人类为食品着色的发展历程大致可概括为：天然色素—人工合成食用色素—天然色素与人工合成食用色素并用—更加安全、稳定的天然使用色素。

在1850年英国人发明第一种合成食用色素苯胺紫之前，人们都是用天然色素来着色的。早在公元10世纪以前，古人就开始利用植物性天然色素给食品着色，最早使用色素的是大不列颠的阿利克撒人，当时他们用茜草植物色素做成玫瑰紫色糖果。以后，美洲的托尔铁克人与阿芒特克族人相继从雌性胭脂虫中提取胭脂虫红，用于食品着色。我国自古就有将红曲米酿酒、酱肉、制红肠等习惯。西南一带用黄饭花、江南一带用乌饭树叶捣汁染糯米饭食用。

1856年，英国人W. H. Perkins合成第一个人工染料苯胺紫后，人工合成染料借其特有的色艳、稳定性强、易于复配、价廉等优点很快替代了天然色素。随着化学合成色素及其生产技术在我国的传入，食品行业中也开始用合成色素取代天然色素进行相应的产品生产。

20世纪初，毒理学和生物学研究的不断深入，发现原先曾允许使用的人工合成食用色素中，大多数种类对人体都有不同程度的伤害，尤其有致癌、致畸、致突变的后果，这一点引起人们的高度重视，大部分具有一定毒性的合成色素被淘汰使用。

据有关资料显示，我国在食用天然色素资源的开发、生产技术、工艺、装备水平等方面都有很大的提高，使得天然食用色素的品种、产量、质量也都取得了很大的进步。我国的科研工作者还在积极研究和开发茶色素、美人蕉花色素、茄子皮色素、红苷蓝色素、番茄红素、枸杞子红色素、板栗壳棕色素、牵牛花色素、花生衣色素、山楂红色素、血红素、鸡冠花红色素、灰白毛莓红色素等。

任务2 着色剂的分类

1. 按来源分：分为食用合成色素和食用天然色素。

食用天然色素：主要是指由动、植物组织中提取的色素，包括微生物色素、动植物色素及无机色素。绝大部分来自植物组织，特别是水果和蔬菜。

食用天然色素按来源分为植物色素（辣椒红色素、姜黄色素）、动物色素（紫胶红、胭脂虫红）和微生物色素（红曲红）。按结构分为吡咯色素（叶绿素、血红素）、多烯色素（辣椒红、β－胡萝卜素）、酮醌类色素（红曲红、紫胶红）、吡啶类色素（甜菜红）等。还可包括某些无机色素。

按结构尚可分为叶啉类（如叶绿素）、异戊二烯类（如β－胡萝卜素）、多酚类（如花色素苷）、酮类（如姜黄素）、醌类（如紫胶红）和甜菜红、焦糖色等。

（1）天然食用色素的优点

①来自天然原料，且大多数来自食品原料，一般来说对人体的安全性较高。

②有的食用天然色素可转化成营养素（如β－胡萝卜素可转化成维生素A），具有营养作用，有些还具有一定的保健功能（如红曲红具有明显的降血压作用）。

③可更好模仿天然食物的颜色，着色时色调比较自然。

（2）天然食用色素的缺点

①坚牢度差，使用局限性大，受pH、氧化、光照、温度、水质及金属离子等影响大，性质不稳定。

②成分复杂，使用不当易产生沉淀、混浊。

③纯品成本较高，保质期短。

④产品差异大。食用天然色素基本上是多种成分的混合物，同一色素来源不同加工方法不同，所含成分都会有差别。这样给配色时会给色调的控制带来难度。

⑤从天然物中提取而来，可能受其共存成分影响而带有异味，或自身就有异味。

使用食用天然色素应采用一些保护措施：如和维生素C一起使用，可防止氧化；添加金属螯合剂，避免金属离子的影响；制成微胶囊，增加耐光性等。

国家批准允许使用的食用天然色素共有48种，包括天然β－胡萝卜素、甜菜红、姜黄、红花黄、紫胶红、越橘红、辣椒红、辣椒橙、焦糖色（不加氨生产）、焦糖色生产焦糖色（加氨生产）、红米红、菊花黄浸膏、黑豆红、高粱红、玉米黄、萝卜红；可可壳色、红曲米、红曲红、落葵红、黑加仑红、桅子黄、栀子蓝，沙棘黄、玫瑰茄红、橡子壳棕，NP红、多穗柯棕，桑葚红、天然芥菜红、金樱子棕；姜黄素、花生衣红、葡萄皮红；蓝锭果红；藻蓝、植物炭黑，密蒙黄，紫草红；茶黄色素；茶绿色素、柑橘黄、胭脂树橙（红木素/降红木素）、胭脂虫红、氧化铁（黑）等。常用的天然着色剂有辣椒红、甜菜红、红曲红、胭脂虫红、高粱红、叶绿素铜钠、姜黄、栀子黄、胡萝卜素、藻蓝素、可可色素、焦糖色素等等。

安全性：天然色素成分复杂，经过提纯后，其化学结构可能会发生变化，性质有可能与原来的不同，故不能保证天然色素都是安全的，作为食用的新的天然色素也有一定的毒理安全性实验要求，其一般要求是：

①凡从已知食物中分离出来的且化学结构无变化的色素又应用于原来食物，其浓度又是原来食物中的正常浓度，这种新产品可不需要进行毒理实验。

②凡从已知食物中分离出来且化学结构无变化的色素当其使用浓度超过正常时，对这种产品需要进行与合成色素相同的毒理评价。

③凡从食品原料中分离出来但在其生产过程中化学结构已发生变化的色素，对它们需要进行与合成色素相同的毒理评价。

④凡从非食品原料中分离出来的色素，必须进行与合成色素相同的毒理评价。

食用合成色素主要指人工化学合成方法所得到的色素，基本为有机物质。

按其化学结构可分为偶氮类（苋菜红、柠檬黄）和非偶氮类（如赤藓红、亮蓝）两类。

按溶解性分可分为脂溶性和水溶性两类，油溶性色素毒性较大，各国基本不再用于食品着色。目前世界各国允许使用的食用合成色素都是水溶性的，我国允许使用的合成色素只有β-胡萝卜素是油溶性的。

此外还有一类色淀，它是由水溶性色素沉积在许可使用的不溶性基质上制成的特殊着色剂，可含有不同的纯色素(10% ~40%)和水分，并且不溶于大多数溶剂。

食用合成色素的优点：色彩鲜艳、色调多、性质稳定、着色力强、坚牢度大、可任意调配、成本低廉、使用方便。应用广泛；用量和使用范围受到严格限制。

食用合成色素的缺点：安全性受到质疑。

我国食品添加剂使用卫生标准(GB 2760－2011)列入的合成色素有胭脂红(色淀)、苋菜红(色淀)、日落黄(色淀)、赤藓红(色淀)、柠檬黄(色淀)、新红(色淀)、靛蓝(色淀)、亮蓝(色淀)、二氧化钛(白色素)、叶绿素铜钠盐、β-胡萝卜素、诱惑红、酸性红，等等。

需要说明：目前市场上的商品β-胡萝卜素大多是用化学方法合成的，但在化学结构上与自然界天然存在的完全相同；叶绿素铜钠盐是由天然色素叶绿素经一定化学反应得到的；一般资料将它们列为食用天然色素，在我国1986年以前是列为天然色素的，但在1996年以后列为合成色素。

2. 按溶解性分：分为脂溶性色素和水溶性色素。

3. 按结构分：人工合成着色剂又可分类偶氮类、蒽酮类和二苯甲烷类等；天然着色剂又可分为吡咯类、多烯类、酮类、醌类和多酚类等。

任务3 性质及要求

一、着色剂的溶解性

溶解性包括两方面的含义：一方面指是水溶性的还是油溶性的。我国允许使用的合成食用色素是水溶性的，天然食用色素有水溶性的也有油溶性的，可采用微胶囊化技术，将水溶性的变成油溶性的，或将油溶性的变成水溶性的，从而扩大使用范围。

另一方面指溶解度。大于1%的称为可溶，在1%与0.25%之间的是稍溶，小于0.25%的为微溶。溶解度受温度、pH值、含盐量、水硬度等的影响。如对于合成色素，温度升高溶解度可增大，pH值降低可能使溶解度降低，水的硬度高溶解度可降低等。

二、着色剂的染着性

食品的着色分两种：一种是将色素溶解在食品基质中，混合成分散状态，另一种是将着色剂染着在食品表面，这就要求着色剂对基质有一定的染着力，希望能染着在蛋白质、淀粉、其他糖类等上面，不易脱色。

三、着色剂的坚牢度

指着色剂在所染的物质上对周围环境(或介质)抵抗程度的一种量度，是衡量着色剂品质的重要指标。是一个综合性的评定指标，包括耐热性、耐酸性、耐碱性、耐氧化性、耐还原性、耐光(紫外线)性、耐盐性、耐细菌性等。

优质色素具有如下性能：色泽纯正、亮丽；纯度高、着色力强；溶解性好；水不溶物含量少、溶液清澈透亮；杂质含量少，耐光、热等稳定性强；批与批一致性好。

任务4 着色剂应用中的常见问题

(1)沉淀:可能用量大、溶剂少、温度低;

(2)斑点:可能未完全溶解、脂肪含量高等;

(3)色泽变暗:可能着色剂用量过大或高温曝晒;

(4)褪色:可能由于光、金属离子、微生物、过热、氧化剂、还原剂、强酸或强碱、或与蛋白质一起加热;

(5)着色饮料保存期短:可能由于过量使用了偶氮类着色剂。

任务5 着色剂的使用注意事项

第一,使用食用色素时应注意务必使用经国家批准的食用色素,使用量和使用范围也应符合国家规定的标准。注意国标上限量是以色素含量100%计算,色素含量不同应通过计算来换算限量。建议进行小规模实验。

第二,着色剂一般要配成溶液再使用。

色素溶液的调配直接使用色素粉末,不易在食品中分布均匀,可形成色斑。为使其在食品中分布均匀,一般配成1% ~10%的溶液。配制水溶液要用经煮沸后的溶液、蒸馏水或离子交换水,也可用冷开水,以避免钙、镁离子引起色素沉淀。调配食品或贮存食品的容器,应采用玻璃、搪瓷、不锈钢等耐腐蚀的清洁容器具,避免与铜、铁器接触。尽可能不用金属器皿。最好现配现用。

另外,在使用食用合成类色素时还应注意以下几个方面:

1. 使用前应详细了解所用着色剂的使用范围以及溶解性、耐光性、耐热性、耐氧化性等特性。

2. 称量准确,以免形成色差。即使同种颜色的着色剂,品种不同时色泽也可能不同,在使用前应注意。

3. 着色剂一定要配成溶液再使用,以免形成色斑;配制溶液要使用蒸馏水或冷开水,尽可能不用金属器皿,最好现配现用。

4. 染色要适度。

5. 使用混合着色剂时,要选用溶解性、浸透性、染着性等性质相近的着色剂。

饮料:注意水质处理和产品避光,选择水不溶物低的色素以保证产品亮丽透明,选择85%含量色素以保证产品良好稳定性。

乳化香精:需选用85%含量的产品,杂质少,稳定性好,同时需选择钙稳定型日落黄,以避免乳化香精中日落黄遇钙沉淀。

糖果:注意晚将色素加入,最好在糖煮沸后,与香精同时加入。

奶制品:尽量选用85%含量产品,以减少色素中所含的盐对奶制品的不良影响。

烘焙/果酱:需选用85%含量并耐高温的色素,耐果肉中的果酸和二氧化硫,最好在煮沸后,温度开始下降后,二氧化硫含量达到最低点时加入浓缩色素溶液,故使用溶解度高的色素较理想,同时应使用色彩鲜明的颜色。

罐头食品:选用耐热、耐果酸色素。利用赤藓红遇酸沉淀性能着色樱桃罐头,这样色素不会渗入罐头溶液中。

任务6 人工合成食用色素的安全性

一、潜在威胁

大量的研究报告指出，几乎所有的合成色素都不能向人体提供营养物质，某些合成色素甚至会危害人体健康。

苏联在1968～1970年曾对苋菜红这种食用色素进行了长期动物试验，结果发现致癌率高达22%。美、英等国的科研人员在做过相关的研究后也发现，不仅是苋菜红，许多其它的合成色素也对人体有伤害作用，可能导致生育力下降、畸胎等，有些色素在人体内可能转换成致癌物质。

合成色素是以煤焦油为原料制成的，通称煤焦色素或苯胺色素，对人体有害。危害包括一般毒性、致泻性、致突性（基因突变）与致癌作用。

偶氮化合物类合成色素的致癌作用更明显。偶氮化合物在体内分解，可形成芳香胺化合物，芳香胺在体内经过代谢活动后与靶细胞作用可能引起癌肿。

此外，许多食用合成色素除本身或其代谢物有毒外，在生产过程中还可能混入砷和铅。

过去用于人造奶油着色的奶油黄，早已被证实可以导致人和动物患上肝癌，而其它种类的合成色素如橙黄能导致皮下肉瘤、肝癌、肠癌和恶性淋巴癌等。

科学家早就发现，长期摄入生产糖果和软饮料时经常使用的人工添加剂会导致多动症等行为障碍。英国食品标准管理局（FSA）对这一研究结果拨款75万英镑委托南安普敦大学的研究者进行进一步的研究，研究结果显示，有6种人工色素包括人们所熟知的柠檬黄、日落黄会影响儿童的智力，严重时可导致儿童的IQ值下降5.5分。

合成色素不仅广泛使用于食品行业，在化妆品行业，也同样有它的阴影。有关资料显示，世界上有7000多种化学物质作为化妆品的原料，按不同的比例配合成各种各样的化妆品，而大部分的化妆品都含有色素。据一项统计显示，引起皮肤功能障碍的化妆品原料中最危险的是香料，其次就是色素。

二、各国规定

世界各国尤其是西方发达国家不仅在色素对人体健康影响方面做了大量调查和研究，而且在食用色素的管理、合成色素的使用方面均有严格的规定，多种合成色素已被禁止或严格限量使用。

在丹麦，研究人员建议，与其禁止在食品中添加色素，不如在食品标签上标明添加色素的类型。通过这种方法，消费者可以对食品作出是否购买的决定。此外，丹麦政府还决定禁止在基本食物中使用色素，并要求所有添加的色素都必须在食品标签上注明。丹麦采取这种行动是为了保证那些对某种色素过敏的人群食用没有色素的基本食物。

其他国家则更严格地限制某些色素，特别是偶氮类色素在食品中的使用。瑞典、芬兰、挪威、印度、丹麦、法国等早已禁止使用偶氮类色素，其中挪威等一些国家还完全禁止使用任何化学合成色素。据有关资料显示，在世界各国使用合成色素最多时，品种达100余种，日本曾批准使用的合成色素有27种，已禁止使用其中的16种。美国1960年允许使用的合成色素有35种，仅剩下7种。

中国对在食品中添加合成色素也有严格的限制：凡是肉类及其加工品、鱼类及其加工品、醋、酱油、腐乳等调味品、水果及其制品、乳类及乳制品、婴儿食品、饼干、糕点都不能使用人工合成色素。只有汽水、冷饮食品、糖果、配制酒和果汁露可以少量使用，一般不得超过1/10000。

中国批准使用的食用合成色素有6个品种，即苋菜红、胭脂红、柠檬黄、日落黄、靛蓝和亮蓝。虽然对这6种食用合成色素的危害性仍然没有定论，但它们没有任何营养价值，对人体健康也没有任何帮助，能不食用就尽量不要食用。

事实上，在巨大的经济利益的驱使下，我国食品中合成色素的超标、超范围使用现象屡禁不止，大家在购买食品时一定要小心，不要过分追求食品的色泽。

任务7　着色剂的发展趋势

一、发展"天然、营养、多功能"的食用天然色素

目前我国批准使用的48种天然色素中，有多种是功能性天然色素。

天然β胡萝卜素，进入人体后在加氧酶作用下能在肝脏或肠黏膜裂解成两个分子的维生素A，而维生素A有使上皮细胞健全、保持正常视觉、提高免疫力等多种生理功能。

红曲米中含降血脂物质洛伐他汀，作为着色剂用于食品中，可以有效地使人体内血脂达到正常平衡。不少以类黄酮为天然色素的物质有抗氧化功能或软化血管功能。

其他天然色素提取、天然色素的生理功能研究等的科研工作还在继续进行。

二、加强原料的综合利用及采用高新技术完善和改进原有工艺

提高经济效益。如用辣椒生产辣椒红色素，同时可提取辣椒碱，辣椒渣可做辣椒粉、辣椒酱，剩余种子可生产辣椒碱和辣椒油。

在食用天然色素的生产和进一步的加工过程中，可采用的高新技术包括基因工程、细胞工程、发酵工程、吸附色谱、离子交换技术、凝胶过滤、超滤、超临界CO_2流体萃取、亲和层析、冷冻干燥等。这些高新技术的应用可提高色素的收率，扩大产量，增加纯度，保证质量，降低成本等。

三、不被人体吸收的聚合色素的研究

将一定的有色化合物与一惰性聚合物主干相连，制成大分子聚合物。所产生的这种大分子化合物性质稳定，不易分解，具有与原有色化合物相似的色谱，并可用之对食品着色。由于聚合物着色剂的分子巨大(一般大于20000)，不被人体吸收，不能进入血液，所以不产生危害。

四、综合利用。

例如生产辣椒红色素的工厂，原料为辣椒。辣椒种子可以提取辣椒碱及辣椒油，残渣含高蛋白；辣椒种皮可以提取辣椒红色素、辣椒碱，残渣再配上面酱、油、鲜味剂，可制成精制辣酱。

一个姜黄原料可以同时生产出姜黄油、姜黄素、姜黄油树脂、姜黄粉、乳化姜黄色素等多种产品，大幅度降低了成本，提高了经济效益。

项目二 色素种类

任务1 食用天然色素

种类:β－胡萝卜素(发酵法)、甜菜红、姜黄、红花黄、紫胶红、越橘红、辣椒红、辣椒橙、焦糖色、红米红、栀子黄、菊花黄浸膏、黑豆红、高粱红、玉米黄、萝卜红、可可壳色、红曲红、红曲米、落葵红、黑加仑红、栀子蓝、沙棘黄、玫瑰茄红、橡子壳棕、NP 红、多穗柯棕、桑葚红、天然苋菜红、金樱子棕、酸枣色、花生衣红、葡萄皮红、蓝锭果红、藻蓝、植物炭黑、密蒙黄、紫草红、茶黄色素、茶绿色素、柑橘黄、胭脂树橙、胭脂虫红等 48 种。

一、焦糖色素

又称为焦糖色或酱色，是糖类物质在高温下脱水、分解和聚合而成，为许多不同化合物的复杂混合物。

1. 按生产方法食用天然色素可分为四类

(1)普通焦糖:用或不用酸或碱，加热制得的焦糖。所用酸最好是硫酸、亚硫酸、磷酸、乙酸或柠檬酸，所用碱是氢氧化钠、氢氧化钾、氢氧化钙等。

(2)亚硫酸盐焦糖:在亚硫酸存在下，用或不用酸或碱，加热制得的焦糖。

(3)铵法焦糖:在铵类化合物存在下，用或不用酸或碱，加热制得的焦糖。

(4)亚硫酸胺焦糖:在亚硫酸盐或铵类化合物二者作用下，用或不用酸或碱制得的焦糖。我国批准使用(1)、(2)、(4)种。

2. 食用天然色素的性质

深褐色或黑色液体或固体，稀释为一定浓度的水溶液呈红棕色。溶于水。有特殊的甜香气和愉快的焦苦味。对光和热稳定。有胶体特性，有等电点，依制造方法不同而异，一般在 3 ~4.5。

3. 食用天然色素的使用注意事项

焦糖具有胶体性质，在一般条件下带有少量电荷，使用应特别注意与加用食品的关系，选用不当可产生混浊，影响使用效果。一般来说，对于饮料的焦糖，等电点在 2.5 ~3.5 之间，用于酱油、醋等焦糖，等电点在 3.5 ~5 之间。

二、红曲红

又称红曲色素，主要有六种呈色成分，分为红色(红曲斑素、红曲红素)、黄色(红曲素、红曲黄素)、紫色(红斑胺、红曲红胺)。均为酮类衍生物。

性质:

深紫红色粉末。易溶于中性或偏碱性水。对酸、碱、盐等稳定。经阳光直射可褪色。对蛋白质着色性能好，一旦染着，虽经水洗，但不掉色。水溶液最大吸收波长 490nm，乙醇溶液最大吸收波长 470nm。

使用：

用于着染酱菜、糕点、禽肉及火腿。目前，红曲红替代或部分替代毒性较强的亚硝酸钠在火腿肠中使用已进入正轨。

三、姜黄素

又称姜黄色素，是多年生草本植物姜黄的块茎中所含的黄色色素，为二酮类化合物。

性质：

橙黄色结晶性粉末，具有姜黄特有的香辛气味。

溶于水，中性或酸性条件下呈黄色，碱性条件下呈红褐色。

对光敏感，日光照射使黄色迅速变浅，但不影响色调。

对热稳定，与金属离子尤其是铁离子可以结合成螯合物，导致变色，易受氧化而变色，耐还原性好。

着色力强，尤其对蛋白质着色力强。

使用：碳酸饮料、冰淇淋、果冻等。

使用注意：将本品先用少量95%乙醇溶解后，再加水配制成所需浓度溶液。如要用于透明饮料，可先将本品乳化后再行使用。本品及其溶液耐光性差，注意避光保存。

四、β－胡萝卜素

是胡萝卜素中的一种最普通的异构体。以异戊二烯残基为单元组成的共轭双键，属多烯色素。

性质：为紫红色或暗红色晶体粉末。不溶于水，溶于乙醇溶液。稀溶液呈橙黄或黄色，浓度增大时呈橙色至橙红色。

本品对光、热、氧不稳定，不耐酸，但对弱碱性比较稳定，不受抗坏血酸等还原剂的影响，重金属离子尤其是铁离子可促使其褪色。

本品对油脂性食品着色性能良好。

制备：目前，市售商品为化学合成法生产。可利用发酵法或从天然物中提取，如用三孢布拉氏霉发酵淀粉等原料，或从胡萝卜、花椒、蚕粪、盐藻等中提取。

水溶性β－胡萝卜素的制备：β－胡萝卜素不溶于水，必将限制在饮料中和其他水基食品中的使用。可采用微胶囊化技术，以羧甲基纤维素、糖类为壁材，制成分散性好的胶粒鲜化制剂，可增加产品性能的稳定性，可扩大使用范围，可广泛用于橘汁等果汁饮料中。

使用：用于油性食品，可先将其溶于食用油中。在水基食品中使用，一定要采用水溶性产品。本品容易氧化，应密闭置于冷处保存。

五、辣椒红素

又名辣椒红色素，主要着色成分是呈紫红色的辣椒红素和呈橙红色的辣椒玉红素，一般混合，可采用一定的分离方法将其分离开来。属于类胡萝卜素。

性质：深红色黏性油状液体或晶体粉末。不溶于水，可任意溶于食用油中。

耐酸性好，乳化分散性好，耐热性好。耐光性差，紫外光可促进其褪色。Fe^{3+}、Cu^{2+}、Co^{2+}等重金属离子可使其褪色。

着色力强，色调随稀释浓度不同由浅黄色至橙红色。

可采用有机溶剂提取，现可采用超临界二氧化碳萃取辣椒红色素。

使用：可应用于冰淇淋、糕点、雪糕、饼干等食品。目前，辣椒红1号在我国饼干喷涂使用中，已经基本普及。

使用注意：本品不耐光照，应尽量避光。L－抗坏血酸对本品有保护作用。使用时，应将其乳化制成水溶性或水分散性色素。

六、栀子黄

属类胡萝卜系列。

性质：黄色至橙黄色结晶粉末。易溶于水，不溶于油脂。色调不随 pH 的变化而变化，特别是在偏碱性环境中黄色更鲜艳。在偏酸性环境中可能会发生褐变。耐金属离子、耐光性、耐热性、耐盐性、耐还原性、耐微生物性均较好。但是与铁离子会变黑。对蛋白质及淀粉染着效果好，对亲水性食品有良好的染着力。

使用注意：避免使用铁容器，以免变黑。避免在酸性条件下使用，可能发生褐变等。

七、甜菜红

又名甜菜根红，是从食用甜菜根中提取的红色素。由红色的甜菜花青（主要成分为甜菜红苷，占红色素的75%～95%）和黄色的甜菜花黄素组成。

性质：紫红色粉末。易溶于水。水溶液呈红色至红紫色，在波长535nm 附近有最大吸收。中性偏酸性稳定，在 pH 3.0～7.0 时较稳定，其中在 pH 4.0～5.0 时稳定性最好。在碱性条件下呈黄色。耐热性差。光和氧可促进其降解。金属离子影响一般较小，但 Fe^{3+}、Cu^{2+} 含量高时可发生褐变。漂白粉可使其褪色。抗坏血酸对其有一定的保护作用。水分活度降低，稳定性增加。

使用：可用于各类食品。使用注意：耐热性差，不宜用于高温加工食品，用于冰淇淋等冷食较好。水分活度增加稳定性降低，在汽水、果汁中应用要注意。不合适应用于婴幼儿食品。

八、红花黄

红花中所含的黄色色素。

性质：为黄色或棕黄色粉末。

易溶于水。0.02% 水溶液呈鲜艳黄色，随色素浓度增加，色调由黄色转向橙黄色。在酸性溶液中为黄色，在碱性溶液中为黄橙色。

水溶液的耐热性、耐还原性、耐盐性、耐细菌性等均较强，但耐光性较差。水溶液遇钙、锡、镁、铜、铅等离子会褪色或变色，遇铁离子可使其变黑。

对淀粉的着色性能好，对蛋白质的着色能力较差。

使用注意：用于液体饮料时，可与 L－抗坏血酸合用，以提高色素的耐光性和耐热性。

九、紫胶红

又称虫胶红。

性质：鲜红色或紫红色粉末或液体。

微溶于水。色调随环境 pH 变化而变化。$pH < 4.0$，呈橙黄色；$pH = 4.0 \sim 5.0$，呈橙红色；$pH > 6.0$，呈紫红色。

在酸性条件下对热、光都稳定。在强碱性溶液中褪色。对维生素 C 稳定。易受金属离子影响，特别是铁离子的影响（变黑）。

着色性随 pH 变化，酸性较好，接近中性较差。适用于不含蛋白质、淀粉的饮料、糖果、果冻等。

使用注意：对金属离子敏感，特别是铁离子，避免接触。

适于偏酸性食品。

对人的口腔黏膜着色力强，会染红口腔及消化道黏膜。

十、Harimix 蛋白质

用于提高肉类色泽：通常鲜肉和肉类食品的色泽取决于肌红蛋白的含量。因此鲜肉和肉类食品的色泽因使用的原料肉不同而有所改变，从而造成肉类食品的色泽不均匀。Harimix 蛋白质可以防止肉类食品色泽的不均匀性，并且可提高产品的色泽。

该产品可强化着色性，提供天然色泽，大大提高瘦肉含量的感觉，并提高瘦肉和脂肪的对比度。

此外，Harimix 蛋白质着色的稳定性大大高于肉类色素肌红蛋白及其衍生物的稳定性。

通过使用特殊加工的蛋白质可显著提高任何肉类食品的色泽。

因血色素属于功能性蛋白质，Harimix 蛋白质属于天然原料。

来源于动物血的不同，Harimix 蛋白质可应用于不同的领域：

HarimixC——熟火腿、熟肉食制品，如午餐肉，香肠和，腊肠等；

HarimixF 汉堡包，肉陷；

HarimixP——熟肉食品，如午餐肉，香肠，腊肠等；干燥，发酵香肠，如意大利腊肠（salami）、熟火腿、汉堡包。

任务2　食用合成色素

种类：苋莱红（铝色淀）、胭脂红（铝色淀）、赤藓红（铝色淀）、新红（铝色淀）、柠檬黄（铝色淀）、日落黄（铝色淀）、亮蓝（铝色淀）、靛蓝（铝色淀）、叶绿素铜钠盐、β－胡萝卜素（合成）、二氧化钛、诱惑红、酸性红等 21 种。

铝色淀：色淀是由水溶性色素沉淀在许可使用的不溶性基质上所制备的特殊着色剂，基质部分多为氧化铝，所以称为铝色淀。

一、苋莱红（食用红色2号）

偶氮色素。紫红色粉末。易溶于水。0.01% 水溶液为玫瑰红色。对柠檬酸、酒石酸稳定，碱性溶液中变暗红色。耐光性、耐热性、耐盐性、耐酸性良好。耐氧化性、耐还原性差。遇铁、铜褪色。易被细菌分解，不适合于发酵食品。着色力弱。

最大使用量：0.05 ~ 0.10g/kg。

使用注意：用蒸馏水或去离子水溶解。不可曝晒。

二、胭脂红（食用红色7号）

偶氮色素。红色或深红色均匀粉末或颗粒。

易溶于水。耐光、耐热、耐酸性强，耐还原性弱，遇碱变褐色，耐细菌性差。着色力弱。

最大使用量：0.025 ~ 0.10g/kg。

三、柠檬黄（食用黄色4号）

偶氮色素。

性质：橙黄色粉末。易溶于水。0.1% 水溶液为黄色。在柠檬酸、酒石酸中稳定，遇碱稍变红。耐光、耐热、耐盐性好，耐氧化、还原性差。易着色，坚牢度高。

最大使用量：0.02 ~ 0.10g/kg。

四、日落黄(食用黄色3号)

橙红色粉末或颗粒。易溶于水。水溶液呈黄橙色。耐热性、耐光性强，还原时易褪色，遇碱变红褐色。易着色，坚牢度高。

最大使用量:0.1～0.2g/kg。

五、靛蓝(食用蓝色1号)

非偶氮类色素。深蓝紫色粉末。易溶于水。对热、光、酸、碱、氧化、还原均敏感，耐盐性及耐细菌性较弱。着色力强。

最大使用量:0.01～0.20g/kg。

六、亮蓝(食用蓝色2号)

非偶氮类色素。红紫色粉末或颗粒。易溶于水。

性质稳定:耐光、热性好，对酸、碱稳定，耐盐性好，耐还原性较强，但水溶液加金属盐后会缓慢地沉淀。

最大使用量:0.02～0.10g/kg。

七、叶绿素铜钠盐

由天然物质经一定的化学处理而来，相对较安全。叶绿素为四吡咯衍生物，中心的金属原子为镁。处理之后为铜。

性质:墨绿色粉末。

易溶于水，水溶液为蓝绿色。

水溶液加入钙离子会沉淀。耐光性比叶绿素好。加热至110℃以上会分解。

着色坚牢度强，色彩鲜艳。

生产工艺:一般是从蚕沙中提取叶绿素，然后进行化学处理。

最大使用量:0.5g/kg。

使用注意:使用中若遇硬水或酸性食品或含钙食品，可产生沉淀，应避免。

任务3 绿色食品中允许使用和禁止使用的着色剂

AA级绿色食品可使用以物理方法从天然物中分离出来并经过毒理学评价的确认安全的天然食品着色剂;

A级绿色食品可限量使用由人工合成的，其化学结构、性质与天然物质不同的并经过毒理学评价的安全食品着色剂，包括苋菜红、胭脂红、柠檬黄、日落黄、亮蓝、靛蓝以及它们的铝色淀。

绿色食品禁止使用的在GB 2760中规定的着色剂包括:赤藓红(包括其铝色淀)、新红(包括其铝色淀)、以亚硫酸铵法或加氨法生产的焦糖色、二氧化钛。

思考题

1. 什么是食品着色剂？食品着色剂分为哪几类？
2. 试总结食用天然色素和食用合成色素的优缺点。
3. 在肉制品中常使用的食品着色剂有哪些？如何使用？

4. 着色剂的使用中应该注意哪些问题?

5. 饮料产品中常用的食品着色剂有哪些? 应用时应注意哪些方面?

模块五

食品护色剂与漂白剂

基础理论和知识

1. 护色剂和漂白剂的分类和定义；
2. 护色剂和漂白剂的作用机理。

基本技能及要求

1. 掌握护色剂和漂白剂的分类和定义；
2. 掌握护色剂和漂白剂的作用机理；
3. 掌握食品护色剂和漂白剂的特性与使用中注意的问题。

◆学习重点

护色剂和漂白剂的特性与使用中注意的问题。

◆学习难点

护色剂和漂白剂的作用机理。

项目一　概述

在食品的加工过程中，为了改善和保护食品的色泽，除了使用食用色素对食品进行着色外，有时为了改善食品的感官性状及提高其商品性能，还需要使用某些护色剂或漂白剂。

护色剂（Color fixative）也称发色剂或助色剂，是为增色或调色、加深颜色而加入的物质。护色剂本身没有颜色，但当加入食品后与其中组织成分结合而产生新鲜红色，以达到改善色泽、调整感官指标的效果。护色剂主要用于肉及肉制品范围的加工使用。主要使用的物质成分为硝酸盐和亚硝酸盐，此类物质具有一定毒性，尤其可与胺类物质生成强致癌物亚硝胺。由于此类添加剂在食品中使用具有防腐作用，尤其在抑制肉毒梭状芽孢杆菌的繁殖、防止肉毒中毒方面有独特的效果，因此被保留使用。但在使用范围及其用量方面应需要有严格的管理措施和监督机制。

漂白剂（Bleaching agent）是为使食品中的有色物质发生分解或转变为无色物质，免于产生褐变所加入的添加剂。具有漂白、增白、防褐变的作用。食品漂白剂分为氧化型漂白及还原型漂白两类。氧化型漂白剂是通过本身的氧化作用使着色物质被破坏，从而达到漂白的目的。氧化漂白剂除过氧化苯甲酰、过氧化氢在面粉等部分原料食品中使用外，而更多使用的是还原型漂白剂，并且大都属于亚硫酸及其盐类物质。它们是通过其中的二氧化硫成分的还原作用，可使果蔬中的许多色素分解而退色（对花色素苷作用明显，类胡萝卜素次之，而叶绿素则几乎不退色），漂白剂除可改善食品色泽外，还具有抑菌等多种作用，故广泛在加工食品、半成品以及原料的漂白与贮藏等方面使用。

项目二　发色剂与发色助剂

在动物类食品的加工过程中添加适量的化学物质与食品中的某些成分发生作用，而使制品呈现良好的色泽，这种物质称为发色剂（colour fixative）或呈色剂。

发色剂一般泛指硝酸盐和亚硝酸盐类物质，硝酸盐和亚硝酸盐本身并无着色能力，但当其应用于动物类食品后，在腌制过程中其产生的一氧化氮能使肌红蛋白或血红蛋白形成亚硝基肌红蛋白或亚硝基血红蛋白，从而使肉制品保持稳定的鲜红色。

发色助剂是指本身并无发色功能，但与发色剂配合使用可以明显提高发色效果，同时可降低发色剂的用量而提高其安全性的一类物质。抗坏血酸和异抗血酸及其钠盐是良好的助发色剂。关于它们的助发色机理已在前面发色机理中提及，主要是通过它们的还原性而实现的。有报道麦芽酚可以与肌红蛋白中的铁原子结合，从而防止肌红蛋白的降解，在美国有用0.1%的麦芽酚和0.04%的葡萄糖酸亚铁代替硝酸盐作为发色剂，在罐装肉中取得较好的效果。另外也有用烟酰胺的，烟酰胺也有促进发色的作用。目前已经知道，肌红蛋白能与烟酰胺结合生成很稳定的烟酰胺肌红蛋白，难于被氧化，所以在肉类制品的腌制过程中添加适量的烟酰胺，可以防止肌红蛋白在从亚硝酸到生成亚硝基期间的氧化变色。如果在肉类腌制过程中同时使用L－抗坏血酸与烟酰胺，则发色效果更好，并能长时间保持色泽的稳定。

任务1　食品发色剂的发色机理

要了解肉制品的发色机理，首先必须了解肉类的化学性质。

一、肌红蛋白和血红蛋白

肉类在人类生活中占据着举足轻重的地位，而肉类的色素含量和色泽则影响了它的可接受性。肉类颜色的化学其实就是血红色素的化学，确切地说主要是一种色素即肌红蛋白的化学。原料肉的红色是由肌红蛋白（Mb）及血红蛋白（Hb）所呈现的一种感官性状。由于肉的部位不同及家畜禽品种的差异，其含量比例也不一样。对一块放血完全的原料肉而言，一般地说肌红蛋白所含血色素占剩余血色素的70%～90%，而血红蛋白只占10%～30%。由此可见肌红蛋白是唯一的数量大到足以使肌肉着色的色素。

新鲜肉中还原型的肌红蛋白稍呈暗的紫红色，它在光谱的绿色部分（即550nm）有最大吸收。还原型的肌红蛋白很不稳定，极易被氧化。开始还原型肌红蛋白分子中Fe^{2+}上的结合水，被分子状态的氧置换形成氧合肌红蛋白（MbO_2），此时配位体未被氧化，仍为2价，呈现鲜红色。若继续氧化，肌红蛋白中的铁离子由2价被氧化成3价，变成高铁肌红蛋白（MMb），色泽变褐（棕色）。若仍继续氧化，则变成氧化卟啉，呈现绿色或黄色。高铁肌红蛋白在还原剂存在的前提下，也可被还原成还原型肌红蛋白。由于肌红蛋白、氧合肌红蛋白与高铁肌红蛋白连续地相互转换，新鲜肉类的色泽是动态和可逆的。所以，在氧存在下，紫色的肌红蛋白可氧合成氧合肌红蛋白，并产生人们熟悉的新鲜肉类的“红润”，肌红蛋白也可氧化成高铁肌红蛋白而产生令人嫌弃的肉类所具有的棕色。需要记住，棕色的高铁肌红蛋白是已氧化的Fe^{3+}所形成的色素。另外，在新鲜肉中固有的还原性物质又不断地把高铁肌红蛋白还原成肌红蛋白（图5－1）。

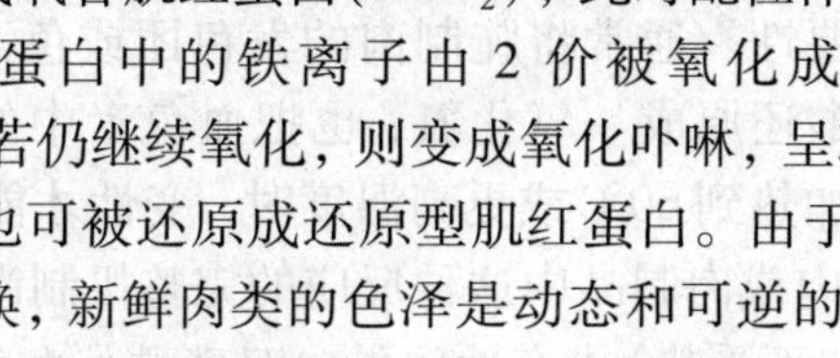

图5－1　新鲜肉的血红色素反应

二、显色机理

由于新鲜肉色泽的不稳定性，同时新鲜肉在加工中颜色还会发生很大的变化，为了使肉制品呈现鲜艳的红色，在加工过程中多添加硝酸盐或亚硝酸盐。硝酸盐和亚硝酸盐在肉类腌制过程中往往是以混合盐的形式添加，硝酸盐在细菌（亚硝酸菌）的作用下可以还原成亚硝酸盐，亚硝酸盐在一定的酸性条件下会生成亚硝酸。一般动物类宰杀直至成熟后的肉，因肌肉中含有一定量的乳酸，pH 值为5.6～5.8，所以一般无须另外加酸即可最终生成亚硝酸，其反应式如下：

$$NaNO_2 + CH_3CHOHCOOH \rightleftharpoons HNO_2 + CH_3CHOHCOONa \quad (1)$$

亚硝酸很不稳定，即使在常温下也可分解产生亚硝基(NO)。

$$3HNO_2 \rightleftharpoons H^+ + NO_3^- + 2NO + H_2O \quad (2)$$

分解产生的亚硝基会很快地与肌红蛋白反应生成鲜艳的、亮红色的亚硝基肌红蛋白(MbNO)，其反应式为：

$$Mb + NO \rightleftharpoons MbNO \quad (3)$$

亚硝基肌红蛋白遇热后，释放出巯基(－SH)变成了具有鲜红色的亚硝基血色原。

由(2)式可知亚硝酸分解生成的NO在含水体系中并有氧气存在的前提下最终亦能形成少量的硝酸，其反应式为：

$$2NO + O_2 \rightleftharpoons 2NO_2 \quad (4)$$

$$2NO_2 + H_2O \longrightarrow HNO_3 + HNO_2 \quad (5)$$

少量的硝酸，不仅可使亚硝基氧化，抑制了亚硝基肌红蛋白的生成，同时由于硝酸具有很强的氧化作用，即使肉类中含有类似巯基(－SH)的还原性物质，也无法阻止部分肌红蛋白被氧化成高铁肌红蛋白。因而在使用硝酸盐与亚硝酸盐类的同时常使用L－抗血酸、L－抗坏血酸钠、异抗坏血酸等还原性物质来防止肌红蛋白的氧化，同时它们还可以把氧化型的褐色高铁肌红蛋白还原为红色的还原型肌红蛋白，进而再与亚硝基结合以助发色。

肉的腌制是肉色素化学的一个重要方面。由于大多数肉制品是经腌制处理后再行加工的，由此可见这个过程的重要性。通常将腌制肉的发色团或色素的形成分为如下两个过程：①生物化学反应，它把亚硝酸还原成一氧化氮，也把血色素中的铁还原成亚铁形式；②珠蛋白的热变性，只有当肉制品加热到60℃或更高温度时，变性才能发生，并可能引起其他蛋白与血红素的共沉淀。尽管对肉或肉制品中这种反应的完整机制尚不完全清楚，但已确定最终产物是亚硝酰基肌红蛋白(如不受热)或变性珠蛋白亚硝酰基血色原(如受热)。

任务2　常用的食品发色剂与发色助剂

食品发色剂的应用在我国已有悠久的历史，古代劳动人民在腌制肉类食品时就使用了硝石(硝酸钾)，这一处理的应用，对肉制品的生产发展起了一定的作用。常用的食品发色剂主要有亚硝酸钠、硝酸钠、硝酸钾。

一、亚硝酸钠

亚硝酸钠(sodiumnitrite)，分子式 $NaNO_2$，相对分子质量为69.00。是食品加工中最常用的发色剂。

性状与性能：亚硝酸钠为无色或微带黄色结晶，有咸味，易潮解，水溶液呈碱性反应。

亚硝酸盐类物质在肉制品中除了作为发色作用外，对抑制微生物的增殖有着特殊的作用。其最终作用的有效成分显然是亚硝酸盐。研究表明：亚硝酸盐(150～200mg/kg)可显著抑制罐装碎肉和腌肉中梭状芽孢杆菌的生长，尤其是肉毒梭状芽孢杆菌。pH值在5.0～5.5时，亚硝酸盐比其在较高的pH值(6.5以上)时能更有效地抑制肉毒梭状芽孢杆菌，亚硝酸盐抗微生物的机制迄今为止仍不十分清楚，但有人认为在缺氧条件下，亚硝酸与巯基作用生成了微生物不能代谢的化合物。在水中含有0.1%～1%的亚硝酸盐可以看到其明显的作用。亚硝酸盐与食盐并用其抑菌作用增强。亚硝酸盐对肉毒梭状芽孢杆菌的特殊抑制作用，也是使用亚硝酸盐的重要理由。然而对于肉毒梭状芽孢杆菌并不构成威胁的那些保藏食品，似乎是没有理由添加硝酸盐和亚硝酸盐的。

亚硝酸盐另一个应用是能够增强腌肉制品的风味，研究结果和感官评定也表明亚硝酸盐主要通过抗氧化作用对腌肉风味产生影响。有人对某些香肠制品进行试验，结果发现使用亚硝酸盐的香肠比不使用亚硝酸盐的香肠风味有明显的增强。

毒性：小鼠经口 LD_{50}为0.2g/kg。人中毒量为0.3～0.5g，致死量3g。FAO/WHO(1985)规定，ADI值为0～5mg/kg(以亚硝酸钠计的亚硝酸盐总量)。

亚硝酸钠在众多食品添加剂中是急性且毒性较强的物质之一。当人体大量摄取亚硝酸盐(一次性摄入0.3g以上)进入血液后，可使正常的血红蛋白(Fe^{2+})变成正铁血红蛋白(Fe^{3+})，使血红蛋白失去携氧的功能，导致组织缺氧，在0.5～1小时内，产生头晕、呕吐、全身乏力、心悸、皮肤发紫、严重时呼吸困难、血压下降甚至昏迷、抽搐而衰竭死亡。由于本品的外观、口味均与食盐相似，所以必须防止误用而引起中毒。

使用：我国《食品添加剂使用卫生标准》(GB 2760—1996)对发色剂的使用标准规定，亚硝酸钠的使用范围为肉类制品、肉类罐头，其最大使用量为0.15g/kg，残留量以亚硝酸钠计，肉类罐头不得超过0.05g/kg，肉制品不得超过0.03g/kg，净肉制盐水火腿为0.07g/kg。

二、硝酸钠

硝酸钠(sodiuln nitrate)，分子式为 $NaNO_3$，相对分子质量为85.00。

硝酸钠在肉制品中受细菌作用，发生还原转变成亚硝酸钠，在酸性条件下与肉中的肌红蛋白作用而发色。

毒性：大鼠经口 LD_{50}为1.1～2.0g/kg。FAO/WHO(1985)规定，ADI值为0～5mg/kg(以硝酸钠计的硝酸盐总量)，硝酸盐的毒性作用主要是它在食物中、在水中或在胃肠道内，尤其是在婴幼儿的胃肠道内被还原成亚硝酸盐所致。

使用：其使用情况参照亚硝酸钠。

三、亚硝酸钾

亚硝酸钾(KNO_2)为白色或微黄色晶体或棒状体，极易溶于水，微溶于乙醇，有吸湿性。

亚硝酸钾的毒性作用参照亚硝酸钠，其暂定ADI为0～0.2mg/kg。

CCFA建议本品可用于午餐肉，碎猪肉、猪脊肉、火腿和成牛肉罐头，最大用量同亚硝酸钠。

四、硝酸钾

硝酸钾(potassium nitrate)，又名土硝、硝石、盐硝或火硝，分子式为 KNO_3，相对分子质量为101.10。

其可代替硝酸钠，作为混合盐的成分之一，用于肉类腌制。

毒性及使用：大鼠经口 LD_{50}为3.2g/kg。FAO/WHO(1985)规定，ADI值为0～5mg/kg(以硝酸钠计的硝酸盐总量)，在硝酸盐中，硝酸钾的毒性较强，此外其所含的钾离子对人体心脏有影响。其使用情况参照亚硝酸钠。

五、抗坏血酸及其钠盐、烟酰胺

L-抗坏血酸及其钠盐是最常用的发色助剂，当其与品质改良剂磷酸盐同时使用时，在使用得当时不仅能提高肉制品的品质，而且发色效果也好。这是由于磷酸盐能螯合金属离子，有防止抗坏血酸被氧化的功能。但须注意的是为提高肉的持水性而加入的磷酸盐，由于有的是偏碱性的，会造成pH值向中性偏移，而往往使发色效果不好，前面已经提及发色剂发色的最适pH值为5.5左右。也有将抗坏血酸与柠檬酸或其钠盐混合使用的，由于柠檬酸是良好的金属离子螯合剂，所以可使抗坏血酸的助发色作用增强。也有人认为柠檬酸本身有发色作用，但也有理论认为由于柠檬酸的加入改变了肉制品的pH值环境，从而提高了亚硝酸盐的发色效果，从这种意义上来讲，柠檬酸本身就是一种发色助剂。例如表5-1为1种复配型的发色助剂的组成情况。

表5-1　　1种复配型的发色助剂的组成情况

种　类	性状	组成比例
发色助剂	粉末	烟酰胺5，L-抗坏血酸钠30，DL-丙氨酸20，无水焦磷酸钠5，天然物40

表5-1中发色助剂主要适用于鱼肉、畜肉等加工品。

关于食品发色助剂的用量，根据产品类型不同添加量也略有差异。在日本发色剂和发色助剂可同时允许用于类似肉类罐头、洋火腿、香肠、培根肉、咸牛肉等肉制品。参考用量为：洋火腿中烟酰胺用量为原料肉的0.03%～0.045%；抗坏血酸钠用量为原料肉的0.02%～0.05%；异抗坏血酸钠为原料肉的0.02%～0.05%。一般是在腌制或斩拌时添加，也可把原料肉浸渍在这些物质的0.02%～0.1%的水溶液中以助发色。

任务3　食品发色剂的使用及注意事项

一、亚硝酸盐的安全性问题

几种常用发色剂主要应用于肉制品的发色，抑制微生物的生长，同时产生特殊的风味。近年来已经证明腌制过程中人为添加的亚硝酸盐参与生成的亚硝胺含量虽低，但可能达到有毒水平，因而使硝酸盐和亚硝酸盐的使用引起争议。有人认为只要控制它们的使用量（均已有ADI值），就不会达到中毒量的程度，相反地它还同时有抑制微生物，尤其是肉毒梭状芽孢杆菌生长和产生特殊风味的作用，因而认为是无可取代也无需取代的物质。甚至认为硝酸盐天然存在于很多食品中（如菠菜），人的唾液和胃液中也存在亚硝基物质，只要不达到足够的量，对人体应该是安全的。但无论如何，亚硝胺是一种强的致癌物质却是事实，癌细胞从诱发到扩散，有一个相当长的时间，因此无论如何都没有必要去冒这种风险，尤其是6个月内的婴儿对硝酸盐类特别敏感，故欧共体（EEC）的HACSG（儿童保护集团）建议亚硝酸盐不得用于儿童食品，硝酸盐应予限用。

亚硝胺是一类具有相当毒性的N-亚硝基衍生物。亚硝胺能由第二或第三胺与大多数食品中的活性亚硝化试剂——N_2O作用而生成，反应式如下：

$$R_2NH + HNO_2 \longrightarrow R_2N-N=O + H_2O$$

胺的亚硝化反应可在食品的储藏和加工过程中发生，亚硝胺也就这样地被人们摄入。另外，在人体胃的强酸条件下，也可发生亚硝化反应，在那种情况下，摄入某些前体物质（NO-2或NO-3），也能在体内产生亚硝胺或亚硝酰胺。

经过腌制加工的肉、鱼甚至干酪产品是含有相当量亚硝胺的主要食品。目前有代表性的资料表明，通常亚硝胺存在的量是在 $10 \times 10^{-9} \sim 40 \times 10^{-9}$ 范围内。在大多数情况下，二甲基亚硝胺是主要化合物，当然也检测到其他种类亚硝胺的存在。有资料表明在已检测的100种以上的N－亚硝基化合物中，约80%对实验动物的一种或多种组织有致癌作用。而且，当同时给动物喂以大剂量的亚硝酸盐和胺化合物，能在体内生成足以致癌的亚硝胺浓度。

在前面我们已经讨论了抗坏血酸和异抗坏血酸及其钠盐是良好的助发色剂，与发色剂配合使用可以获得良好的发色效果。最近的研究也表明，像抗坏血酸钠和异抗坏血酸钠那样的还原剂在牛肉香肠中能抑制二甲基亚硝胺的生成。其他研究则表明，这些还原剂抑制亚硝化反应的程度与还原剂的种类及实验条件密切相关。还原剂与亚硝酸盐有高度的亲和力，在食品加工中以至机体内能防止亚硝化作用，从而几乎能完全抑制亚硝基化合物的生成。所以在肉类腌制时添加适量的抗坏血酸或其钠盐，能够防止致癌物的生成。

近年来，人们发现亚硝酸盐能与多种氨基化合物（主要来自蛋白质分解产物）反应，产生致癌的N－亚硝基化合物，如亚硝胺等。亚硝胺是目前国际上公认的一种强致癌物，动物试验结果表明：不仅长期小剂量作用有致癌作用，而且一次摄入足够的量，亦有致癌作用。因此，国际上对食品中添加硝酸盐和亚硝酸盐的问题很重视，JECFA建议在目前还没有理想的替代品之前，把用量限制在最低水平。

从食品安全卫生角度出发，对食品发色剂的使用问题应予以高度重视，在使用中应注意到如下4个方面：

①在肉制品加工中应严格控制亚硝酸盐及硝酸盐的使用量，使之达到最低水平。

②虽然硝酸盐与亚硝酸盐的使用受到很大限制，但至今国内外仍在继续使用。这与它的发色功能、抑菌功能、改善制品风味的功能是分不开的，迄今尚未发现理想的替代物质。更重要的原因可能还要归于亚硝酸盐对肉毒杆菌的抑制作用。据报道，在不使用亚硝酸盐的情况下，肉制品肉毒杆菌毒素中毒事件将显著增加。所以在考虑使用标准时，就须在亚硝胺致癌的可能性和防止肉毒素中毒的危险性之间进行权衡。在限制或降低使用量的同时，必须在工艺上通过采取提高杀菌强度或添加其他防腐剂等相应的措施，以充分保证有效地防止肉毒中毒，确保产品安全。据报道，亚硝酸钠的添加量在24mg/kg以下发色不良，24～40mg/kg发色。发色程度随添加量的增加而增加，发色较好的有效添加量，亚硝酸钠为132mg/kg，其最终产品中亚硝酸根的残留为40mg/kg。

③在使用发色剂的同时配合使用一些发色助剂，一方面可以提高发色效果，改善产品色泽；另一方面可适当减少硝酸盐或亚硝酸盐的添加量，减少最终有毒物质亚硝胺在人体内的积累。有人报道用亚硝酸钠0.01～0.03g/kg，加上抗坏血酸0.05g/kg即可进行成功腌制。

亚硝酸盐理想的发色pH值为5.5左右，在偏离此pH值太大而呈碱性的条件下，发色效果将会受到影响，在使用持水剂磷酸盐类化合物时，尤应引起注意。

④为了降低亚硝酸根的残留量，以减少亚硝胺形成的可能，世界各国科技工作者正在进行各种研究工作，包括对硝酸盐类发色剂新取代物的研究，已经发现某些氨基酸和肽类化合物对肌红蛋白有发色效果。用一氧化氮直接发色，配合加入抗坏血酸可以显著改善发色，并能强烈地降低成品中亚硝胺的水平。如单纯从发色角度考虑，在产品中添加少量的天然色

素，如红曲色素、甜菜色素能够替代一部分硝酸盐和亚硝酸盐的发色。从而减少发色剂的使用量，降低亚硝胺的水平。扬州亲亲集团生产的梅林牌午餐肉，添加少量的红曲色素配合降低使用标准的发色剂，其生产出来的产品色泽良好，风味均与添加亚硝酸盐的产品相仿，但如果完全以色素来取代发色剂的发色，目前难以解决的问题，一是风味较差的问题，二是肉毒杆菌控制的问题。与此同时，一些新的研究工作，如确定在人体内和食品中产生亚硝化反应的条件，对于亚硝胺在不同的地理位置导致人类癌病的机制等都正在研究之中。

二、关于亚硝酸盐替代品问题及有关研究

许多世纪以来，人们一直使用含有硝酸盐，可能还含有亚硝酸盐的腌制盐保存肉类。到19世纪末，才认识到硝酸盐能促进腌肉颜色的产生。直到20世纪40年代初期，又发现硝酸盐可转变成亚硝酸盐，使腌肉产生颜色。后来，发现亚硝酸盐可抑制引起肉类变质的微生物生长，特别是对引起肉毒中毒的肉毒梭菌有很强的抑制作用。有些国家在没有使用硝酸盐之前，肉毒梭菌中毒率很高，使用后，肉毒中毒才真正得到了控制。亚硝酸盐除抗菌作用外，还有抗氧化及增强风味的作用。尽管如此，由于亚硝酸盐的安全性即致癌问题，使其应用越来越受到限制，全世界都在寻求理想的替代品。

目前，人们寻求使用的亚硝酸盐替代品有两类:一类是部分或完全取代亚硝酸盐的添加剂;另一类是在常规亚硝酸盐浓度下能阻断亚硝胺形成的添加剂。

亚硝酸盐的较好替代品为抗坏血酸盐、α－生育酚（维生素E）和亚硝酸盐的混合物。此外，亦有应用山梨酸钾和低浓度的亚硝酸盐，次磷酸钠作为替代品。其中，除抗坏血酸盐与α－生育酚即可阻断亚硝胺的形成以外，其他品种可部分代替亚硝酸盐的抗菌作用。

1. 抗坏血酸盐和生育酚

抗坏血酸盐在非食物系统中可阻断亚硝胺的形成，特别在低pH值时，其效果更为明显。它在多种腌肉中，包括火腿和腊肉中也都很有效。美国农业部要求在使用亚硝酸盐腌肉的同时使用0.55g/kg的抗坏血酸钠或异抗坏血酸钠，用于降低在腊肉中形成亚硝胺的数量。据报道，腊肉中亚硝胺的含量最高。在食品加工过程中，亚硝胺也可在腊肉脂肪中形成，然而，抗坏血酸只微溶于脂肪，所以其作用有限。

α－生育酚也可以阻断亚硝胺的形成，并溶于脂肪。据报道，α－生育酚可以使肉中亚硝胺明显降低。由于α－生育酚在腌渍液中不溶，需要采取特殊的方法，如加入聚山梨酸酯等乳化剂，确保α－生育酚在产品中的均匀分布。亦可通过喷撒或浸渍——油煎，使α－生育酚均匀地分布在产品表面，腌肉时添加0.5g/kg的α－生育酚即有效。

使用0.55g/kg抗坏血酸盐（或异抗坏血酸盐）、0.5g/kg α－生育酚和0.04～0.05g/kg亚硝酸钠，有助于腌肉发色，并可有效地阻断亚硝胺的生成。

2. 山梨酸钾

在各种加工条件下，含山梨酸钾2.6g/kg和亚硝酸钠0.04g/kg的腊肉与含0.12g/kg亚硝酸钠的腊肉有同样的抗肉毒作用。

3. 次磷酸钠

单独使用3.0g/kg的次磷酸钠（NaH_2PO_2），或是将1.0g/kg次磷酸钠与0.04g/kg亚硝酸钠并用，可使腊肉获得和常规使用亚硝酸钠相同的抗肉毒作用。

此外，辐射对抑制肉毒梭菌也有效。辐射与0.025～0.04g/kg的亚硝酸钠并用，对火腿和腊肉的效果较好。

山梨酸钾、次磷酸钠和辐射只能代替亚硝酸盐的抗菌作用，而不能使肉呈现良好的色泽。所以，在实际生产中仍需添加少量的亚硝酸盐，亦有用天然色素对肉制品直接着色者，以完全取代亚硝酸盐。

尽管有种种亚硝酸盐的替代品，但迄今尚未发现有能完全取代亚硝酸盐的理想物质。目前，国内外仍在继续使用亚硝酸盐和亚硝酸盐发色，其原因是亚硝酸盐对防止肉毒中毒和保持腌肉制品的色、香、味有独特的作用。

为了降低亚硝酸根的残留，减少形成亚硝胺的可能性，许多科技人员正在进行各种研究工作，例如：护色时加入氨基酸。人们发现在亚硝酸和二甲胺的混合物水溶液中加入氨基酸，在氨基酸呈中性和酸性时，则完全可以阻止二甲基亚硝胺的生成并有良好的护色效果。据报道，用0.5% ~1%赖氨酸盐和精氨酸等量混合物与10mg/kg的亚硝酸钠，用于灌肠制品，产品色调很好。氨基酸类物质有可能大大降低亚硝酸盐的危险性并有助于护色。

三、护色助剂与品质改良剂的使用研究

(1)抗坏血酸与品质改良剂磷酸盐的作用。抗坏血酸可以促进亚硝酸盐还原为NO，并和肌红蛋白反应产生粉红色，缩短原料肉的腌制时间，使产品发色均匀。这种作用不仅发生在加工时，在贮藏中亦如此。未反应的肌红蛋白和被氧化的肌红蛋白仍能借抗坏血酸的还原性完成显色过程。同时，抗坏血酸对不饱和脂肪酸含量较高的食品有防氧化褐变作用，对食品起到护色作用。

磷酸盐类能螯合金属离子，以防止抗坏血酸被破坏，有防氧化护色能力。在使用得当时，不仅能提高腌肉制品质量，而且护色效果良好。但要注意，为提高肉的持水性而加入的某些磷酸盐是碱性的，能改变体系的pH而使护色效果变差。

(2)抗坏血酸与柠檬酸或其钠盐混合使用。由于柠檬酸是良好的金属离子螯合剂，可以使抗坏血酸作用增强。也有人认为柠檬酸本身有护色作用。此外，使用L-谷氨酸或山梨糖等也有抑制抗坏血酸氧化的作用。

(3)其他发色助剂。如硫酸亚铁、顺丁烯二酸等，都在研究、试验之中。

虽然硝酸盐的使用由于其安全性而受到了很大限制，但国际上各方面都在要求把硝酸盐的加入量在保证护色的条件下，限制在最低水平。有的国家禁止使用，但至今国内外仍在继续使用，原因就是硝酸盐类对肉类制品的色香味有特殊作用，虽然机理尚不清楚，但对香肠制品进行试验，结果证明：使用硝酸盐类的香肠比不使用的风味明显增强。更重要的是，硝酸盐有抑菌作用，尤其是对肉毒梭状芽孢杆菌。国外曾发生过几起由于不使用亚硝酸盐而发生肉类食品中毒事故。就硝酸盐的上述特性，迄今尚未发现理想的替代物，所以，在修订使用卫生标准时，要在致癌、肉毒中毒和风味之间权衡，统筹兼顾。另外，在肉类腌制的悠久历史中，适当地应用硝酸盐类，并未发现任何损害健康的证据，总之，许多同题尚有待深入研究。

项目三　食品漂白剂

由于食品在加工中有时会产生不受欢迎的颜色，或有些食品原料因为品种、运输、贮存的方法、采摘期的成熟度的不同，颜色也不同，这样可能导致最终产品颜色不一致而影响质量。为了除去不受欢迎的颜色或使产品有均一整齐的色彩，都要使用漂白剂。

漂白剂是指能使食品中所含的着色物质分解，转变为无色物质的添加剂，同时它还能破坏、抑制食品的发色因素，使食品免于褐变。它不同于吸附方式除去着色物质的脱色剂。漂白剂是通过氧化、还原等化学作用同色素物质发生化合，使其发色基团变化或抑制某些褐变因素来达到目的的。

任务1　食品漂白剂的作用机理

从食品漂白剂(bleaching agents)的作用机理看，漂白剂可以分为还原性漂白剂及氧化性漂白剂两大类。

能使着色物质氧化分解而漂白的为氧化性漂白剂，有过氧化氢(常用于面条、食用油脂、琼脂、干酪、鱼子、鱼糕及无菌包装材料)、过氧化钙(用于面团调节剂、果蔬保鲜时使乙烯氧化、小麦粉漂白)、过氧化丙酮、过氧化苯甲酮、过氧化苯甲酰(用于小麦粉漂白)、高锰酸钾(用于水质净化、脱臭、消毒)、二氧化氯(用于小麦面粉)等。

在小麦粉中应用氧化性漂白剂可使小麦粉白度增加3～4度，且白度稳定，从而提高了小麦粉的等级和价格，使小麦粉熟化期从2个月缩短了1～2d，缩短了库存和周转期。漂白后的小麦粉吸水量同时提高，最终提高了保存期。但是氧化性漂白剂使用于小麦粉也会带来一些缺陷，其最大缺点是氧化性漂白剂作用比较强，不但能使黄色的β－胡萝卜素退色，也可使维生素A、维生素E、维生素B等营养成分遭到破坏，从而使食品中的营养价值受到很大的破坏，残留量也较大。

能使着色物质还原而起漂白作用的物质为还原性漂白剂，还原性作用比较和缓。但是被它漂白的色素物质一旦再被氧化，可能重新显色。我国一般实际使用的还原性漂白剂都属于亚硫酸类化合物，如亚硫酸氢钠、亚硫酸钠、低亚硫酸钠、焦亚硫酸钾、二氧化硫等。

无论是氧化性漂白剂还是还原性漂白剂除了具有漂白作用外，大多数对微生物也有显著的抑制作用，所以又可把其看作防腐剂。由于还原性漂白剂的特殊性又可将其看作褐变抑制剂和抗氧化剂。

其实，对于亚硫酸类物质在食品加工中的应用已有很长历史。我国劳动人民自古以来就已利用浸硫、熏硫来保藏与漂白食品，其本质就是利用这类物质的防腐功能和漂白功能。无论哪种含硫抑制剂，最终都是通过在使用过程中释放出的二氧化硫而起作用的。

二氧化硫和亚硫酸盐在水溶液中生成亚硫酸、酸式亚硫酸根离子和亚硫酸根离子，反应式如下：

$$SO_2 + H_2O \rightleftharpoons H_2SO_3$$

$$2H_2SO_3 \rightleftharpoons (H^+ + HSO_3^-) + (2H^+ + SO_3^{2-})$$

它们的相对百分比取决于溶液或体系的pH值，pH值为4.5或更低时，HSO_3^-离子和未离解的亚硫酸占大部分。已证明，在酸性介质中，二氧化硫是最有效的防腐剂，这种效果来自离解的亚硫酸分子，而pH值低于3.0时，未离解的亚硫酸占大部分。至于在低pH值时二氧化硫的抗微生物效果增强，这可能是因为未离解的亚硫酸能较容易地透过细胞壁而造成的。在此不作为本节重点讨论。

植物性食品的褐变，多与氧化酶的活性有关，根据是否有酶参与可以分为酶促褐变和非酶褐变。已知最有效的非酶褐变抑制剂可能是二氧化硫。二氧化硫抑制非酶褐变的化学机制尚未完全搞清，或许涉及酸式亚硫酸与活性羰基的作用。酸式亚硫酸能与还原糖和醛式中间体可逆地结合，因此阻止了含羧基的化合物与氨基酸的缩合反应，进而防止了由糖氨反应所造成的非酶褐变。这些酸式亚硫酸的加成产物和二氧化硫对类黑精色素的漂白作用共同有效地抑制了褐变的过程。亚硫酸和果蔬中糖的结合能力很强，其结合强弱顺序为：阿拉伯糖 > 葡萄糖 > 果糖 > 蔗糖。同样这种结合与pH值有着密切关系，pH值越低其结合速度越慢。

二氧化硫也能有效地抑制某些酶催化反应，特别是酶促褐变。植物组织中的酚类化合物在酶（多酚氧化酶）的催化下氧化产生褐色素，从而使某些新鲜果蔬在搬运或前加工时产生一系列质量问题。然而，把添加了柠檬酸的亚硫酸盐或酸式亚硫酸盐喷洒或滴注在新鲜果蔬上，可有效地控制去皮后片状马铃薯、胡萝卜和苹果的酶促褐变。这主要是因为亚硫酸是一种强还原剂，自身对氧化酶活性有很强的抑制作用，同时也正因为它的还原性，可以使酶促反应的某些中间体产生逆转。

在很多食品体系中，二氧化硫还有显著的抗氧化作用。由于亚硫酸是强的还原剂，它能消耗组织中的氧。从而抑制了氧化酶的活性，对于防止果蔬中维生素C的破坏很有效。但通常并不以此为主要使用目的。啤酒中添加二氧化硫能明显抑制啤酒在储藏时产生的氧化风味。当二氧化硫存在时，鲜肉的红色能有效地得以保持。但食品法规并不许可使用这种方法，这是因为它可掩蔽劣质肉制品的破坏。我国食品添加剂法规明文规定：不得以掩盖食品的腐败变质而使用食品添加剂。

任务2　还原性漂白剂及应用

1981年澳大利亚和美国科学家等提出了亚硫酸盐使用的安全性问题，随后又有不少这方面的报道，主要是说二氧化硫可诱发过敏性疾病和哮喘，同时破坏维生素B_1。所以关于亚硫酸盐的使用问题，关键在于控制总的二氧化硫残存量，据美国实验生物社会生命科学研究部1985年发表的“对亚硫酸制剂GRAS情况的复审”，提出各种用亚硫酸盐处理过的食品中总的二氧化硫残存量应满足一定的指标要求。

允许SO_2残存量大于和等于100mg/kg的食品为：水果干（深色葡萄干和梅干除外）、柠檬汁、葡萄酒、糖蜜、葡萄汁、白柠檬汁、泡菜汁。允许SO_2残存量在50～99.9mg/kg的食品为：马铃薯干、葡萄酒、肉汁、肉汤、意大利野樱桃。允许SO_2残存量在10～49.9mg/kg的食品为：

果胶、鲜虾、玉米糖浆、玉米淀粉、玉米片、冷冻马铃薯、盐渍品、果酱和果冻、新鲜蘑菇。允许SO_2残存量小于和等于10mg/kg的食品为:麦芽醋、鳕鱼干、马铃薯罐头、啤酒、汤粉、软饮料、速溶茶、冷冻比萨饼面团、馅饼面团、蔗糖、甜菜糖、明胶、椰子、新鲜水果沙拉、苏打饼干、小甜饼干、葡萄、果葡糖浆。

二氧化硫的残留量不等同于二氧化硫制剂的使用量。因为在加工食品的过程中，一般经加热、搅拌、抽真空、预煮、漂洗等处理方法或过程可以脱除大部分的硫，只要严格把握添加量并注意工艺上的合理控制，二氧化硫的残留量就不会因超标而影响食用者的健康，在使用亚硫酸及其盐类来处理果蔬原料时，会使果蔬色泽消退，其中以花青素(红或紫色)最为明显，类胡萝卜素(黄色)次之，叶绿素则几乎不会受到影响。值得使用者注意的是，当这类还原性漂白剂存在或达到一定的浓度时，有色物质的消退效果很好，但当漂白剂消失时，或当食品在加工、储藏过程中，由于空气中氧的氧化作用，这类色素会再次显色。

下面仅就食品加工中常用的还原性漂白剂介绍如下。

一、二氧化硫

二氧化硫(sulfur dioxide)，又称亚硫酸酐，其相对分子质量为64.07，它是由燃烧的硫黄或黄铁矿制得的。

我国传统食品果干、果脯的加工大多数采用熏硫法或应用亚硫酸盐溶液浸渍法进行漂白处理，以防止发生褐变。

熏硫就是将硫黄燃烧产生二氧化硫，以熏蒸果片，其原理如下:

(1)将硫黄燃烧。

$$S + O_2 \longrightarrow SO_2$$

(2)二氧化硫与果实表面或果实内的水反应生成亚硫酸。

$$SO_2 + H_2O \longrightarrow H_2SO_3$$

亚硫酸为强还原剂，可抑制酶促褐变，但经日晒，二氧化硫易挥发。

熏硫可阻止酶促褐变，使果实中的单宁物质免于被氧化变褐，同时，亦可阻止由还原糖与氨基酸所引起的非酶褐变。果实表面所形成的亚硫酸对果实组织有软化作用，使果片表面细胞破坏，细胞膜的透水性增大，促进干燥。对于果脯、蜜饯来说，熏硫还可使产品保持半透明状浅黄色或金黄色，增加对消费者的吸引力。熏硫还可保护果实中的维生素C、抑制细菌的生长、防止日晒期间的发酵。由此可见，采用熏硫方法加工食品有许多优点。

在果蔬制品加工中，熏硫时由于二氧化硫的还原作用，可起到对酶氧化系统的破坏、阻止氧化，使果实中单宁类物质不致氧化而变色，达到漂白的目的。对于果脯、蜜饯类产品来说可以使成品保持浅黄色或金黄色。对于一般果蔬干制品而言同样可以得到较理想色泽的成品。二氧化硫除具有漂白作用外，它还可以改变细胞膜的透性，在脱水蔬菜的干制过程中，可明显促进干燥，提高干燥率。另外由于二氧化硫在溶于水后形成亚硫酸，对微生物具有强烈的抑制作用，所以又可达到防腐的目的。

毒性:二氧化硫是一种有害气体，在空气中浓度较高时，对于眼和呼吸道黏膜有强刺激性。

使用:对于二氧化硫的使用，我国传统的特产食品中，果干和果脯的加工中，包括当今一些脱水蔬菜的加工过程中多数采用浸硫或熏硫的方法对原料或半成品进行漂白，以防褐变。所谓熏硫其实就是通过硫黄产生二氧化硫而作用于食品的。硫黄是不能直接加入食品的，只准用于熏蒸。二氧化硫残留量与其他亚硫酸及其盐类漂白剂相同，可参考亚硫酸钠。我国规定车间空气中最高允许质量浓度为20mg/m^3。果蔬加工过程中，使用亚硫酸类漂白剂，特别是进行熏硫处理时，必须注意熏硫室要密闭。车间内有二氧化硫大量逸散的工序或阶段通风应保持良好。熏硫室中二氧化硫质量分数一般为1%～2%，最高可达3%。熏硫时间30～50min，最长可达3h。

此外，二氧化硫尚具有防腐作用。

熏硫时应注意以下几点：

（1）需要熏硫的食品应切成片再置于密闭室内，以增加熏硫时接触的表面积。

（2）掌握合适的硫黄用量。其量除与熏硫室的大小有关外，通常为0.1%～0.4%，即1kg食品需要1～4g硫黄。

（3）掌握合适的温度。温度过高硫会直接升华，附着在食品的表面，结果使食品有很重的硫黄味，并使食品呈黄色外观。

（4）掌握合适的时间。熏硫时间依果实品种、成熟度、熏房的大小以及熏硫物多少而定，一般为30～60分钟，最长可达3小时。

（5）熏硫室要严密，但要求通风良好。因二氧化硫是一种有害的气体，在空气中浓度较高时，对眼睛和呼吸道黏膜有强烈刺激性。如1L空气中含数mg二氧化硫可因声门痉挛窒息而死。我国规定：二氧化硫在车间空气中的最高容许浓度为15mg/m^3。

二、亚硫酸钠

亚硫酸钠（sodium sulfite）分子式为Na_2SO_3，相对分子质量为129.06，分为无水品与七水合品两种。

亚硫酸钠呈碱性，与酸反应产生二氧化硫，具有强烈的还原性。使用时必须注意调节好使用环境，即浸渍用亚硫酸钠水溶液的pH值，以防二氧化硫在产品中超标，而且这类食品在经过漂白后都要经过水洗，以去除多余的二氧化硫。

毒性：小鼠经口LD_{50}为600～700mg/kg（以SO_2计），ADI值为0～0.7mg/kg（1983，以SO_2计）。

使用：我国食品添加剂使用卫生标准（GB 2760——86）对亚硫酸钠的使用标准规定如下：对作为漂白剂使用的亚硫酸钠可用于食糖、冰糖、糖果、蜜饯类、葡萄糖、饴糖、饼干、罐头、竹笋、蘑菇，最大使用量为0.6g/kg。产品中二氧化硫的残留量（以SO_2计），饼干、食糖、粉丝、罐头为0.05g/kg；竹笋、蘑菇为0.025g/kg；赤砂糖及其他品种为0.1g/kg。

三、焦亚硫酸钠及亚硫酸氢钠

焦亚硫酸钠（sodium pyrosulfite），原名偏重亚硫酸钠，分子式为$Na_2S_2O_5$，相对分子质量为190.10。

性状与性能：焦亚硫酸钠为白色粒状粉末或无色晶体或白色至黄色结晶状粉末。带SO_2气味，在空气中可释放出二氧化硫而分解，易溶于水，难溶于乙醇。1%水溶液的pH值为4.0～5.5。与焦亚硫酸钠呈可逆反应，商品一般为两者的混合物。

$$2NaHSO_3 \underset{+H_2O}{\overset{H_2O}{\rightleftharpoons}} Na_2S_2O_5$$

我国食品添加剂使用卫生标准（GB 2760——86）对焦亚硫酸钠的使用标准规定：葡萄酒、

果酒，0.25g/kg；糖类、竹笋、蜜饯、饼干、罐头、蘑菇，0.45g/kg。残留量以二氧化硫计，竹笋、蘑菇中不得超过0.025g/kg，葡萄酒、果酒、饼干、罐头、粉丝、食糖中不得超过0.05g/kg，赤砂糖及其他品种中不得超过0.1g/kg。焦亚硫酸钠价格低、臭味较小，常用于水果蔬菜的漂白。

目前在我国浅色蔬菜的加工和保鲜过程中，如蘑菇、莲藕、马蹄、牛蒡、白芦笋、山药等产品中，多使用焦亚硫酸钠溶液进行护色，当然各厂工艺有些出入，如在蘑菇罐头的加工过程中，对新鲜的蘑菇原料运至加工厂的过程中就有采用湿菇湿运的，也有采用湿菇干运的。经过护色后原料加工成的蘑菇罐头色泽及风味均好，而且经过预煮、漂洗后成品中二氧化硫的残留量不会超过10mg/kg。

我国饼干工业中用焦亚硫酸钠作为饼干面团改良剂，使用前将其配制成20%的溶液，在面团调制过程中，分次加入未成熟的面团中。由于焦亚硫酸钠在面团调制过程中释放的二氧化硫对面团筋力的削弱作用，在面粉面筋质强度和韧度较大时，少量加入，可以防止饼干成品由于筋力过大而造成的变形。韧性面团可根据面粉筋力情况酌量加入，而一般在油糖比例高的酥性面团和甜酥性面团中尽量不使用，这是因为油糖的加入本身已经阻止了面筋蛋白的吸水膨胀，防止了大量面筋的形成，无需再加入还原剂。

四、低亚硫酸钠(保险粉)

低亚硫酸钠(NaS_2O_4)俗称保险粉，又称连二亚硫酸钠，为白色结晶粉末，有二氧化硫的臭气，易溶于水，几乎不溶于乙醇，在空气中易氧化分解，潮解后析出硫磺。本品比一般亚硫酸盐有更强的还原性，在亚硫酸盐类漂白剂中还原漂白力最强。

我国规定：低亚硫酸钠的使用范围同亚硫酸钠，最大使用量为0.4g/kg。残留量的规定亦与亚硫酸钠相同。

五、亚硫酸盐的不同作用

1. 漂白作用

亚硫酸盐都能产生具有还原性的亚硫酸，亚硫酸在被氧化时将着色物质还原，而呈现强烈的漂白作用。

植物性食品的褐变，多与氧化酶的活性有关，而亚硫酸是一种强还原剂，对氧化酶的活性有很强的抑制作用。所以制作果干、果脯时使用这类漂白剂可以防止酶促褐变。

另外，亚硫酸与葡萄糖等能进行加成反应，此加成产物虽可与氨基酸等的氨基缩合，但不能再进一步生成复杂的高分子类黑精。因此，可防止由联氨反应所造成的非酶褐变。亚硫酸和果蔬中糖的结合能力很强，其结合强弱顺序为：阿拉伯糖 > 葡萄糖 > 果糖 > 蔗糖。这种结合速度与pH值有关，pH值越低其结合速度越慢。

2. 防腐作用

亚硫酸是强还原剂，能消耗组织中的氧，抑制好氧性微生物的活动，并能抑制某些微生物活动所必需的酶的活性。亚硫酸的防腐作用与一般防腐剂类似，与pH值、浓度、温度及微生物的种类等有关。

亚硫酸属于酸型防腐剂，也是靠其未解离的分子发挥防癌作用。在pH 3.5以下，亚硫酸保持分子状态而不形成离子，在pH 3.5时二氧化硫含量为0.03%～0.08%，即能抑制微生物的增殖。pH 7.0时，二氧化硫含量虽达0.5%，但不能抑制微生物的增殖。所以，亚硫酸盐必须在酸性条件下应用。

亚硫酸的防腐作用随其浓度的提高而增强。提高温度也可使亚硫酸的防腐作用增强，用亚硫酸保藏苹果酱，当温度为75℃时，二氧化硫含量只需0.05%就能保存，且不败坏；但当温度降为30℃～40℃时，二氧化硫含量就要增加到0.1%～0.15%，而当温度降到22℃时，则其防腐作用就显著减弱。不过，在实际应用时，不可由提高温度来增强其防腐作用。因为在没有严密密封的情况下，亚硫酸将因提高温度而分解，同时果蔬长期处于热状态下，也是不适宜的。所以用亚硫酸处理的果蔬原料，往往需要在较低的温度下贮藏，以防二氧化硫的有效浓度降低。

我国规定：二氧化硫、焦亚硫酸钠和焦亚硫酸钾可用于葡萄酒、果酒的防腐，最大使用量为0.25g/kg，二氧化硫残留量不得超过0.05g/kg。

3. 抗氧化作用

亚硫酸有显著的抗氧化作用。由于亚硫酸是强还原剂，能消耗果蔬组织中的氧，抑制氧化酶的活性，对于防止果蔬中维生素C的氧化破坏很有效。

对还原性漂白剂使用时必须注意如下几方面。①食品中如果含有金属离子，则可以将残留的亚硫酸氧化。此外，金属离子还能显著地促进已还原色素的氧化变色。所以在生产中应注意不要混入钢、铁、锡及其他金属离子，同时为了除去食品或水中原来含有的这些金属离子，可以同时考虑使用金属离子螯合剂。柠檬酸、EDTA－2Na、植酸等都有螯合金属离子的作用。已经发现漂白以后的莲藕片的复色与莲藕中铁离子的含量直接相关。适量添加柠檬酸、植酸能明显抑制这种变化。②亚硫酸盐类的溶液易于分解失效，生产过程中最好是现配现用。③用亚硫酸盐类漂白的物质，由于二氧化硫消失容易复色，所以通常控制食品中残留部分的二氧化硫，部分残留的二氧化硫有明显抑制复色、保持产品色泽稳定的作用。莲藕中10～15mg/kg的二氧化硫残留能明显防止产品在储运过程中的黑变和红变，但每个产品都有残留量的限制，内销产品与外销产品的残留标准也不一样，故对特定产品必须按规定的残留量使用。同时残留量高的制品会造成食品的二氧化硫气味。④二氧化硫在一些果蔬汁的加工中，由于果蔬原浆中二氧化硫的残留，同时对产品复配过程中添加的香料、色素和其他添加剂也有影响，所以在使用时必须充分考虑这些因素。⑤亚硫酸盐类使用时，由于其渗入果蔬组织，加工中若不把果蔬破碎，只用简单的加热方式是较难除尽二氧化硫的，所以用亚硫酸盐类漂白的水果只适宜于制作果酱、果干、果酒、果脯、蜜饯等一些块形较小的产品，而且这些产品在后加工过程中实施了加热、抽真空等工序可以促使二氧化硫的逸散，但在加工整形罐头产品时，必须加以注意，稍不注意二氧化硫残留量就很容易超过标准要求。且已发现白桃罐头的加工过程中二氧化硫残留含量如果超过40mg/kg，将严重地导致镀锡薄钢板罐体的腐蚀，产生大量的硫化斑（FeS的成分），并由此在罐内产生大量的硫化氢，这一点更应引起我们的注意。在二氧化硫残留量超过标准的果蔬饮料罐中，这一现象也时有发生。

任务3　氧化性漂白剂及应用

氧化漂白剂是利用色素受氧化作用而分解褪色达到漂白目的。优点是食品经过漂白后，再暴露于空气中，不会再受空气中的氧所氧化而使颜色再现；缺点是有些色素不受氧化漂白剂的作用，有些经过氧化后仍不能达到漂白的目的。因此，氧化漂白剂只能在特殊情况下使用。

氧化性漂白剂主要包括氯制剂与过氧化物，它们借氧化作用而显示其漂白功能，同时具有较强的杀菌功能。其杀菌功能较一般防腐剂如山梨酸、苯甲酸要强。

氧化性漂白剂的性质普遍都不稳定，易于分解，作用不能持久，且有的有异味，所以一般很少直接添加到食品中去；即使添加到食品中后，由于氧化性漂白剂的毒副作用都较强，一般在形成成品前都要将其除去或严格控制其残留量。

面粉中常含有类胡萝卜色素，所以色泽不是很白，一般情况下均采用氧化型漂白剂处理。有时，因面粉的加工性质不好，将其放置一段时间，使所含的氧或空气中的氧把面粉中的硫氢基化合物等破坏，以改善面粉的加工性质，此即为熟成作用。为了缩短熟成时间，一般也使用氧化型漂白剂，亦称面粉处理剂或称面粉改良剂。

一般常用的面粉处理剂有溴酸钾和过氧化苯甲酰，现分别介绍如下：

一、溴酸钾

溴酸钾（$KBrO_3$）为白色棱状结晶或结晶性粉末，无臭易溶于水，微溶于乙醇，不溶于丙酮。

本品为面粉处理剂之一，安全性高，ADI 0～60mg 溴酸盐/kg 面粉。

我国规定：溴酸钾可用于面包和饼干中，最大使用量为 0.05g/kg。在制作面包时，加入本品既有漂白作用也能抑制蛋白酶的分解作用，使面团结构变好。常与酵母的营养物混合在一起使用，其组成如硫酸钙 25%、食盐 25%、淀粉 40.7%、氯化铵 9%、溴酸钾 0.3%。

二、过氧化苯甲酰

过氧化苯甲酰为白色结晶或结晶性粉末，不溶于水，可溶于苯、氯仿、乙酸。遇强烈振动有爆炸的危险，故在使用时要特别小心。

我国规定：本品可作为面粉处理剂或面粉改良剂用于面粉，最大使用量为 0.3g/kg。使用时一般控制在 0.06g/kg 以下，用量过多会破坏面粉中的维生素 B_1 等。

因本品有爆炸性，很少单独使用，多与其他物料混合应用。如用 20% 的过氧化苯甲酰与 80% 的碳酸钙、磷酸钙、硫酸钾、淀粉混合物混合使用。日本的稀释过氧化苯甲酰就是用明矾、磷酸钙盐、硫酸钙、碳酸钙、碳酸镁和淀粉中的两种或两种以上来稀释过氧化苯甲酰的产品。其含过氧化苯甲酰 19.0%～22.0%。

ADI：0～40mg/kg（特殊条件下 40～75mg/kg）。

过氧化苯甲酰应用：

在许多食品原料如小麦、玉米、豆类等的胚乳中都含有胡萝卜素等不饱和脂溶性天然色素，由这些原料加工的产品都略带颜色，过氧化苯甲酰可以有效地对这些食品原料漂白。

以面粉为例：过氧化苯甲酰在空气和酶的催化下，与面粉中的水分作用，释出初生态氧，反应式为：

$$(C_6H_5CO)_2O_2 + H_2O \rightarrow 2C_6H_5COOH + [O]$$

初生态氧可以氧化面粉中的不饱和脂溶性色素和其他有色成分而使面粉变白（对麸皮无效）。

过氧化苯甲酰已在国内批准使用，面粉中的最大添加量为 0.3g/kg。由于过氧化苯甲酰活性强，在商品中还用碳酸钙、硫酸钙等物质做稀释剂，通常使用的商品中含量在 27% 左右。

过氧化苯甲酰若添加于批量面粉中时，可在面粉打包线上装固体微喂料器，与面粉一起装入面袋。对于小规模使用，一般将过氧化苯甲酰与所要漂白的物质混合均匀即可。添加量以效果来决定，但不能超标。

过氧化苯甲酰主要作用如下：

①漂白性能好，漂白后的物质不易再显色。

②漂白速度快，用于面粉类漂白只需 1 ~ 2d。

③过氧化苯甲酰作用后生成苯甲酸，有杀菌防腐作用。

④提高产品外观质量、产率。用过氧化苯甲酰漂白后的面粉制作的食品色泽洁白。用于面粉生产，在满足粉色标准的前提下出粉率可提高 2% ~ 3%。

⑤氧化维生素 E 和维生素 K，破坏维生素 A，对维生素 B_6 和维生素 B_{12} 影响不大。

过氧化苯甲酰在使用中一定要混合均匀，否则在加热工艺条件下产生的苯基易与氢氧根、酸根、金属离子结合，可能生成苯酚等物质，使制品带有褐斑，影响质量。

通常以 0.015% ~ 0.075% 的比例在小麦制粉碾磨时添加于面粉之中。过氧化苯甲酰为无色或白色颗粒或粉末状，通常它与诸如硫酸钙、碳酸镁、磷酸二钙、碳酸钙和磷酸铝钾这样的稀释剂或稳定剂一起添加，稀释至 20% 左右使用。过氧化苯甲酰是一种自由基引发剂，添加后需要几个小时才能分解产生引发类胡萝卜素氧化所需的自由基，并开始起漂白作用，有理论认为类胡萝卜素的氧化退色，主要结果为类胡萝卜素的共轭双键氧化断裂成共轭双键较少的无色化合物。

用于面粉的气体氧化剂漂白效果各不相同，但它们都能有效地改善面粉的焙烤性能。尽管用二氧化氯处理面粉仅略微改变了面粉的色泽，但用处理过的面粉所制成的面团的性质都得以改善。氯气广泛地用于软麦蛋糕粉的漂白和改良。氯气氧化产生盐酸，并略微降低了 pH 值，因而改善了蛋糕的焙烤性质。由空气通过一个强大电弧而产生的四氧化二氮（N_2O_4）和其他氧化物或氮气只是具有中等效力的漂白剂，但经过它们处理的面粉却有着良好的焙烤性质，在此不作详细讨论。

三、过氧化丙酮

过氧化丙酮系强的氧化剂，应避免触及皮肤和眼睛。过氧化丙酮主要是通过其应用过程中所产生的过氧化氢而达到漂白的作用，其所能产生的过氧化氢数量必须大于或等于 16%。

使用：过氧化丙酮主要应用于面粉的漂白，它能够使得面粉中的一些色素物质如类胡萝卜素、叶黄素、叶红素等氧化而退色。同时，它还能加速面粉和水果的成熟。新鲜的面粉，由于其面筋蛋白的比例不尽合理，焙烤性能较差，在氧化剂的作用下，面筋蛋白的亚基会转变为面筋蛋白，改善面粉的焙烤性能。也有理论认为氧化剂对面团性能的改良作用，涉及面筋蛋白中巯基的氧化。过氧化丙酮同时也是面团的调节剂，它能提高面筋的筋力，使其更加适合于对面筋筋力要求较高的一些面制品的加工，如面包、面条等。

四、过氧化氢

过氧化氢又名双氧水，分子式 H_2O_2，相对分子质量 34.01。

过氧化氢可与水任意混溶，具有强漂白作用和杀菌作用。遇有机物或光、热等会促进分解并产生氧。在过氧化氢酶、过氧化物酶或碱的作用下分解成水和氧。所以，为防止过氧化氢保存中的分解，常使用磷酸盐、有机酸盐等稳定剂。过氧化氢在碱性条件下（pH 值 10 ~ 12）漂白作用最强。

使用：过氧化氢是强氧化剂，由于它的氧化性使其具有漂白的功能和防腐的功能，兼用于淀粉的变性剂。在食品加工中主要用于鱼糜、小麦粉、食用油脂、琼脂、蛋白、干酪等漂白作用。近年来广泛用于纸塑无菌包装材料在包装前的杀菌之用。我国食品添加剂使用卫生标准

(GB 2760—1996)规定，生鲜牛乳的保鲜，允许添加0.03%过氧化氢2.0mL/L，加硫氰酸钠16.75mL/L配合使用，使用地区仅限于黑龙江和内蒙古地区。由于过氧化氢极易破坏维生素C，故现已很少使用，使用时不得使用铁、铜、铝等容器，可使用陶器、玻璃、不锈钢和聚乙烯等容器。

五、二氧化氯

二氧化氯分子式ClO_2，相对分子质量67.45。

二氧化氯通常用于油脂、蜂蜡、小麦粉的漂白，同时还可用作氧化剂、杀菌杀虫剂、水质净化剂。在用于小麦粉漂白时，通过二氧化氯气体发生装置使产生的气体直接导入螺旋输送式搅拌机中，与小麦粉充分接触，达到漂白的目的。一般用量为10～20mg/kg，其使用缺陷是能导致小麦粉中维生素E的氧化破坏。

六、其他

氧化性漂白剂的种类较多，除上面提及的以外，还有过氧化苯甲酰[$(C_6H_5CO)_2O_2$]、亚硝酰氯($NOCl$)、二氧化氮(NO_2)、四氧化二氮(N_2O_4)，这种氧化性漂白剂主要是对面粉的漂白同时兼有对面团改良的作用，可以说既是漂白剂又是改良剂，当它们与面粉接触时，立即发生作用。还有一部分主要用作面团改良剂的氧化剂，并非在面粉阶段而是在面团阶段起作用，它们就不具备或很少具备漂白的功能，属于这类的添加剂有溴酸钾($KBrO_3$)、碘酸钾(KIO_3)和过氧化钙(CaO_2)等。

任务4　使用注意事项

(1)使用亚硫酸盐类时，应首先了解其二氧化硫的含量(表6－1)。然后，做预实验，确定各种食品所需漂白剂的量后再应用到生产中。在做预实验时，加入的量应稍大于需要的量，推广到实际生产时也是这样。因为亚硫酸在食品内可能被破坏，或被空气中的氧所氧化，只有加入量大于需要量才可避免颜色的再现。但要注意残留在食品中的二氧化硫不要过多，应在允许范围之内。

表6－1　一些物质有效二氧化硫的含量(%)

名　称	分子式	含　量
液态二氧化硫	SO_2	100
亚硫酸(6%)	H_2SO_3	6.0
亚硫酸钠	$Na_2SO_3 \cdot H_2O$	25.42
无水亚硫酸钠	Na_2SO_3	50.84
亚硫酸氢钠	$NaHSO_3$	61.59
焦亚硫酸钠	$Na_2S_2O_5$	57.65
低亚硫酸钠	$Na_2S_2O_4$	73.56

(2)使用亚硫酸盐类漂白剂时应选择合适的对象食品，否则无意义。

(3)尽量避免金属离子干扰。食品中若存在金属离子，可将残留的亚硫酸氧化，亦可能将已褪色的物质再被氧化复色。所以，在生产过程中，注意不要混入铁、铜、锡及其他金属离子。为了除去食品或水中原有的这些金属离子，可以使用金属离子螯合剂如EDTA、植酸等。

(4)亚硫酸盐类溶液易分解失效，最好现用现配。

（5）用亚硫酸漂白的物质，因二氧化硫消失易复色，通常在食品中残留过量的二氧化硫，必须按规定的残留量使用。

思考题

1. 发色剂的主要功能有哪些？作用机理有哪些？
2. 氧化性漂白剂和还原性漂白剂的漂白机理、应用范围有什么不同？
3. 发色剂和漂白剂在应用过程中应该注意哪些方面？

模块六

调味剂

基础理论和知识

1. 调味剂的概念、特点及范围；
2. 调味剂的分类。

基本技能及要求

1. 熟悉食品酸味剂、甜味剂、鲜味剂的种类；
2. 掌握食品酸味剂、甜味剂、鲜味剂的主要特性及使用中注意的问题，了解其发展状况。

◆学习重点

1. 调味剂的主要特性；
2. 使用中注意的问题。

◆学习难点

调味剂的种类及特性。

◆导入案例

某日我做了一份无糖木瓜奶昔给学生们，他们尝了尝说:有点苦。我再放了一勺蜂蜜，他们改口说:味道挺不错。还有一日，我做了一盒酸奶，朋友说，酸得实在没法下口。然后，我加了一大勺白糖，她再尝尝，说味道好多了，喝一杯没问题。其实，差别就在这一勺糖或蜂蜜上。

几乎没有哪个孩子不喜欢甜食和甜饮料，因为甜味是人与生俱来的第一味觉，代表着安全无毒，代表着提供能量。不过，除了蜂蜜这种珍贵的天然甜味来源之外，其他用来增甜的产品，其实出现的历史并没有那么悠久。相比于人类几十万年的进化历史来说，它们还挺新鲜。食物中还有很多其他的甜味来源，但它们都不是传统的糖。其中包括各种糖醇(木糖醇、麦芽糖醇、甘露糖醇、半乳糖醇、赤藓糖醇等)，有甜菊糖苷，有各种人体不能消化的天然低聚糖和异构糖，有阿拉伯糖之类普及率还很低的新产品。它们多少有点“天然”色彩，因为不升血糖不引起龋齿，都被当成比较有技术含量的甜味剂来开发。但糖醇过多食用可能引起腹泻，低聚糖摄入过多可能发生胀气。天然糖苷类产品虽然用量很少不容易产生过量的问题，但它在加热烹调时不能替代传统糖的效果。

那么除了上述几种甜味剂，你知道的还有那些呢？它们应用时又该注意些什么呢？

讨论

1. 能够替代传统糖类的甜味剂有哪些？
2. 甜味剂的营养价值是什么？

项目一　概述

1. 味感

食物在人的口腔内对味觉器官化学感系统的刺激并产生的一种感觉。

2. 阈值

对于味觉强度的测量和表达，目前一般都采用品尝统计法，即由一定数量的味觉专家在相同的条件下进行品尝评定，得出统计值，并采用阈值作为衡量标准。阈值：能感受到的该物质的最低浓度（mol/L、%、mg/kg 等）。

3. 影响味觉的主要因素

（1）呈味物质的结构；

（2）温度：研究表明，味觉一般在30℃上下比较敏锐，在低于10℃或高于50℃时迟钝；

（3）浓度和溶解度；

（4）不同味觉间的作用。

4. 调味剂的概念

定义：指赋予食品甜、酸、苦、辣、咸、鲜、麻、涩等特殊味感的一类添加剂，又称为风味增强剂。

作用：①改善食品的感官基本性状，使食品更加美味可口；②促进消化液的分泌和促进食欲；③具有一定营养价值。

分类：①甜味剂：糖、糖醇、蛋白糖、糖精等；②酸味剂：柠檬酸、酒石酸、醋酸等；③苦味剂：可可碱、啤酒花等；④辣味剂：辣椒素等；⑤咸味剂：食盐；⑥鲜味剂：味精、肌苷酸等；⑦辛香剂：多属香辛料及精油。

项目二 甜味剂

定义:赋予食品甜味为主要目的的食品添加剂。

来源:天然甜味剂(糖类甜味剂、糖醇类甜味剂、非糖类的甜菊甜、罗汉果素等)和人工合成甜味剂(糖精钠、甜蜜素、A-K糖等)。分类:通常所指的甜味剂是指糖醇类甜味剂、非糖天然甜味剂、人工合成甜味剂3类。至于葡萄糖、果糖、麦芽糖和乳糖等,虽然都是天然甜味剂,但因长期为人所食用,且是重要的营养素,通常被视为食品原料,不作为食品添加剂。

任务1 合成甜味剂(强力甜味剂)

化学合成甜味剂是人工合成的具有甜味的复杂有机化合物。

其主要优点是:①化学性质稳定,耐热、酸和碱,不易出现分解失效现象,故使用范围比较广泛。②不参与机体代谢,大多数合成甜味剂经口摄入后全部排出体外,不提供能量,适合糖尿病人、肥胖症人和老年人等特殊营养消费人群使用。③甜度较高,一般都在蔗糖甜度的50倍以上。④价格便宜,等甜度条件下的价格均低于蔗糖。⑤不是口腔微生物的合适作用底物,不会引起牙齿龋变。

其主要缺点是:甜味不够纯正,带有后苦味或金属异味,甜味特性与蔗糖有一定差距;不是食品的天然成分,有一种“不安全”的感觉。

一、种类

1. 糖精钠

化学名:邻苯磺酰亚胺钠。市售的含二分子结晶水。

性状:无色至白色的结晶或结晶性粉末,无臭,微有芳香气。易溶于水。

特点:①不参与代谢,无营养价值,不提供能量,不影响人的口腔卫生,不引起牙齿龋变。②糖精钠分解出来的阴离子有强的甜味,而在分子状态下没有甜味,反感到苦味。水溶液浓度高时也会感到苦味。③甜度高,为蔗糖的200~700倍(一般为500倍),阈值为0.004%。④单独使用有后苦味和金属味。可与甜蜜素按1:10的比例混合使用,改善不良风味。⑤性质稳定,价格便宜。但毒性大。

◆知识拓展

1878年发现,在第一次世界大战中得到应用,在第二次世界大战中得到广泛的应用。20世纪70年代发现对鼠有致癌作用,使用受到限制。

1997年加拿大的一项实验发现大剂量的糖精钠可导致雄性大鼠膀胱癌;1993年JECFA(FAO/WHO联合食品添加剂专家委员会)认为现有的流行病学资料认为糖精钠的摄入与人膀胱癌无关;2001年5月美国国家环境健康研究所的报告显示“糖精钠导致老鼠致癌的情况不适用于人类”。但是美国等国家规定,食物中若添加了糖精钠,必须在标签上标明“糖精能引起动物肿瘤"的警示。我国也采取了严格限制糖精使用的政策，并规定婴儿食品中不得使用糖精钠。糖精钠每千克售价仅为10多元，而600千克蔗糖的成本需要1000多元。

2. 甜蜜素

化学名：环己基氨基磺酸钠（或钙）。

特点：无能量，无营养价值。甜度为蔗糖的30倍。

相对于蔗糖，甜味来得较慢，但持续时间较长。

风味良好，不带异味，还能掩盖如糖精钠的苦涩味。但是浓度高时有一定的后苦味。与糖精钠以10∶1混合使用，可相互改善风味。

◆知识拓展

1937年发现，1945年申请专利，1949年美国最早批准用于食品，1969年有人提出有致癌性，1970年8月美国全面禁用。后来，有实验证明不是致癌物质，但是美国至今禁用甜蜜素。目前对甜蜜素的致癌性尚无定论。20世纪70年代，甜蜜素因被怀疑可以代谢生成环己胺而有致癌性，在美国、英国等国家禁用；1986年，美国国家科学研究会和国家科学院（NRC/NAS）报告本品有促进和致癌的可能。我国于1987年批准使用甜蜜素，主要用于蜜饯、酱菜、糕点、炒货等，它是目前我国食品行业中应用最多的一种甜味剂。

3. A－K糖（安赛蜜）

化学名：乙酰磺胺酸钾。特性：甜度为蔗糖的200倍。风味好，没有不愉快的后味。甜味感觉快，味觉停留时间短。

与甜蜜素、甜味素等有协同增效作用。与糖精钠协同增效作用小。1967年发现，合成较容易。1983年首次在英国得到批准，是目前世界上稳定性最好的甜味剂之一，适用于焙烤食品和酸性饮料。安赛蜜的安全性高，甜味纯正而强烈，甜味持续时间长，与阿斯巴甜合用有明显增效作用。安赛蜜的生产工艺不复杂、价格便宜、性能优于阿斯巴甜，被认为是最有前途的甜味剂之一。1992年，中国批准安赛蜜可用于饮料、冰淇淋、糕点、蜜饯、餐桌用甜料等。

4. 阿斯巴甜（甜味素）

市售的蛋白糖的主要成分。

化学名：天门冬氨酰苯丙氨酸甲酯。

特性：甜度为蔗糖的150～200倍，具有清爽的、类似蔗糖的甜感，没有一般人工合成的甜味剂的苦涩味和金属味。

与甜蜜素或糖精有协同增效作用，对酸性水果香味有增强作用。

但是对热、酸的稳定性差，高温、高酸条件下易分解而失去甜味。在焙烤、油炸、强酸食品中的应用受到限制。

苯丙酮酸尿症患者代谢苯丙氨酸的能力很有限，必须控制膳食中的苯丙氨酸的数量，因此是不能使用这种甜味剂的。

1981年，经美国FDA批准用于干撒食品，1983年允许配制软饮料后在全球100余个国家和地区被批准使用，甜度为蔗糖的200倍。阿斯巴甜的优点：（1）安全性高，被联合国食品添加剂委员会列为GRAS级（一般公认为安全的）；（2）甜味纯正，具有和蔗糖极其近似的清爽甜味，无不愉快后苦味和金属味；（3）与蔗糖或其他甜味剂混合使用有协同效应，如加2%～3%于糖精中，可明显掩盖糖精的不良口感；（4）有明显的增香效果，尤其是对酸性的柑橘、柠檬等，能使香味持久、减少芳香剂用量。阿斯巴甜的缺点：（1）对酸、热的稳定性较差，在强酸强碱中或在高温加热时易水解生成苦味的苯丙氨酸或二嗪哌酮，不适宜制作温度>150℃的面包、饼干、蛋糕等焙烤食品和高酸食品；(2)因为阿斯巴甜在人体胃肠道酶作用下可分解为苯丙氨酸、天冬氨酸和甲醇，不适用于苯丙酮酸尿患者，因此要求在标签上标明"苯丙酮尿酸患者不宜使用"的警示。我国于1986年批准在食品中应用，

5. 阿力甜

用酰胺键代替甜味素中的不稳定的酯键，可使稳定性大大提高。化学名：L－天冬酰－D－丙氨酰胺。特性：甜度为蔗糖的2000～2900倍（为10%蔗糖溶液的2000倍，为2%蔗糖溶液的2900倍），风味与蔗糖接近，无后苦味和金属味。

与安赛蜜或甜蜜素混合有协同增效作用。

甜度高，直接使用不容易控制甜度，可先溶解或分散后再使用。

1979年由美国辉瑞公司研制成功。阿力甜甜味清爽、耐热耐酸耐碱，具有优越的贮存和加工稳定性，可广泛用于食品工业。我国于1994年批准使用，常用于饮料、果冻、冷饮、餐桌甜味剂等。其缺点是因分子结构中含有硫原子而稍带硫味。

6. 三氯蔗糖

化学名：4，1，6—三氯—4，1，6—三脱氧半乳蔗糖。

特性：甜度为蔗糖的400～800倍（一般为600倍）。甜味特性与蔗糖十分相似，甜味纯正，没有任何后苦味。

无热值，不龋齿，代谢与胰岛素无关，在许多保健食品中应用。是迄今为止开发出来的一种最理想的强力甜味剂。

蔗糖衍生物类人工合成甜味剂——三氯蔗糖（TGS），是蔗糖分子中的三个羟基被氯原子选择性地取代而得到的高甜度甜味剂，1991年加拿大首先批准用于食品。其突出的特点是：(1)热稳定性好，温度和pH值对它几乎无影响，在焙烤工艺中比阿力甜更稳定，适用于食品加工中的高温灭菌、喷雾干燥、焙烤、挤压等工艺；(2) pH适应性广，适用于酸性至中性食品，对涩、苦等不愉快味道有掩盖效果；(3)易溶于水，溶解时不容易产生起泡现象，适用于碳酸饮料的高速灌装生产线；(4)甜味纯正，甜感呈现速度快、最大甜味的感受强度、甜味持续时间、后味等都非常接近蔗糖，是一种综合性能非常理想的强力甜味剂。我国1999年7月批准使用。但三氯蔗糖的价格较昂贵，如何降低其生产成本，是一个值得研究的课题。

7. 纽甜

化学名称为N－[N—3，3—二甲基丁基]—L—a—天门冬氨酰—L—苯丙氨酸1—甲酯，是阿斯巴甜的天冬氨酸的NH_2上连接3，3—二甲基丁基化合物，也称为乐甜。2001年由澳大利亚和新西兰最早批准应用，甜度是蔗糖的7000～13000倍，是目前最甜的甜味剂。纽甜热稳定性较阿斯巴甜明显提高，酸性条件下80℃加热24h稳定不变，适用于蛋糕、曲奇等焙烤食品，还具有风味增强效果。纽甜摄入人体后不会被分解为单个氨基酸，适用于苯丙酮尿症患者。纽甜低成本、高甜度、安全、稳定性高、溶解性好，是取代阿斯巴甜的具有更广阔应用前景的第二代二肽类甜味剂。我国于2003年批准使用，可用于各类食品。

二、人工合成甜味剂的发展趋势

1. 大力研制新型高甜度人工合成甜味剂

人工合成甜味剂甜度高、用量少、成本低、市场竞争力强，目前市场上低能量、高甜度甜味剂增长较快，大力研究品质优良的人工合成甜味剂的生产技术、改进生产工艺、降低生产成

本、扩大生产规模和应用方向，将是我国近期人工合成甜味剂的主要发展方向。

2. 复配型甜味剂

以高度甜味剂为基础开发复配型甜味剂：单一甜味剂在甜度、甜味、稳定性、加工特点等方面各有千秋，用量大时常有不良风味和后味。

复配甜味剂可以利用各种甜味剂之间的协同效应和味觉特点达到以下目的：

(1) 改善口味、增加风味；

(2) 提高甜味的稳定性；

(3) 增加甜度、减少甜味剂总使用量，降低成本。

应在标签上明示产品含甜味剂及含量是多少，告诉消费者所含甜味剂每日的人体最大安全摄入量，标注所含甜味剂不适合某种人群。

任务2 糖醇类甜味剂(营养型甜味剂)

糖醇类是世界上最广泛应用的甜味剂之一，可由相应的糖加氢还原而来。这类甜味剂口味好，化学性质稳定，对微生物的稳定性好，不易引起龋齿，可调理肠胃。一般常以多种糖醇混用，代替部分或全部蔗糖。糖醇类产品有三种形态：糖浆、结晶、溶液。

一、木糖醇

甜度与蔗糖相当。热值与蔗糖相近。溶于水时可吸收大量的热量，是所有糖醇类甜味剂中吸热值最大的一种，故以固体形式食用时，会在口中产生愉快的清凉感。

代谢与胰岛素水平无关，因此可作为糖尿病人食用的疗效食品。可防止龋齿的发生，可作为防龋齿食品甜味剂。

但是，当木糖醇食用过多时，会引起肠胃的不适或腹泻。木糖醇会抑制酵母的生长和发酵活性，不适于使用酵母的食品。木糖醇不能发生非酶促褐变，用于焙烤食品时，需同时添加其他糖类如果糖或葡萄糖。

二、山梨糖醇

甜度为蔗糖的一半。热值与蔗糖相似。

可用于糖尿病、肝病、胆囊炎患者的食品中。不会引起龋齿。过量摄入可导致腹泻。

不能发生非酶褐变，用于焙烤食品，需同时添加其他糖类。

三、麦芽糖醇

甜度为蔗糖的85%～95%，甜味特性接近蔗糖。热值仅为蔗糖的5%，为低热值甜味剂。不起美拉德反应，用于焙烤食品，需同时添加其他糖类。

在体内不被代谢，适用于供糖尿病人、肥胖症患者的疗效食品；可用于儿童食品，防止龋齿。

过量食用，会引起肠胃不适或腹泻。

四、异麦芽酮糖醇

又称帕拉金糖醇或氢化帕拉金。

甜度为蔗糖的40%～60%，甜味纯正，无后苦味，甜味特性与蔗糖接近。热值约为蔗糖的一半，对血浆葡萄糖和胰岛素水平无明显影响，可供糖尿病人使用。不龋齿。无褐变反应。应用于焙烤食品时，可按1∶1代替蔗糖，若颜色太浅，还可少量添加果糖。

应用范围：用于制造糖果、冰淇淋、奶制品、面包、罐头、果酱、果冻、果汁、饮料以及生产治疗肝昏迷药物。

特点：不潮解，不吸湿，甜味纯正，风味良好，可与蔗糖相媲美。它不会引起牙齿龋变，摄取后不会引起血清葡萄糖和胰岛素水平波动，故可供糖尿病人食用。能量值低，可供肥胖病人和减肥人士食用，食用后不会引起腹胀、腹泻，FAO/WHO 已于 1994 年批准了其食用安全性。

备注：由于帕拉金糖醇具有前述的优良性能及广泛的用途，各国科学家竞相开展研究工作，取得了一些满意的成果。德国厂商率先进行了帕拉金糖醇的商业化生产，其产品的中文商品名为“益寿糖”，英文商品名为“ISOMALT”和“PALATINIT”。

五、赤藓糖醇

赤藓糖醇是一种天然存在的四碳糖醇，作为人类膳食的组分已有数十万年的历史。

在自然界的分布也十分广泛，海藻、蘑菇类以及甜瓜、葡萄、桃等水果以及人体内的器官中均含有赤藓糖醇。

赤藓糖醇被称为是所有糖醇中性能最好的糖醇，热值低、高耐受量、抗龋齿。深受广大消费者的青睐。

赤藓糖醇主要特性：

(1)极低热值，热量仅为 0.87kJ/g，被称为“0”热值糖醇(木糖醇热量 11.7kJ/g，异麦芽糖醇热量 8.36kJ/g、蔗糖热量 16.72kJ/g)。

(2)不吸湿，即使在 90% 的空气湿度下也不会吸湿，溶解热 −97.4J/g，入口清凉。

(3)极高的安全性，高耐受量，每日可服 40 克(木糖醇 18～30g/d、异麦芽糖醇 20～25g/d)。

任务 3　天然非糖类甜味剂

一、甜菊糖

又称甜菊苷。是从甜叶菊的叶子中提取出来的一种糖苷。

甜度为蔗糖的 150～200 倍，口感类似蔗糖。具有非发酵性。不发生褐变。不含热量，在体内不参加新陈代谢。

适合于制成糖尿病人、肥胖病人及心血管病人的疗效食品。有防龋齿作用，可用于儿童食品如糖果。一般带有后苦味，使用时，常与其他甜味剂如蔗糖混合使用。

应用：

可用于生产口香糖和泡泡糖。可用于生产有各种风味的糖果，如具有木瓜、菠萝、番石榴、苹果、橘子、葡萄或草莓风味的软糖。

二、甘草苷

是从甘草中提炼出来的甜味剂。甘草是我国传统的调味料与中药，自古以来作为解毒剂及调味料，未发现对人体有什么危害，正常使用量是安全的。有特殊风味，不习惯者常有持续性不快的感觉。

甜度为蔗糖的 200～500 倍，后味略带有不快的感觉，有增香作用。甜味刺激来得较慢，去得也较慢，甜味持续时间长。

由于带有不愉快的后味，甘草苷很少单独使用，常与其他甜味剂混合使用。如与蔗糖、糖精等配合使用，或者添加适量的柠檬酸亦可。

用于罐头、调味料、糖果、饼干、蜜饯(广式凉果),使用量可按正常生产需要。

任务4 功能性甜味食品

定义:(1)具有特殊生理功能或特殊用途的食品甜味剂;(2)可代替蔗糖应用在功能性食品中的甜味剂。

含义:一是最基本的,对健康无不良影响的,解决了多吃蔗糖无益于身体健康的问题。二是更高层次的,对人体健康起有益的调节或促进的作用。

主要条件:(1)不参与机体代谢,进入体内后将被原原本本地排出体外,能量值为零。(2)不被机体消化吸收,代谢方式类似膳食纤维,能量值最低或为零。(3)虽可完全被机体消化吸收,但因甜度较大或很大,在正常摄入范围内所提供的能量值较低或很低。(4)在机体中的代谢途径与胰岛素无关,进入体内后不会引起血糖波动,可供糖尿病人食用。(5)不是口腔微生物的适宜作用底物,不会引起牙齿龋变,甚至具有抗龋齿活性。(6)具有某些特殊的生理功能,如促进机体肠道中双歧杆菌的生长繁殖。当然,作为一种蔗糖替代品(甜味剂),还应具备下列四点要求:(1)绝对的食用安全。(2)良好的味觉特性,无不良口感或后味。(3)适宜的溶解度与稳定性,以便在食品工业中应用。(4)价格适宜,生产成本不能太高。

任务5 无糖食品的概念:

定义:是指不含食糖,即不含蔗糖和淀粉糖(葡萄糖、麦芽糖、果葡糖)的甜食品,不仅是无蔗糖食品,而且必须含有食糖属性的食糖替代品,通常采用糖经氢化还原的糖衍生物——糖醇,包括木糖醇、山梨醇、麦芽糖醇、甘露醇等,而不是用糖精、甜蜜素等高倍甜味剂生产的甜食品。

糖醇有一定黏度、吸湿性和耐热性,甜度稍低于食糖,热量平均为食糖的一半,基本上可以1:1 的比例替代食糖,能制作出十分接近"有糖"食品口味的甜食品来。

在食品中,高倍甜味剂用量很少,无法替代食糖的体积、重量、黏度等,按照国际惯例不能算作无糖食品原料。单纯用高倍甜味剂配制的食品,一般称无热量食品和低热量食品,如用阿斯巴甜可以配成无热量饮料。

早期开发的无糖食品直接采用高倍甜味剂替代糖生产,往往难以做到甜味纯正、口感松软,给消费市场留下了无糖食品不好吃的印象,影响了无糖食品的发展速度。

最大日耐受量:糖醇虽然公认无毒害,但存在耐受量问题。我国对糖醇最大耐受量没有规定应用限制或标签标示,也缺少对我国人群耐受量研究的成果和数据。法国罗盖特公司北京代表处技术支持赵英介绍说,美国和欧洲都有相关警示标签的规定。例如美国要求在相应食品包装上说明,山梨糖醇最大日摄入量为 50 克,木糖醇最大日摄入量为 35 克,甘露糖醇最大日摄入量为 20 克,超量摄入会引起腹泻。欧洲要求当糖醇使用比例超过 10% 时,则须在相应食品包装上说明可能引起轻度腹泻。有的厂家还在食品包装上注明,此包装量无糖糖果应分两次以上食用,避免可能的腹泻等。专家和业内人士表示,在我国的实际应用中,糖醇属于高档配料,如木糖醇每吨约 2.7 万元,帕拉金糖醇每吨约 4 万元,赤藓糖醇每吨约 4.5 万元,最价廉的麦芽糖醇每吨也达 7000 元,而且多种糖醇是清凉口感的,应用商出于口味和成本的考虑,使用量不会超过耐受量。

低聚糖竞争无糖食品领域。目前，低聚糖产品开始作为替代糖配料进军无糖食品领域。过去国产低聚糖产品纯度低，仅为50%，不能作为无糖食品配料，一般作为双歧因子、膳食纤维应用。随着近几年工艺技术的进步，一些低聚糖产品的纯度达到95%以上，符合无糖食品配料的要求。与糖醇比较，一些低聚糖产品如低聚异麦芽糖价格偏低，每吨约1.2万元，热量低于一般糖醇，甜度为蔗糖的35%~40%，在作为替代糖同时又有一定改善胃肠道的功能性，具有竞争优势。只是除低聚异麦芽糖外的多种低聚糖，如低聚果糖、低聚木糖的高纯度产品还未形成产业规模，价格昂贵，还未形成与麦芽糖醇、木糖醇等竞争的规模与优势。

项目三　酸味剂

任务1　定义

能赋予食品酸味的食品添加剂。

酸味剂能赋予食品酸味；有时可调节食品的pH值；做抗氧化剂的增效剂；防止食品氧化褐变；抑制微生物生长及防止食品腐败等；增进食欲，促进消化吸收。

现在我国食品添加剂标准将列入酸度调节剂。

任务2　分类

有机酸和无机酸。

天然存在的都是有机酸，作为酸味剂的也主要是有机酸：柠檬酸、酒石酸、苹果酸、乳酸、乙酸等。无机酸使用较多的只有磷酸。

任务3　各种酸味剂的风味有别

(1)令人愉快的酸味剂，如柠檬酸、抗坏血酸、葡萄糖酸等；

(2)伴有苦味的酸味剂，如DL-苹果酸；

(3)伴有涩味的酸味剂，如磷酸、乳酸、酒石酸等；

(4)有刺激性的酸味剂，如乙酸；

(5)有鲜味的酸味剂，如谷氨酸。

任务4　酸味剂的用途十分广泛

(1)调节食品体系的酸碱度。果胶如凝胶，必须在一定的pH值条件下才能进行；酸型防腐剂必须在偏酸性条件下才能起作用。

(2)作为香味的辅助剂。酒石酸可辅助葡萄的香味；磷酸可辅助可乐饮料的香味。

(3)作为螯合剂。如作为抗氧化剂的增效剂。

(4)遇碳酸盐可产生二氧化碳气体。这是化学膨松剂的产气基础。

(5)具有还原性。如在果蔬产品中做护色剂。

一、柠檬酸

α－羟基－1，2，3－丙三羧酸。

有强酸性;酸味柔和爽快，入口即可达到最高酸感，但后味持续时间较短。与柠檬酸钠复配使用，酸味更加柔美。

使用注意:不能与苯甲酸钠、山梨酸钾同时使用，以防止形成难溶于水的山梨酸及苯甲酸结晶，影响食品的防腐效果。必要时可分别先后加入。

二、乳酸

α－羟基丙酸。

通常使用的为80%的乳酸溶液。酸味阈值为0.004%。

正常使用的是L－乳酸。D－乳酸和DL－乳酸对婴儿有害，不能加入供三个月以下的婴儿食用的食品中。

三、酒石酸

2，3－二羟基丁二酸。

用作酸味剂的是D－酒石酸和L－酒石酸。

酸味较强，酸味强度为柠檬酸的1.2～1.3倍，酸味阈值0.0025%。酸味爽口，但稍有涩感。

使用注意:酸味强，稍涩，多与柠檬酸、苹果酸等合用。常用作配制具有葡萄风味的饮料、酒等食品。

四、苹果酸

羟基丁二酸。

天然存在的是L－苹果酸。酸味较柠檬酸强20%左右，呈味缓慢，保留时间长，酸味爽口，稍有苦涩感。

使用注意:本品由于刺激缓慢但持久，正好与柠檬酸呈味特性互补，作为酸味剂使用时，常与柠檬酸合用。如苹果酸1份、柠檬酸0.4份，能形成接近天然苹果的酸味。

项目四　食品鲜味剂

Food Additives

任务1　定义

食品鲜味剂指补充或增强食品鲜味的食品添加剂。

任务2　分类

(化学性质的不同)氨基酸类(L－谷氨酸单钠盐)、核苷酸类(5，－肌苷酸二钠、5，－鸟苷酸二钠)、有机酸类(琥珀酸二钠盐)、复合类。

近年来，开发出许多复合鲜味料。如利用天然鲜味抽提物如肉类抽提物、酵母抽提物、水解动物蛋白及水解植物蛋白等和谷氨酸钠、5，-肌苷酸二钠、5，-鸟苷酸二钠等以不同的组合配比，可制成适合不同食品使用的天然复合增味剂，可使味道更鲜美、自然。

第一代鲜味剂:L-谷氨酸钠。

第二代鲜味剂:5，-肌苷酸二钠、5，-鸟苷酸二钠、琥珀酸二钠。

第三代鲜味剂:动植物蛋白质水解物、酵母抽提物等。

一、谷氨酸钠

味精、味素，简称 MSG。带一分子结晶水。

微有甜味或咸味，具有强烈的肉类鲜味，特别是在微酸性食品中鲜味更佳。鲜味阈值0.014%。呈味能力与其离解度有关:pH3.2(等电点)，呈味能力最低;pH 大于6小于7，几乎全部电离，鲜味最高;pH 大于7时，形成二钠盐，鲜味消失。

谷氨酸钠还有缓和咸、酸、苦味的作用，并能引出食品中所具有的鲜味。

与核糖核苷酸钠、琥珀酸钠、柠檬酸、磷酸氢二钠、磷酸二氢钠、水解植物蛋白、水解动物蛋白及动植物氨基酸提取液等进行不同的配合，可制成不同特点的复合鲜味料。如配方:谷氨酸14.7%、5，-肌苷酸钠0.3%、食盐85%。如配方:谷氨酸钠98%、5，-肌苷酸钠1%、5，-鸟苷酸钠1%。

使用注意:性质稳定，最好在食用前添加。加入食品中若超出最适浓度，可口性下降。

二、5，-肌苷酸二钠

次黄嘌呤核苷酸二钠。简称 IMP。

有特异的鲜鱼味。热、酸稳定性好。但可被动植物组织中的磷酸酯酶分解而失去鲜味。

鲜味阈值0.025g/100ml。鲜味强度低于5，-鸟苷酸钠，但二者并用，或与谷氨酸钠并用都有协同作用。

使用注意:本品可被动植物组织中的磷酸酯酶分解而失去鲜味，应先加热钝化原料中的酶后使用。不过，近年已发展特殊的包衣加工技术，可保护其不受鱼肉等食品中的磷酸酯酶的分解，而使其发挥最大的呈味力。

三、5，-鸟苷酸二钠

鸟嘌呤核苷酸二钠。简称 GMP。

有特殊的香菇鲜味。酸、碱、热、盐均稳定，但是可被磷酸酯酶破坏，失去呈味力。

鲜味阈值0.0125g/100ml。鲜味强度为5，-肌苷酸钠的2.3倍。与谷氨酸钠有很强的协同增效作用。

使用注意:本品可被生鲜动植物组织中的磷酸酯酶分解而失去呈味能力，故在这类食品中应用时，可先将食品加热到80℃左右钝化酶的活力。

四、琥珀酸二钠

丁二酸钠。

有特有的贝类鲜味，味觉阈值0.03%。与谷氨酸钠、呈味核苷酸钠复配使用效果更好。
使用注意:本品很少单独使用，常与味精、呈味核苷酸混合使用。

五、动物蛋白水解物(HAP)

用化学或酶的方法，水解富含蛋白质的动物组织而得到的产物。如禽、畜等的肉、骨及鱼、虾等的蛋白质水解产物。

HAP 除保留原料的营养成分外，由于蛋白质被水解为小肽及游离的 L－型氨基酸，有利于人体消化吸收，原有风味更为突出。

鲜味程度与风味因原料和加工工艺而各不相同。无毒性，安全性高。

可用于各种食品加工和烹饪中调味料的配合使用，可产生独特风味。

六、植物蛋白水解物(HVP)

HVP 是指在酸或酶作用下，水解含蛋白质的植物组织得到的产物。

HVP 不但具有适用的营养保健成分，而且可用作食品调味料和风味增强剂。HVP 是一种高级调味品，集色、香、味等于一体。制品的鲜味程度和风味，因原料和加工工艺而异。毒性：采用酶法生产工艺制得的产品安全性高，采用酸法制得的产品要尽量减少致癌物 3－氯丙醇的产生。

可用于各种食品加工和烹饪中调味料的配合使用，特别广泛用于方便食品如方便面、佐餐调味料中。

七、酵母提取物(YE)

是通过将啤酒酵母、糖液酵母、面包酵母等酵母细胞内的蛋白质降解成小分子氨基酸和多肽，核酸降解成核苷酸，并把它们和其他有效成分，如 B 族维生素、谷胱甘肽、微量元素等一起从酵母细胞中抽提出来，所制得的人体可直接吸收利用的可溶性营养物质与风味物质的浓缩物。

广泛用于各种加工食品，如汤类、酱油、香肠、焙烤食品中。有与山梨醇、木糖醇相当的竞争力。

项目五　主要食品甜味剂

1. 葡萄糖浆：葡萄糖浆采用酸法生产工艺，玉米淀粉经酸水解，中和，活性炭脱色，树脂交换，浓缩可得到不同成分的葡萄糖浆，作为营养甜味剂可用于家用糖浆、饮料、糖果、罐头、口香糖、果冻、果酱、冰淇淋等食品中，具有保湿性、膨化性、可增加食品口感，是氢化糖浆的原料。

2. 液体葡萄糖：液体葡萄糖，具有高葡萄糖含量的可发酵性糖源，经脱色、离子树脂交换精制而成，具有纯度高，灰分低的优点，且投料方便。在食品和制药行业代替结晶葡萄糖得到广泛应用，制药、饲料等发酵行业主要用于生产酶制剂，如氨基酸、酒精、维生素、赖氨酸、链霉素、红霉素、谷氨胺等，根据客户要求，本产品也可以保留氮元素。液体葡萄糖是一种葡萄糖值 38～43 的低转化无色或微黄色透明的黏稠糖浆，其组成大抵包括葡萄糖、麦芽糖和低聚麦芽糖、小分子糊精各三分之一，具有温和甜味的食品加工的基料。

3. 低转化葡萄糖浆：低转化葡萄酒糖浆以精制玉米淀粉为原料，经高温液化酶作用，再经脱色、离子树脂交换、浓缩而成，具有甜度低，溶解性好，耐热性强，稳定性好，可改善罐头酱油类产品的稠度，在啤酒、婴儿食品和健康食品中应用，降低发酵度，提高可消化糖量，另外还应用于植脂末、糖果、固体饮料等食品中。

4. 果葡糖浆：用淀粉为原料，经用酶液化、糖化得葡萄糖液，再经脱色、过滤、离交精制后，用固定化异构酶将一部分葡萄糖转化成果糖而得。

5. 高果葡糖浆：大成嘉吉高果糖浆采用多酶法生产工艺，再经过精制而成，风味纯正、甜度与蔗糖相近，在饮料、果汁中应用可以稳定其香味，在冰淇淋和罐头中应用可以均衡控制甜度，在啤酒、苹果酒、葡萄酒的酿制中可提高发酵糖类百分比，控制果酱、果冻的黏度和渗透性，是烘烤食品糖霜、饼馅和小吃的优质甜味剂。果葡糖浆是高甜度的淀粉糖。糖组分为果糖42%，葡萄糖52%，与蜂蜜主要成分相同。甜度以干物质计与蔗糖相当，除作为糖源可替代蔗糖用于食品加工外，果葡糖浆还具有许多蔗糖所不具备的优良性能：如口感上越冷越甜；风味上具有不掩盖性，渗透性强，溶解度大，吸潮性好，冰点温度低等特点。

6. 高纯果糖、结晶果糖：是以蔗糖或淀粉为原料制取果葡糖浆，经精制后，采用分子筛分离，制得液体果糖和液体葡萄糖；液体果糖经精制、浓缩结晶、离心分离、干燥得结晶果糖；果葡糖浆经精制、异构化、离子交换、浓缩，得高纯果糖。

7. 麦芽糖浆：以淀粉为原料，经酶水解而制成的一种以麦芽糖为主，含有糊精及少量低聚糖的糖浆产品。麦芽糖的甜度为蔗糖的30～40，甜味与蔗糖不同，入口不留后味，具有良好的防腐性和热稳定性，吸潮性低，溶解度小，而且在人体代谢中有特殊功能。可大量用于面包、糕点，延缓淀粉老化等。因工艺条件及麦芽糖含量不同，可制成饴糖、高麦芽糖浆、超高麦芽糖浆产品。

8. 超高麦芽糖浆：超高麦芽糖浆是一种用途广泛的新营养糖品，具有甜度温和、风味独特、容易消化吸收等特点。其糖分组成主要是麦芽糖，也有少量的葡萄糖及低聚糖。产品可广泛地应用于食品及医药工业作为营养甜味剂、填充剂等。超高麦芽糖浆生产是以淀粉为原料，采用生物酶作催化剂，经液化、糖化、精制、浓缩等工序，生产出超高麦芽糖浆产品。

9. 麦芽糖醇：葡萄糖浆采用酸法生产工艺，玉米淀粉经酸水解，中和，活性炭脱色，树脂交换，浓缩可得到不同成分的葡萄糖浆，作为营养甜味剂可用于家用糖浆、饮料、糖果、罐头、口香糖、果冻、果酱、冰淇淋等食品中，具有保湿性、膨化性、可增加食品口感，是氢化糖浆的原料。麦芽糖醇是一种新的天然的低热值甜味剂，是高纯度麦芽糖经氢化还原得到的一种双糖醇，它的甜味与蔗糖几乎完全一样，极为纯正，甜度约为蔗糖的90。此外，它还有非发酵性（可防蛀牙）、低热值（可防发胖）、黏度大（可作增稠剂）、耐热耐酸性好（可作安定剂）的特点。这些特点使它能广泛用于食品、医药、化工等领域，是一种很有前途的产品。

10. 麦芽低聚糖：麦芽低聚糖是淀粉深加工的新型糖源，主要由麦芽糖、麦芽三糖至麦芽八糖组成，不含糊精，是由特异的麦芽低聚糖酶作用于淀粉而得到的新型营养甜味剂，具有延长人体供能、强化肌体耐力和作功能力的功效。

11. 麦芽糊精：麦芽糊精以精制玉米淀粉为原料，经高温液化酶作用，再经提纯、喷雾干燥而成，具有甜度低，溶解性好，耐热性强，吸湿性小，稳定性好的特性，在食品中用作抗凝聚剂、赋形剂、膨松剂、稳定剂、增稠剂、表面整理，是食品工业的优良载体，可用于植脂末、奶制品、固体饮料、糖果、糕点、冰淇淋等食品中。酶法生产低聚异麦芽糖浆（IMO－500）是生产高纯度低聚异麦芽糖（IMO－900）的第一步。IMO－500糖浆中含有相当多的葡萄糖，而葡萄糖对低聚异麦芽糖的双歧因子和抗龋齿两大保健功能会产生干扰，因此必须把葡萄糖去除，本项目采用生物酶高新技术，将原产品中的葡萄糖转化为活性干酵母，此技术一方面可以提高产品中异麦芽低聚糖的含量，另一方面可以得到活性干酵母，活性干酵母经水解可以制成核苷，这是一种高附加值生物制品。

12. 全糖：淀粉经液化、糖化所得糖化液，净化后浓缩干燥，不经结晶，全部变成商品淀粉糖，称之全糖。全糖商品有全糖浆、全糖粉两个产品。全糖的甜度只有蔗糖的70%，但热量基本相同，在当今食品甜度不宜太高的市场趋势下，采用部分全糖代蔗糖，具有较大的市场前景，另外在医药、化工等方面也有广泛用途。

13. 淀粉糖系列产品：淀粉糖是食糖的重要组成。我们提供的淀粉糖产品技术主要有麦芽糊精、低聚异麦芽糖、高麦芽糖、麦芽低聚糖、液体葡萄糖、全葡萄糖等。糖化DE值达到98%，糖收率达99%～100%；结晶葡萄糖从过去全国先进水平70%，提高到现在的85%以上。

14. 蔗果低聚糖：是以蔗糖为原料，采用国际先进的生物工程技术——固定化酶法工艺，通过果糖基转移酶转化而成的一种功能性低聚糖，产品外观为黄色透明黏稠液体，口感味甜清爽。本品广泛应用于：保健食品；食品工业的甜味剂、增鲜剂、润湿剂和膨胀剂；饲料添加剂等。

15. 蔗糖脂：蔗糖脂广泛用于食品、医药、日化、制糖、果蔬保鲜、化肥等领域。有机所制得不同HLB值蔗糖脂，具有得率高、生产成本低的特点，该合成新方法达到20世纪80年代国际水平。合成蔗糖脂得率50左右、国外40左右。产品供不应求，前景广阔。

16. 木糖醇：木糖醇是新型甜味剂，其发热量仅为蔗糖的1/3，可防治龋齿，还可为糖尿病人食用，已广泛在发达国家使用，仅日本每年的需求量就在1万吨以上。本技术可彻底解决0.45μm微孔滤膜过滤不合格问题，明显提高木糖醇质量，改善流动性，可提高售价1倍。木糖醇的医用价值：防止龋齿和降低血糖。木糖醇的其他保健功能：木糖醇能调节人体脂肪代谢，降低血液中游离脂肪酸的含量，从而减少脂肪组织的形成，其低热性不会提高人体脂肪贮存的脂蛋白脂肪酶的活性，可降低体内脂肪的积蓄。实验证明，长期食用木糖醇能降低体重，在美国木糖醇已经用于治疗肥胖症，并取得了一定的疗效。木糖醇还能促进肝糖原的合成，降低转氨酶，提高葡萄糖的氨基酸利用率，使肝脏受到保护和修复。木糖醇还能消除血液中有害酮体的生成，可以作为抗酮药物。木糖醇可以促进肠道内有益菌群的增殖，达到调节肠胃功能的作用。木糖醇作为新型改善肠胃功能的功能因子，有很高的功能活性，是一种有前途的功能性添加因子。由于木糖醇的优良性能，它被广泛应用于食品、酒类、饮料等，1973年被国际食品添加剂会议正式列为A级食品添加剂。

17. 帕拉金糖醇：帕拉金糖醇，是一种新型的功能性甜味剂，不潮解，不吸湿，甜味纯正，风味良好，可与蔗糖相媲美。它不会引起牙齿龋变，摄取后不会引起血清葡萄糖和胰岛素水平波动，故可供糖尿病人食用。PALATINITOL的能量值低，消化吸收值低，可供肥胖病人和减肥人士食用，食用后不会引起腹胀、腹泻，FAO/WHO已于1994年批准了PALATINITOL的食用安全性。

18. 天—丙甜二肽：天—丙甜二肽口感纯正，甜度高（为蔗糖甜度的180倍），热量低，安全性好，耐热稳定，具有更广泛的用途。本品为国内首创。天—丙甜二肽制造工艺、原材料国产化，成本低，工艺简便，稳定，工艺路线居国际领先水平。

19. 强力甜味剂三氯蔗糖（蔗糖素）：研制成功的三氯蔗糖产品各项性能指标达到国外同类产品标准。该产品具有甜度高（是蔗糖的600～650倍）、甜味纯正、安全、具有良好的溶解性与稳定性等优点，而且能量值为零，不会引起肥胖，不会引起血糖波动，可供肥胖症人、心血管病患者、糖尿病人和老年人食用；不会引起牙齿龋变，对牙齿健康十分有利。我国已于1997年7月1日起批准使用。

20. 甜叶菊苷：甜叶菊是从国外引种的菊科植物，甜叶菊中含有甜味分甜菊苷，是低热量二萜成分。甜度相当于蔗糖的二百倍以上，本产品适于不能食用蔗糖的人，这种天然甜味剂可部分或全部代替蔗糖的使用，比合成糖精安全性强。甜苷的提取分离比较简单，全过程中只需使用工业医用酒精，其生产只要常规的提取，浓缩，干燥及氧化铝生产设备。

21. 新型天然甜味剂——甘草蜜的研究开发：甘草蜜的应用与意义：甘草蜜是应用现代生物技术对甘草的有效成分进行分离、结构修饰而得的新型甜味组份，其甜度为蔗糖的900倍，是一种潜在的新型甜味剂，具有重要的开发和应用前景；已完成了甘草蜜的实验室研究工作，包括高活性酶的筛选、酶催化剂的制备及转化，以及目标产品的分离。

思考题

1. 影响味感的因素主要有哪些？
2. 不同呈味物质的相互作用表现在哪些方面？
3. 嗅觉特性有哪些？
4. 酸味剂的功能有哪些？
5. 影响甜味剂甜味强度的因素有哪些？
6. 简述低聚糖的主要生理功能？

模块七

食品用香料和香精

基础理论和知识

1. 食用香料的主要品类和性状；
2. 食用香精的定义、分类、组成；
3. 食品用香料香精的发展趋势。

基本技能及要求

1. 掌握食用香精的组成和使用原则；
2. 了解食用香料、食用香精的定义、分类及使用原则；
3. 各种食品用香料香精的成分、性质及特点；
4. 掌握食用香精的调配方法及使用注意事项；
5. 了解食用香精安全使用的一般原则，以及不同国家对食用香料管理的法律法规。

◆学习重点

各种食品用香料香精的成分、性质及特点。

◆学习难点

香料、香精在不同食物中的调配方式和使用注意事项。

◆导入案例

小明和李涛一起去超市买饮料，看到货架上各种口味的饮料，有哈密瓜味的、水蜜桃味的，还有苹果味的，小明买了一瓶哈密瓜味的饮料，喝了一口说："这饮料里面得放了多少哈密瓜呀，味道这么浓。"食品专业出身的李涛告诉他："饮料里面是放了哈密瓜味的香精而不是真正的哈密瓜，各种香精只需要放一点点，就能有非常浓郁的味道，食品工业之所以能有那么多口味的食品，它可是大功臣呢。"

讨论

1. 怎样科学地使用香料和香精?

2. 为了做到健康饮食，我们在使用香料和香精时应当注意些什么?

项目一　食品用香料

Food Additives

诱人的食用香气不仅能刺激、增强食欲，而且能促进人体对营养成分的消化和吸收，所以“香”是食品的一项重要感官指标。但有些食品本身没有香味，或香味不足，常需要添加适当的食品用香料改善或增强其香味，以满足人们的嗜好。

食品用香料香精是现在加工食品香味的重要来源，对于满足人们对食品香味的追求具有重要作用。

食用香料是指能够增强食品香气和香味的食品添加剂。它可分为天然香料、天然同一香料和人工香料三类。天然香料主要是指用单纯的物理方法，如压榨、萃取和蒸馏等从无毒的动、植物原料中制得的香料，如甜橙油、桂花浸膏等。天然同一香料是指从芳香原料中用化学方式离析出来，或是用化学方法制取，并且在化学上与存在于供人类消费的天然制品中的物质相同的香料。它又可分为化学单离香料和人工合成的天然可鉴别出来的两类，前者如从香荚兰豆中获得的香兰素，后者如用化学方法合成的香兰素。人工合成香料则是纯粹人工合成、至今在供人类消费的天然制品中尚未发现的香料，如α-甲基紫罗兰酮和乙基麦芽酚等。

食品用香料是食品添加剂中品种最多的一类。目前世界各国使用的食品用香料有4000多种，其中美国香料生产者协会(Flavor and Extract Manufactures Association，FEMA)认可的GRAS物质到2011年已公开了25批，有2700余种(FEMA号2001~4726)。截至2011年6月，列入《食品安全国家标准 食品添加剂使用标准》(GB 2760-2011)的食品用香料有1853种，其中天然香料400种，合成香料1453种。

食用香料系由一种或多种有机物组成。有机物具有气味者甚多，其气味或分子结构密切相关。凡是有气味物质的分子均有一定的原子团，对于发香的原子团又称为发香团(发香基)。各种发香基团见表7-1。

表7-1　不同物质的发香团

羟基	—OH	苯基	—C_6H_5
羰基	—C=O	硝基	—NO_2
醛基	—CHO	亚硝酸基	—ONO
羧基	—COOH	酰胺基	—C(=O)—NH_2
醚基	R—O—R'	氰基	—CN
酯基	—COOR	内酯	—R—COO(成环)

食用香料之所以发香，是因为其分子内含有一个或数个发香团，这些发香团在分子内以不同的方式结合，使食用香料具有不同类型的香气和香味。

◈知识拓展

香料的起源

香料的历史悠久，可以追溯到5000年前。黄帝神农氏时代，早有采集树皮、草根作为医药用品来驱疫避秽。当时人类对植物挥发出来的香气已经非常重视，又加以自然界花卉的芳香，对它产生了美感。因此在上古时代就把这些有香物质作为敬神祈福，清净身心之用，同时也用于祭祀和丧葬方面。之后逐渐用于饮食、装饰和美容上。我国在夏、商、周三代前就开始了对香料的使用。在1897年，开掘公元前3500年埃及皇帝曼乃斯等墓时，发现美丽的油膏缸内的膏质仍有香气，似是树脂或香膏，该物品现可在美国和开罗博物馆内看到。当时的僧侣可能是采集、制造和使用香料、香油或香膏者。印度、希腊等文明古国也是最早使用香料的国家。

任务1　天然香料

一、香辛料

通常把具有芳香或刺激性气味，能赋予食物以风味，并能够增进食欲、帮助消化吸收的植物的根、茎、叶、花蕾、种子等称为香辛料。香辛料不仅具有强烈的呈味、呈香作用，还具有抗菌、抗氧化功能，如丁香皮、桂皮等对多种微生物具有较强的抗菌性，迷迭香、鼠尾草、大蒜、生姜等具有较强的抗氧化性。列为食品用香料的香辛料通常是香辛料制品，如精油、油树脂、净油、酊剂等。

1. 八角茴香油（CNS号：NO05；FEMA号：2096）

八角茴香为我国特产，常绿乔木，通常由8个蓇葖果形成八角状聚合果，油细胞呈散于中果皮。干品含精油5%。八角茴香油为八角的新鲜枝叶或成熟果实经水蒸气蒸馏提取的挥发油，20℃以上为无色透明至浅黄色液体，温度下降时会有片状结晶析出。具有八角茴香的特征香气和香味。冷却后常发生混浊或析出结晶，升温后又澄清。主成分为茴香脑（80%～90%）及茴香醛、茴香酮、茴香酸。相对密度（20℃/20℃）0.975～0.992，折射率（20℃）1.552～1.560，微溶于水，易溶于乙醇、乙醚和氯仿中。

八角茴香油的现行标准为GB/T 15068－2008。

2. 大蒜油（CNS号：NO15；FEMA号：2503）

大蒜油为由百合科植物大蒜的鳞茎经水蒸气蒸馏得到黄色至橘黄色澄清挥发性精油，具有强烈刺激气味和蒜所特有的辛辣味，主成分为丙基二硫化丙烯（约60%）、二硫化二丙烯（23%～39%）等100多种挥发性含硫化合物。总含硫量为35%～45%。在化学稳定性方面，大蒜油属于挥发性香料，溶于大多数非挥发性油和矿物油，不溶于水，易溶于乙醇、乙醚、苯等有机溶剂。强酸、强氧化剂和紫外线可引起大蒜油变质。

大蒜油具有很强的抗菌杀菌、防癌抗癌作用，有助于心血管疾病的防治，在保护肝脏，提高机体免疫力、改善消化系统、抗衰老、美容等方面有诸多功效。相对密度（25%/25℃）1.050～1.095，折射率（20℃）1.550～1.580。用途为香料和调味剂，调配肉香、海鲜和辛香类香精。

大蒜油的现行标准为GB/T 14156－2009。

3. 中国肉桂油（GNS号：NO39；FEMA号：2258）

中国肉桂油为樟科植物肉桂的干皮及树皮经水蒸气蒸馏得到的黄色或黄棕色的澄清挥发油；黄色至红褐色液体，具有中国肉桂的特异香气和辛香味，置空气中或存放日久，色渐变深，质渐浓稠。中国肉桂油在乙醇或冰醋酸中易溶。冷却至0℃，加等体积的硝酸振荡后，即析出结晶性沉淀。

肉桂醛是肉桂油的主要成分，肉桂醛中的羰基可凝结蛋白，破坏三羧酸循环，从而具有抗菌的作用，还具有镇静、镇痛、解热、增强胃肠蠕动、抗肿瘤等作用。

中国肉桂油的现行标准为GB/T 11425－2008。

4. 生姜油（CNS号：NO75；FEMA号：2522）

生姜属多年草本宿根植物，其根茎芳香而辛辣，为传统的调味香料，是一种传统药食两用植物。生姜油是用水蒸气蒸馏法从生姜的根茎中提取的精油。含有多种成分，如α－姜烯、β－防风烯、芳姜黄烯、龙脑、α－蒎烯、姜醇和柠檬醛等。主要用于食品及饮料的加香调味，也是世界范围大宗香料和药用原料之一。生姜油为淡黄色到黄色液体，具有生姜特征香气。相对密度（20℃/20℃）0.873～0.885，折射率（20℃）1.488～1.494。

生姜油的现行标准为GB 8318－2008。

二、植物精油或浸膏

1. 甜橙油（GNS号：N131；FEMA号：2821）

甜橙油为无色至淡黄色挥发性精油，具有新鲜的橙子皮的特有香味。溶于大部分非挥发性油、矿物油和乙醇（有浑浊），不溶于甘油和丙二醇。其主要成分为柠檬烯，含量达90%以上，此外还含有月桂烯、癸醛、辛醇、芳樟醇、柠檬醛、乙酸辛酯等成分。

甜橙油广泛用于配制各种食品用香精，是橘子、甜橙等果香型香精的主要原料。也可直接将甜橙油添加于糖果、糕点、饼干、冷饮等食品中，尤其是在高档的橘子汁、柠檬汁等果汁中，增香效果很好，橘子汁中用量约0.05g/kg。

甜橙油的现行标准为ISO 3140－2011。

2. 柠檬油（CNS号：NO86；FEMA号：2625）

柠檬油为绿黄色或黄色精油，低温下浑浊，具有新鲜柠檬果皮的特征香气和香味，味辛辣，微苦，可溶于大多数挥发性油、矿物油和乙醇（可出现浑浊），不溶于甘油和丙二醇，主要成分为柠檬烯与柠檬醛。

柠檬油是柠檬型香精的主要原料，在柠檬型香精配方中其用量为25%。亦可直接将本品添加到糖果、糕点、饼干、冷饮等食品中，是高档的柠檬汁等果汁类常用的增香剂。

冷磨柠檬油相对密度（20℃/20℃）0.849～0.858，折射率（20℃）1.474～1.477，酸值≤3.0mgkOH/g，含醛量（以柠檬醛计）3.0%～5.5%。

柠檬油的现行标准为GB 6772－2008。

3. 留兰香油（CNS号：N122；FEMA号：3032）

留兰香油的主要成分是香芹酮、柠檬烯和3－辛醇等，为浅黄至绿黄色澄清液体，具有留兰香叶的特征香气和香味。留兰香油为用水蒸气法从留兰香草的花中获得的精油。不同含酮量留兰香油的相对密度、折射率均不同。

留兰香油用途很多，广泛用于日化和食品领域，最大的用途是用于牙膏、漱口水等，食品方面最大的用量是胶姆糖等，可作为薄荷香精的修饰剂。常压熬制的留兰香硬糖中的使用量约0.8g/kg。

留兰香油的现行标准为 QB/T 2521－2001。

任务2　合成香料

一、酚类

1. 丁香酚（CNS 号：S0091；FEMA 号：2467）

丁香酚（4－烯丙基－2－甲氧基苯酚，$C_{10}H_{12}O_2$），相对分子质量 164.22，为微黄色至黄色液体，具有丁香香气，不溶于水，与乙醇、乙醚及油可混溶。主要用于抗菌、麻醉、抗炎、解热等；也可用于香水香精以及各种化妆品香精和皂用香精配方中，还可以用于烟熏火腿、坚果和香辛料等食用香精的调配，亦为合成香兰素的主要原料。

丁香酚的相对密度（25℃/25℃）1.063～1.068，折射率（20℃）1.540～1.542，酸值≤1.0mgkOH/g，含量≥98.0%，沸点 253.1℃～253.4℃，闪点约 104℃，冻点 10.3℃。天然丁香酚大量（可达 85%）存在于丁香、丁香罗勒、月桂及肉桂叶等精油中。

ADI：0～2.5mg/kg 体重（FAO/WHO，2006）。丁香酚的现行标准为 QB/T 1509－2007。

2. 愈创木酚（CNS 号：S0104；FEMA 号：2532）

愈创木酚（邻甲氧基苯酚，$C_7H_8O_2$），相对分子质量 124.14，为白色或微黄色结晶或无色至淡黄色透明油状液体（28℃以上时），在空气和日光下逐渐变成暗色。呈香甜香气，有苯酚气味。含量为 5mg/kg 时呈山核桃香味。沸点 205℃，闪点 82.2℃，熔点 27.9℃，微溶于水和苯，易溶于甘油，混溶于乙醇、乙醚、氯仿、冰醋酸和大多数非挥发性油。天然愈创木酚存在于橙叶、芹菜籽等精油中。

二、醛类

1. 苯甲醛（CNS 号：S0165；FEMA 号：2127）

苯甲醛（C_7H_6O）又名人造苦杏仁油，相对分子质量 106.13，纯品为无色液体，普通品为无色至淡黄色液体，呈浓郁的苦杏仁香气和焦味。微溶于水，溶于乙醇和油。熔点－26℃，沸点 179.9℃，闪点 62℃，酸值＜10mgkOH/g。苯甲醛实际使用中除制杏仁香精外，也可用于仿制草莓、奶油、杏、白兰地、樱桃、椰子、甘草、苹果、梅、胡桃、朗姆等香精中。

ADI：0～5mg/kg 体重（FAO/WHO，1994）。

2. 柠檬醛（CNS 号：S0174；FEMA 号：2303）

柠檬醛（$C_{10}H_{16}O$）有 α、β、顺、反 4 种异构体，相对分子质量 152.26，为淡黄色液体，具有强烈的柠檬样香气，不溶于水，溶于乙醇，与大多数天然和合成香料互相溶。相对密度（25℃/25℃）0.885～0.891，折射率（20℃）1.486～1.490，酸值≤5.0mgkOH/g，含醇量≥97.0%（以柠檬醛计）。沸点 228℃，闪点 101℃，天然品存在于柠檬草油、山苍子油、柠檬油、白柠檬油、柑橘类叶油等中。柠檬醛广泛应用于食品用香精，如苹果、樱桃、姜、葡萄、柠檬、白柠檬、橙、圆柚、香辛料、草莓、香草香精。最终加香食品的柠檬醛浓度约为 0.004%，胶基糖果中可达 0.015%～0.017%。

ADI：0～0.5mg/kg 体重（FAO/WHO，1994）。柠檬醛的现行标准为 QB/T 1789－2006。

3. 肉桂醛（CNS 号：S0176；FEMA 号：2286）

肉桂醛（C_9H_8O），相对分子质量 132.16，为黄色黏稠状液体，大量存在于肉桂等植物体内。自然界中天然存在的肉桂醛均为反式结构，该分子为一个丙烯醛上连接上一个苯基，因此可被认为是一种丙烯醛衍生物。

肉桂醛通常称为桂醛，天然存在于斯里兰卡肉桂油、桂皮油、藿香油、风信子油和玫瑰油等精油中。桂醛有顺式和反式两种异构体，现商用的桂醛，无论是天然的或者是合成的桂醛，都是反式体。

4. 糠醛（CNS 号:S0180;FEMA 号:2489）

糠醛（呋喃甲醛，$C_5H_4O_2$），相对分子质量 96.09，纯品为无色油状液体，露于光和空气中变成棕红色，并树脂化。具有刺激性肉桂和杏仁香气，具有焦糖味。溶于水，混溶于乙醇、乙醚和苯。沸点 161.7℃，熔点 -36.5℃，闪点 60℃。天然品存在于松叶油、薰衣草油、斯里兰卡肉桂油、月桂油、丁香油等中。

ADI:0 - 0.5mg/kg 体重（FAO/WHO，2000）。

5. 香兰素（CNS 号:S0172;FEMA 号:3107）

香兰素（3 - 甲氧基 - 2 - 羟基苯甲醛，$C_8H_8O_3$），相对分子质量 152.15，为白色至微黄色针状结晶或结晶性粉末，具有甜香、奶香和香草香气。易溶于乙醇、乙醚、氯仿、冰醋酸和热挥发油。相对密度（20℃/20℃）1.056，沸点 284℃ ~ 285℃，溶点 81℃ ~ 83℃。天然品存在于香荚豆、丁香油、香茅油、安息香膏、秘鲁香膏等中。

ADI:0 ~ 10mg/kg 体重（FAO/WHO，2002）。香兰素的现行标准为 GB 3861 - 2008。

6. 乙基香兰素（CNS 号:S1171;FEMA 号:2464）

乙基香兰素（3 - 乙氧基 - 4 - 羟基甲苯醛，$C_9H_{10}O_3$）相对分子质量 166.18，白色或微黄色结晶或结晶性粉末。乙基香兰素具有明显甜香气及暖、轻微花和奶香，与香荚兰豆香有些相似，香气持久性极好，纯品的香气较香兰素强 3 ~ 4 倍，特别适于乳制品的赋香。

水溶液呈酸性，沸点 285℃，熔点 76℃ ~ 78℃，微溶于水，溶于乙醇、丙二醇和许多天然或合成香料。

ADI:0 ~ 3mg/kg 体重（FAO/WHO，1995）。乙基香兰素的现行标准为 GB/T 1791 - 2006。

三、酯类

1. 丁酸异戊酯（CNS 号:S0426;FEMA 号:2060）

丁酸异戊酯（$C_9H_{18}O_2$），相对分子质量 158.24，为无色液体，具有果香香气。相对密度（25℃/25℃）0.861 ~ 0.866，折射率（20℃）1.409 ~ 1.414，熔点 -73.2℃，沸点 168.9℃。易溶于乙醇、乙醚等有机溶剂。几乎不溶于水、丙二醇、甘油。酸值≤1.0mgKOH/g，含量≥98.0%。

丁酸异戊酯广泛用于梨、香蕉、菠萝、杏、樱桃和什锦水果等果香型香精的调制及朗姆酒的调香。一般用量为:冰淇淋 0.01 ~ 0.02g/kg、果糖 0.005 ~ 0.015g/kg。

ADI:0 ~ 3mg/kg 体重（FAO/WHO，1994）。丁酸异戊酯的现行标准为 QB/T 2646 - 2004。

2. 水杨酸甲酯（CNS 号:S0505;FEMA 号:2745）

水杨酸甲酯（邻羟基苯甲酸甲酯，$C_8H_8O_3$），相对分子质量 152.16，为无色或淡黄色液体，具有冬青叶香味。易溶于乙醇、乙醚、冰醋酸等有机溶剂，微溶于水。

四、呋喃类和吡喃类

1. 麦芽酚（CNS 号:S0098;FEMA 号:2656）

麦芽酚（2 - 甲基 - 3 - 羟基 - 4 - 吡喃酮，$C_6H_6O_3$），相对分子质量 126.11，为白色至微黄色针状结晶或结晶性粉末，具有焦香奶油硬糖的特殊香气，其稀溶液具有轻微草莓香味。易挥发，93℃升华，1g 麦芽酚可溶于约 82ml 水、21ml 乙醇、80ml 甘油或 28ml 丙二醇。天然品存在于炒麦芽、松针和菊苣中。

ADI:0～1mg/kg 体重(FAO/WHO, 2006)。乙基麦芽酚的现行标准为 GB 12487－2010。

2. 糠基硫醇(CNS 号:S0692;FEMA 号:2493)

糠基硫醇(C_5H_6OS),又名咖啡醛,相对分子质量 114.17,为柠檬黄透明油状液体,不溶于水,溶于有机溶剂和稀碱液。具有焦煳味、咖啡和肉香以及芝麻香。在食用香精中调配咖啡、巧克力(芝麻、花生等)干果类香精,也可调制焦糖和糖浆类香精。

五、吡咯类和吡啶类

1. 吡咯(CNS 号:S1156;FEMA 号:3386)

吡咯(C_4H_5N),相对分子质量 67.10,为无色至淡黄色液体,易受光的作用而聚合并转为棕色。具有和氯仿相似甜果味和刺激味。相对密度(20℃/20℃)0.950～0.980,熔点－24℃,沸点 130℃～131℃,闪点 39℃。溶于乙醇、乙醚、苯、稀酸和大多数非挥发性油,不溶于水和稀碱。由骨油和硫酸共热分馏后,使转变成其钾盐(C_4H_4NK),用乙醚洗涤和用水处理后再干燥、分馏而得。

2. 2－乙酰基吡咯(CNS 号:S0731;FEMA 号:3328)

2－乙酰基吡咯(C_6H_7NO),相对分子质量 109.12,为浅灰至淡黄色细小结晶,呈面包香气。熔点 90℃,沸点 220℃,溶于水、酸、乙醇和乙醚。存在于茶叶、烘过的杏仁、咖啡、烤牛肉、烟草中,主要用于配制焙烤食品型香精。

3. 吡啶(CNS 号:S0774;FEMA 号:2908)

吡啶(C_5H_5N),相对分子质量 79.10,为无色至淡黄色液体,有特殊辛辣味。相对密度(25℃/25℃)0.982,沸点 115.5℃,凝固点－42℃,闪点 20℃。溶于水、乙醇、丙酮、乙醚和苯。有吸湿性,易燃、易爆。天然品存在于咖啡、烟草、颠茄等中。

六、噻唑类

2,4,5－三甲基噻唑(CNS 号:S0725;FEMA 号:3325)

2,4,5－三甲基噻唑(C_6H_9SN),相对分子质量 127.21,嗅觉阈值 0.05mg/kg,沸点 167℃。2,4,5－三甲基噻唑为无色透明黏稠液体,呈可可和坚果似香气,天然品存在于牛肉、干红豆、煮马铃薯、葡萄酒等中。用于可可、巧克力、烤牛肉、熟牛肉、坚果类、饮料、沙司、冰淇淋等食用香精;在烟草中使用能够增强可可、坚果风味,改善、提高烟草吸味。

七、酮类

1. 2－戊酮(CNS 号:S0208;FEMA 号:2842)

2－戊酮($C_5H_{10}O$),相对分子质量 86.15,为无色液体,有丙酮气味;微溶于水,溶于醇、乙醚。主要用作溶剂、有机合成中间体。

2－戊酮对黏膜具有刺激作用,高浓度可致麻醉,吸入后引起上呼吸道刺激、头痛、头晕、恶心、呕吐、嗜睡、昏迷。对眼及皮肤有刺激性;未见慢性中毒病例;长期接触可致皮炎。2－戊酮为易燃液体,蒸气可与空气形成爆炸性混合物,储存和使用时要远离火源和强氧化剂,防止静电。对皮肤、眼镜和呼吸系统有刺激性。

2. 薄荷酮(CNS 号:S0296;FEMA 号:2227)

薄荷酮($C_{10}H_{18}O_2$),相对分子质量 154.28,为无色液体,不溶于水,溶于大多数有机溶剂,以 1∶3 溶于 70% 乙醇。具有特有的类似药材的香气。主要采用氧化法,以薄荷醇为原料,经氧化反应而得;也可从天然薄荷、老鹳草等天然原料中,经精馏提取而得。酮类合成香料，主要用作薄荷、薰衣草、玫瑰等香精的调和香料；也用于香叶天竺葵油等的调配。

八、羧酸

1. 丁酸（CNS 号：S0296；FEMA 号：2221）

丁酸（$C_4H_8O_2$），相对分子质量 88.12，为无色至淡黄色透明油状液体，呈强烈的奶油和干酪香气及奶油脂肪酸败香味。丁酸与乙醚类似，易溶于水，但易被盐析，易溶于乙醇、丙二醇、乙醚、大多数挥发油和大部分有机溶剂；能随水蒸气挥发，可与水形成共沸物。10μg/kg 浓度的丁酸即可被狗嗅出，大于 10mg/kg 浓度可被人分辨出。丁酸是脂肪酸，在动物脂肪和植物油中以丁酸酯形式存在。与低级醇生成的酯类具有水果的香味。沸点 163.5℃，熔点 -7.9℃，闪点 76℃，相对密度（25℃/25℃）0.952 ~ 0.960，折射率（20℃）1.397 ~ 1.399。主要用于配制奶油、干酪等乳制品及焦糖类香精。

丁酸的现行标准为 GB/T 2796 - 2010。

2. 肉桂酸（CNS 号：S0318；FEMA 号：2288）

肉桂酸（β - 苯丙烯酸，$C_9H_8O_2$），相对分子质量 148.17，为白色或淡黄色微细针状结晶性粉末，具有树脂和蜂蜜花香。有顺式和反式两种异构体，天然品为反式。熔点 133℃，沸点 300℃。溶于热水、乙醇、乙醚、丙酮、冰醋酸和大多数非挥发性油类。天然品（反式）存在于苏合香脂、桂皮油、秘鲁香脂油、罗勒油等中（游离态或部分酯化）。

九、含氮化合物

1. 哌啶（CNS 号：S0774；FEMA 号：2908）

哌啶（C_5H_5N），相对分子质量 79.10，为无色至淡黄色液体，有类似胡椒的气味和皂感。能与水混溶，溶于乙醇、乙醚、苯和氯仿。相对密度（20℃/20℃）0.980 ~ 0.984，有吸湿性，易燃、易爆。天然品存在于咖啡、烟草、颠茄等中。

2. 2,3 - 二甲基吡嗪（CNS 号：S0711；FEMA 号：3271）

2,3 - 二甲基吡嗪（$C_6H_8N_2$），相对分子质量 108.16，为无色至微黄色液体，呈焙烤、奶油和肉类香气，有烤焦的蛋白质气味和可可果气味。沸点 182.2℃，闪点 64℃，相对密度（20℃/20℃）1.000 ~ 1.022。混溶于水和大多数有机溶剂。由双乙酰和乙二胺的反应产物与氢氧化钾在乙醇液中共热而得。

◆知识拓展

合成香料的发现

进入 19 世纪后，随着有机化学、合成香料工业的迅速发展许多新的香料相继问世。最早制造合成香料是在 1834 年，人工合成了硝基苯。不久人们发现了冬青油的主要成分是水杨酸甲酯，苦杏仁油的成分是苯甲醛，并且用化学方法合成了这些香料。1868 年合成了干草的香气成分香豆素，1893 年合成了紫罗兰的香气成分紫罗兰酮，这些化合物作为重要的合成香料陆续进入市场。

项目二　食品用香精

食用香精是由各种食用香料和许可使用的附加物调和而成，并使食品增香的浓缩配制品，它可以含有也可不含有食用香精辅料。食用香精辅料是指对食用香精生产、储存和应用所必需的食品添加剂和食品配料，所加的食品添加剂在最终加香产品中无功能。

食用香精的附加剂包括载体、溶剂、添加剂。载体有蔗糖、糊精、阿拉伯树胶等。食用香精的调配主要是模仿天然瓜果的香气、食品的香和味，注重于香气和味觉的像真性。

任务1　食用香精的分类

食用香精品种很多，按剂型可分为两类。

一、液体香精

按溶解性不同可分为三类：

1. 水溶性香精

水溶性香精是指以水或水溶性物质为溶剂的液体香精。常用的溶剂为乙醇或乙醇水溶液，也少量应用丙醇、丙二醇、丙三醇代替部分乙醇，必要时再加入酊剂①、萃取物或果汁制成的产品。

食用水溶性香精一般是透明的液体，其色泽、香气、香味与澄清度符合该型号的标样，不呈现液面分层或混浊现象。该香精的一般使用量在0.1%～1%范围内能溶解或分散在水中，有轻快的香气，但因耐热性差，主要用于清凉饮料和冷饮制品，如果汁及果汁饮料、果冻、冰淇淋和酒类等。

2. 油溶性香精

油溶性香精是指以油类或油性物质为溶剂的液体香精。油性溶剂如植物油、甘油或丙二醇等。

油溶性食品用香精一般应是透明的油状液体，难以在水中分散，其色泽、香气、香味与澄清度符合该型号的标样，不呈现液面分层或浑浊现象。油溶性食品用香精中含有较多的植物油或甘油等高沸点稀释剂，其耐热性比水溶性香精高，香味浓郁，留香性能好，主要用于焙烤食品、糖果、巧克力等食品中。

3. 乳化香精

乳化香精是由食用香料、食用油、比重调节剂、抗氧化剂、防腐剂等组成的油相和由乳化剂、着色剂、防腐剂、增稠剂、酸味剂和蒸馏水等组成的水相，经乳化，高压均质制成。

乳化香精属于一种水包油（O/W）型乳化体系，在水中能迅速分散，形成稳定的乳浊体

---

① 酊剂：用香料植物或药用植物作原料，加入溶剂把香料成分抽出的溶液即为酊剂。

系，是将香料、乳化剂、稳定剂及纯净水混合而成的。其中起乳化作用的表面活性剂有单硬脂酸甘油酯、大豆磷脂、山梨糖醇酐脂肪酸酯、聚氧乙烯木糖醇酐硬脂酸酯等。起乳化稳定剂和增稠剂作用的有明胶、阿拉伯胶、果胶、变性淀粉、羧甲基纤维素钠、海藻酸钠、酪朊酸钠等。

乳化香精主要用于果汁及果汁饮料、奶嘴、巧克力、糕点、乳制品等食品中。

二、固体香精

固体香精又称粉末香精，可分为：

⑴吸附型粉末香精：食用香料与乳糖等固体粉末载体拌合在一起；

⑵微胶囊型粉末香精：食用香料以微小芯材的形式被包裹于固体壁材之内；

⑶包裹型香精：将食用香料预先与乳化剂、赋形剂（如食用胶、改性淀粉等）混合，分散在水溶液中，经喷雾干燥和冷冻干燥制成。该香精稳定性好，分散性亦较好，适用于各种固体饮料、粉末制品和速溶食品中。

此外，食用香精按香型不同还可分为以下八类：

⑴柑橘型香精：甜橙、柠檬、白柠檬柚子、橘子、红橘等；

⑵果香型香精：苹果、香蕉、樱桃、葡萄、甜瓜、桃子、菠萝、李子、草莓等；

⑶豆香型香精：香荚兰、可可、巧克力等；

⑷薄荷型香精：薄荷、留兰香等；

⑸辛香型香精：众香子、肉桂、肉豆蔻等；

⑹坚果型香精：杏仁、花生、胡桃等；

⑺奶香型香精：牛奶、奶油、干酪、酸乳酪等；

⑻肉香型香精：牛肉、鸡、猪肉、鱼贝类等。

任务2　食用香精的配制

食品用香精是由数种甚至数十种食品用香料及溶剂等组合调配而制成的。所谓调配香精就像画家把颜料混合。然后描绘成自然色彩一样，把天然和合成的香料作为原料，调配成预定的香气的艺术创作。

香精的香气主要表现在头香、体香和尾香三个方面的特征。头香是最先感受到的香气特征，香气生动、愉快、飘逸、易感性强；体香是主体香气，具有在较长时间内稳定一致的香气特征；尾香是最后残留的香气，绵绵留长。

食品用香精的调配需要根据加香产品的性质、状态和用途分别将各种不同的香料调配加工成香精，一个比较完整的香精配方由主香剂、辅香剂、头香剂、定香剂组成：

⑴主香剂，也称香精主剂，是形成香精主体香韵的基础，是构成香精香气的基本原料；

⑵辅香剂，也称配香原料，弥补主香剂的不足，起协调和变调作用；

⑶顶香剂，也称头香剂，是一种易挥发、香气扩散力强的香料，使香精的香气突出、明快、透发；

⑷定香剂，也称保香剂，多为高分子结构和高沸点物质，其作用是使香精中各种香料成分挥发均匀，防止快速蒸发，使香精保持均匀而持久的芳香。

把这四种成分适当地组合使之成为非常协调的成品——香精。

食品用香精的典型调配过程如下所示：

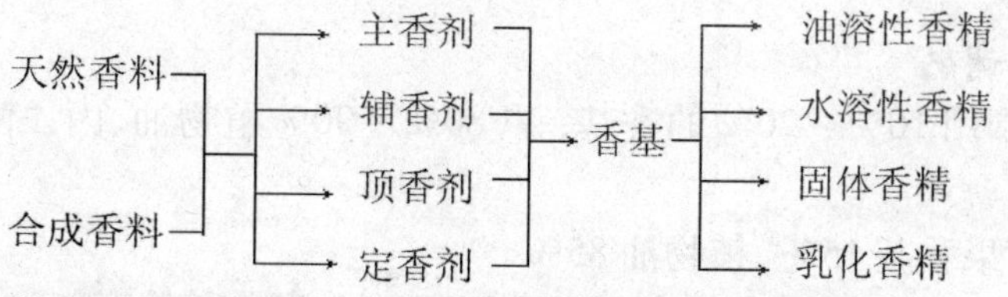

首先明确所配香精的香型和用途，以确定香精组成所需要的天然香料和合成香料，按挥发程度将头香、体香和尾香进行不同比例添加，为使香味在幅度和深度上得到扩散，再加辅香剂调制定型。为了得到一定的保留性和挥发性，再加上定香剂和乙醇等有机溶剂，并经过一定时期的圆熟，就制成食品用香精的基本类型，称为香基。然后再进一步将香基经过加工制成水溶性香精、油溶性香精、乳化香精以及固体香精等各种制品。现将几种常用香基配方介绍如下，供参考。

⑴苹果香基：戊酸戊酯 25%、丁酸戊酯 24%、乙酸乙酯 15%、甲酸乙酯 15%、己醇 5%、甲酸戊酯 4%、戊醇 2%、乙酰乙酸乙酯 2%、乙酸乙酯 2%、芳樟醇 2%、香叶醇 2%、乙酸香叶酯 1%、香兰素 1%。

⑵香蕉香基：乙酸异戊酯 50%、丁酸戊酯 12%、乙醛 10%、戊酸戊酯 6.5%、芳樟醇 5%、乙酸乙酯 5%、丁酸乙酯 5%、丁香酚 3%、香兰素 3%、洋茉莉醛 0.5%。

⑶葡萄香基：邻氨基苯甲酸甲酯 50%、乙酸乙酯 16%、丁酸乙酯 10%、戊酸戊酯 10%、芳香醇 4%、戊醇 4%、正己酸乙酯 2%、香兰素 2%、麦芽酚 1%、乙酸 1%。

⑷菠萝香基：正己酸己酯 30%、丁酸乙酯 30%、乙酸乙酯 25%、己酸烯丙酯 10%、环己基烯丙酯 2%、香兰素 2%、麦芽酚 1%。

一、水溶性香精调配

1. 柑橘型香精

取 40% ~60% 乙醇 100 份和柑橘类植物精油 10 ~20 份，装入带有搅拌装置的浸提釜中，在 60℃ ~80℃ 下搅拌 2 ~3h 进行温浸，亦可在常温下搅拌一段时间进行冷浸。浸提物密闭保存 2 ~3 天后进行分离，将乙醇溶液部分在 –5℃ 左右冷却数日，加入适当的助滤剂，低温滤去析出的不溶物质，经圆熟后即为成品。

2. 酯性水溶性香精（水果香精）

以酯类为主构成的香基与柑橘型香精不同。将香精、醇和水混合溶解，然后冷却、过滤、着色即得成品，具体配方如下：

⑴苹果香精。苹果回收食用香味料 30%、苹果香基 10%、丙二醇 5%、乙醇 55%。

⑵香蕉香精。香蕉香基 20%、水 25%、乙醇 55%。

⑶葡萄香精。葡萄回收食用香味料 30%、葡萄香基 5%、丙二醇 10%、乙醇 55%。

⑷菠萝香精。菠萝香基 7%、柠檬香精 10%、乙醇 48%、柑橘香精 10%、水 25%。

3. 其他香基的香精

⑴咖啡香精：咖啡酊 90%、甲酸乙酯 0.5%、西克路汀 0.5%、10% 呋喃硫醇 0.05%、丁二酮 0.02%、丙二醇 8.93%。

⑵香草香精：香荚兰酊剂 90%、麦芽酚 0.2%、香兰素 3%、乙基香兰素 0.5%、丙二醇 6.3%。

二、油溶性香精调配

油溶性香精通常用10%～20%的香基，以80%～90%植物油、丙二醇等作为溶剂调和得到的成品。

(1)苹果香精：苹果香基15%、植物油85%。

(2)香蕉香精：香蕉香精30%、柠檬油3%、植物油67%。

(3)葡萄香精：葡萄香基10%、乙酸乙酯10%、麦芽酚0.5%、植物油79.5%。

(4)菠萝香精：菠萝香基15%、柠檬油2%、植物油83%。

(5)咖啡香精：咖啡油树脂50%、甲基环戊烯酮醇2%、麦芽酚1%、10%呋喃硫醇0.2%、丁二醇0.1%、丙二醇46.7%。

(6)香荚兰香精：香荚兰油树脂30%、香兰素5%、乙基香兰素2%、麦芽酚1%、丙二醇42%、甘油20%。

三、乳化香精调配

乳化香精一般是以油性香料为内相，水为外相的乳化液，加入适当的乳化剂、稳定剂、抗氧化剂和色素等制成，简单的乳化香精配方如下：

(1)菠萝乳化香精。内相：菠萝香基5.0%、柠檬1.0%；外相：20%阿拉伯树胶溶液94.0%。

(2)橘子乳化香精。内相：橘子油10%；外相：20%阿拉伯树胶溶液90%。

四、粉末香精调配

(1)由固体香料粉碎制得。如粉末香荚兰香精为：香兰素10%、乳糖80%、乙基香兰素10%。

(2)喷雾干燥法制得。采用与乳化香精同样的方法制成乳化液，然后进行喷雾干燥，从而获得被食用胶等赋形剂所包裹的球状粉末香精，或称微胶囊香精。

五、热反应香料的制作

热反应香料是一种通过加热食品组成和/或允许用于食品或热反应香料中的组分而制得的具有风味特性的产品。常用的热反应香料原料包括：蛋白氮源（肉、禽、蛋、乳制品、鱼、河鲜、谷物、酵母、果蔬及制品）、糖类（单、双和多聚糖、谷物、果蔬及其制品等）、脂肪或脂肪酸（动物、水产品等的可食用油脂及其制品等）等。

我国目前尚未有热反应香料的制作规范，根据欧盟（EC）1334/2008的规定，热反应香料制作时的温度应低于180℃，且在180℃的加工时间不超过15min。加工温度降低，反应时间可以相应延长，加工温度每降低10℃，反应时间可以延长一倍，但反应时间不得超过12h。反应体系的pH不得超过8.0。此外，欧盟还对热反应香料中的两种物质提出限量50μg/kg的要求，这两种物质分别是2-氨基-3，4，8-三甲基咪唑[4,5-f]喹啉（4,8-DiMeIQx）和2-氨基-1-甲基-6-苯基咪唑[4,5-b]吡啶（PhIP）。

◙知识拓展

香精的微胶囊技术

微胶囊技术是把分散均匀的固体物质颗粒、液滴或气体完全包封在一层膜中形成微胶囊的一种技术，香精微胶囊是微胶囊技术中的一个重要分支，也是微胶囊技术的一个颇为典型的应用。香精香料微胶囊的壁材可依芯材而定，一般要求是材料性能稳定、无毒、无副作用、无刺激性、有配伍性、不影响香精香料的作用，并且要有符合要求的黏度、渗透性、有一定强度和可塑性等。微胶囊香精芯材的主体是香精，玫瑰、茉莉、白兰等花香型香精，柠檬、橘子、甜橙、草莓、香蕉、葡萄、樱桃、苹果等果香型香精，蒜油、姜油、芥子油、薄荷油等精油或树脂等均可以作为芯材。香精经微胶囊化后，由于囊壁的密封作用能够有效抑制香精的挥发损失，提高香精的贮藏和使用的稳定性；能够保护敏感成分，大大提高耐氧、耐光和耐热的能力，增加其在烘烤食品、膨化食品中的稳定性；能够使香精具有缓释功能；能够避免香精成分与其他成分反应；能够改变香精的常温物理形态，使液体或半固体香精转变为自由流动的粉末，提高分散稳定性。

项目三　食品用香料、香精在食品工业中的应用

随着食品工业的发展，除了原有的加香产品如饮料、冷饮、肉制品、糖果、焙烤制品等食品外，近年来，各种快餐、点心、人造肉等食品的出现，扩大了食品用香料香精的应用范围。同时，由于消费口味在不断变化，使得香料、香精品种又有新增加，而且在加香的浓度及其方式上也有改变。

食品用香料、香精在食品中的应用有三种情况：

(1)产品本身没有香味，完全依靠添加香料、香精使食品产生香味；

(2)由于食品本身的香味部分损失，为了增强或改善产品香味，使之具有特征性香味，需要添加香料、香精；

(3)使用香料、香精来掩盖或修饰产品本身具有的不良风味。

每一种食品都有其不同的特征，应选择不同的食品用香料、香精满足消费者对食品香味的要求。

任务1　食品用香料、香精的应用方式

一、在饮料类中的应用

饮料基本配料多是糖、酸、增稠剂或乳化剂等食品添加剂，强调色、香、味的合理搭配，这使饮料具有一定的滋味和口感，但主要区别还是风味差异，因此食品用香精在饮料中起着重要作用。

果汁饮料在果汁(浆)或浓缩汁(浆)中加入水、食糖和(或)甜味剂、酸度调节剂等调制而成的饮料，果汁(浆)含量≥10%(质量分数)。未添加香精前，风味不明显，加入特征香精后，赋予产品不同的风味，如橙、柠檬、石榴、杧果、香蕉、西柚、葡萄，以及各种香气混搭。

碳酸饮料是在一定条件下充入二氧化碳气的饮料，不包括由发酵法自身产生的二氧化碳的饮料。其香味完全是由香精赋予的，这类产品中使用最多的是水溶性香精。近年来，利用乳化香精制成的碳酸饮料由于其外观接近天然果汁，所以受到人们的青睐。

在碳酸饮料生成中，香精可在配制糖浆时添加，溶解后的热糖浆经过滤后打入配料罐，一般再按顺序加入防腐剂、柠檬酸、色素、乳化剂、稳定剂等，最后加入香精(此时糖浆温度比

较低)，再经搅拌均匀即可装罐。

植物蛋白饮料是用有一定蛋白质含量的植物果汁、种子或果仁等为原料，经加工制成(可经乳酸发酵)的浆液中加入水，或加入其他食品配料制成的饮料。香精在植物蛋白饮料中的应用有两种情况;产品本身的香味部分损失，为增强或改善产品香味，添加香精使之具有特征性的香味;使用香精来掩盖或掩饰产品本身具有的不良风味，如加工中产生的异味等。

在植物蛋白生产中，食品用香精应选择合适的时机添加，一般在定容加热后均质前慢慢添加，并减少在空气中暴露，以减少其挥发，同时更有利于香气成分的均匀分布。

二、在冷冻饮品中的作用

以饮用水、食糖、乳制品、水果制品、豆制品、食用油等中的一种或多种为主要原料，添加或不添加食品添加剂，经配料、灭菌、冷冻而制成的冷冻固态制品。主要包括冰淇淋、雪糕、雪泥、冰棍、甜味冰、食用冰等，使用最多的是香荚兰、草莓、巧克力、柠檬、橘子等香精。

生产冰棍，香精可在料液冷却时添加，一般用量为0.02% ~0.1%。料液打入冷却罐后，待料液温度降到10℃ ~16℃，再加入柠檬酸及香精。

生产冰淇淋，香精可在凝冻时添加。当凝冻机内的料液在搅拌下开始凝冻时，可加入香精、色素等添加剂，凝冻完毕就可以成型。冰淇淋中使用香精的量因香精的种类不同而各异，一般在0.05% ~0.1%。

三、在肉制品中的应用

以畜禽肉或可食副食产品等为主要原料，添加或不添加辅料，经腌、腊、卤、酱、蒸、煮、熏、烤、焙烤、干燥、油炸、成型、发酵、调制等有关工艺加工而成的生或熟的肉类制品。肉制品的香味非常复杂，由于各种肉类本身成分不同，所产生的香味亦有差异。此外，即使原料相同，由于烹调方法不同，如煮牛排和烤牛排所产生的肉香亦有显著的差异。

肉类的香味是肉汁中所含有的糖类与氨基酸类、蛋白质与脂肪在加热的过程中发生了复杂的有机化学反应，产生了挥发性香味物质。目前已有1000多种挥发性肉类成分被鉴定出来，主要包括内酯化合物、吡嗪化合物、呋喃化合物和硫化物。

运用现代科技将美拉德反应、酶解技术、超临界萃取技术、微胶囊技术、调香技术等综合运用于香精的生产，形成以美拉德反应产物为主体，通过调香生产出具有各种肉香和肉味的香精。

在肉制品加工过程中，采用斩拌或乳化工艺生产的产品，应注意避免香精和磷酸盐直接接触。因为磷酸盐的pH偏碱性(约为9)，而肉香精的pH则偏酸性(5~6，甚至更低)，两者直接接触，在有水分的情况下易发生中和反应，消弱两者的作用。应先添加磷酸盐，待其分散均匀与肉充分作用后，再加入香精。

高温肉制品应选择耐热性能好，能改善口感的香精，在搅拌工序或乳化工序后期加入。低温肉制品由于储存在4℃ ~7℃的环境中，香气挥发受到抑制，使产品头香不足，风味不突出，所以应选择头香浓郁，低温挥发性强的香精，在滚揉工序或搅拌工序后期加入。

四、在糖果及巧克力制品中的作用

糖果是以白砂糖、淀粉糖浆(或其他食糖)、糖醇或允许使用的其他甜味剂为主要原料，经相关工艺制成的固态、半固态或液态甜味食品。糖果制品的香味几乎均由所添加的香精所赋予，使糖果品种丰富多彩。硬糖加香多使用柠檬、橘子、草莓、菠萝、葡萄等水果型香精，也使用咖啡、巧克力、薄荷等香精。香精应在冷却过程调和加入，当糖膏倒在冷却台，温度降到

105℃~110℃时，加入酸度调节剂、色素和香精。香精过早加入将因挥发而损失。软糖加香亦多用水果型香精。此外，由于pH影响胶状物的凝胶强度，所以控制pH是关键。

香精和酸度调节剂的添加要在最后阶段进行，一般在糖浆温度降到80℃以下时添加。产品的胶质影响加香效果，使用果胶的产品香味最佳，琼脂次之，动物胶最差。胶基糖果所用的香精要求在口腔具有持续性，使用微胶囊香精的产品留香效果较好。食品用香精在糖果中的添加量一般为0.1%~0.3%，但在胶基糖果中的添加量一般需要达到0.5%~0.8%，甚至1.0%，是各种食品香精用量最高的一种。

巧克力及巧克力制品包括以可可液、可可粉、可可脂、类可可脂、代可可脂、白砂糖、乳制品、食品添加剂等为原料加工而成的巧克力及其制品。巧克力及其制品的风味主要取决于可可自身带来的滋味。为了增加巧克力的花色品种，经常使用奶油香精、香兰素等。

五、在焙烤食品中的作用

焙烤食品是以粮、油、糖、蛋、乳等为主料，添加适量的辅料，并经调制、成型、焙烤工序制成的食品。我国目前用于焙烤食品的香精主要是油溶性香精，常用的有杏、奶油等香精以及香兰素，现在也开始使用牛肉、火腿等香精。

香精在面包中的用量为0.04%~0.1%，饼干、糕点中为0.05%~0.15%。香料、香精加入焙烤食品中有四种方法:①把食品用香料、香精添加在面团中再烘烤;②将食品用香料、香精喷洒在刚出炉的制品上;③制品涂油后再喷洒食品用香料、香精;④把食品用香料、香精混在夹心或包衣之中。

如果把食品用香料、香精先混于面团中，在焙烤时，由于水分蒸发散失，可带走部分香料、香精。使用油溶性香精可减少损失。此外，由于搅拌机的高速搅拌，摩擦产生高温也会导致香味散失。通常往往多加20%以补偿损失。

饼干一般是在出炉后，温度降到40℃~50℃时加香，这时饼干组织疏松且易吸附香料、香精。对于甜度高的饼干，香料、香精的使用量较少，甜度低的韧性饼干，耐嚼，需要添加的量较大。

任务2　使用注意事项

食品用香料、香精用于食品中仅限于加香，禁止用于其他目的，如不得把香料、香精作为防腐剂使用。除此以外，在使用食品用香料、香精过程中还应注意以下几点。

一、选择合适的添加时机

食品用香料、香精都有一定的挥发性，对必须加热的食品应尽可能在加热后冷却时，或在加工处理的后期添加，以减少挥发损失。

有些食品在加工过程中，其香味的损失在开放系统中比在封闭系统中大，所以应尽量减少食品暴露在外的面积，或避开此工序再添加食品用香精、香料。

无论是加压还是减压，都会改变食品用香料、香精的浓度，使香味变化。如真空罐装的食品就会使较多的挥发香味物质损失，这样就要考虑将食品用香料、香精的用量加大。有的食品要经过真空脱臭处理，食品用香料、香精应在脱臭后添加。

食品用香精中含有的香料和稀释剂，除了容易挥发的以外，有些食品用香料遇空气往往容易氧化变质。这与充气产品有很大关系，如冰淇淋，在加工过程中需要高速搅拌，除了挥发性物质损失外，更重要的是产品中混入大量空气会使某些香料氧化，这就需要考虑防止香料损失的各种途径，使用微胶囊香精可以避免香料氧化。

二、掌握正确的添加顺序

一般食品用香料、香精在碱性食品中不稳定，一些使用蓬松剂的焙烤食品使用食品用香料、香精时需分别添加，以防止碱性物质与食品用香料、香精发生反应，从而影响食品的色、香、味。如香兰素和碳酸氢钠接触后会失去香味，变成红棕色。

多种食品用香料、香精混合使用时，应先添加香味较淡的，然后再加香味较浓的，例如柑橘→柠檬→香槟→香蕉→香橼→葡萄等。

三、掌握合适的添加量

食品生产中，食品用香料、香精的用料要适当，添加量过少，固然会影响效果，添加量过多，也会带来不良的效果。液体食品用香精用重量法比量杯、量筒计量准确。使用时应尽可能使食品用香精在食品内均匀分布。

项目四　食品用香料与香精的安全问题

食品安全问题已经引起了世界各国政府、新闻媒体、食品生产相关企业到普通消费者的普遍关注，加工食品的安全性更是成为关注的焦点。2009 年 6 月 1 日起实施的《中华人民共和国食品安全法》，反映出国家立法水平和民众的法律意识的极大提升。食品用香料、香精对食品的安全性是否构成威胁，对人体健康是否有害，是生产者和消费者最关心的问题。食品质量安全对于保障人民生活和促进社会稳定都具有重要的战略意义。食品用香料属于重要的食品添加剂之一，它的安全性和食品香精中使用的添加剂的安全性决定了食品香精的安全性。

对食品用香料、香精安全性评价的讨论一直很激烈，全面的潜在的有毒的安全性评价需要增加毒理学和分析学数据。食品用香精、香料多种多样，但都是以食品用香料和许可使用的稀释剂等所组成的，故仅对食品用香料进行安全性评价。食品用香精、香料中只能使用经过毒理学评价试验才能证明是对人体无害的，评价标准在《(GB 15193.1－2003)中华人民共和国食品安全性毒理学评价程序》中有明确规定。毒理学评价过程包括四个阶段：急性毒性试验、毒性和致突变试验、亚慢性毒性(包括繁殖、致畸)和代谢、慢性(包括致癌)试验。

食品用香精、香料在食品中的用量通常很小，而每种香料在香精中所占的比例就更低，故每种的香料用量极小(可低达 1mg/kg)。当其使用超过一定范围时其香味会令人不快，因此，食品用香料和香精是属于“自我限量”的食品添加剂。

许多天然香料随同食品一起被消费。同样，香料也可以合成品的形式加入食品中，并被摄食。这样的香料以前后两种形式消费的比例称“消费比”，消费比的比值越大，表明该香料的安全性越高。

参照国际或发达国家的香料立法和管理状况，我国食品用香料品种按有关规定进行评价，通过允许或暂时允许使用的名单，并陆续制定国家标准，由主管部门批准公布后遵照执行。

世界各国对食品香精的生产使用均采用GMP的办法，要求企业从原料、人员、设施设备、生产过程、包装运输、质量控制等方面按国家有关法规达到卫生质量要求。对食品用香精控制原料及生产方法，原料是合法的，生产条件是卫生的，食品用香精就是安全的，不必也不可能对每个食品香精加以申请和审批。食品用香精的使用也按照GMP原则，其使用范围不必单独申请，其使用量也受“自我限制”。

在食品香精生产中所使用的香料和其他辅料必须是食品用原辅料，其用量必须在允许范围内，生产过程和产品包装必须符合食品卫生的有关规定，食品香料和食品香精本身并不会对食品的安全性造成威胁，也不会对人体带来危害。

项目五　食品用香料与香精的发展趋势

一、食品行业的发展带动食用香料香精行业的发展

进入21世纪以后，人们的食物结构发生了更大变化。自给型食品消费比重逐年下降，一些营养、方便、休闲、绿色的新型工业化食品的需求逐年增长。食品的高新技术与工程化，为食品添加剂的发展创造了难得的机遇。消费者追求食品的健康、营养、卫生，同时亦看重时尚口味，不满足于以往的传统，市场需要更多的新口味来满足人们越来越挑剔的味觉。食用香精在食品配料中所占的比例虽然很小，但却对食品风味起着举足轻重的作用。它可以给食品原料赋香，矫正食品中的不良气味，也可以补充食品中原有香气的不足，稳定和辅助食品中的固有香气。香精的这些功能极大地影响着食品的销售，食品中若是添加了合适的香精，其香气、口味将会有意想不到的改善。

同时，技术的发展和工程化食品的出现，为食用香精的发展提供了良好的发展机遇。工程化食品是指经过科学配方平衡营养，对农产品进行物种改造，从天然原料中提取有效营养成分，根据消费者的需求，按照食品营养、风味和结构再重新组合成的食品。例如营养强化食品、模拟仿真食品、脂肪替代品、人工合成冰淇淋、仿真螃蟹腿、仿真对虾等五花八门的食品。工程化食品代表了食品工业的一个发展方向，这种食品能够起到改进人们膳食结构的功能，能够避免人们偏食挑食所引起的营养不良。功能食品、方便食品、速冻食品以及微波食品的兴起和推广，为食用香精开辟了更为广阔的市场前景。随着生活节奏的加快及旅游业的发展，方便食品将有较大的发展前景，从而要求新型复合调味料同步发展。这一趋势将使得咸味香精的发展前景更为广阔。

二、食品香精的多元化方向发展，对食用香料工业提出了更高的要求

奶香、柑橘类和果味香精是一个会继续流行下去的传统的主流口味，调配型的果味酸乳饮料，除了草莓、甜橙、菠萝是属于比较传统的果味香型外，芒果、芦荟、葡萄、西番莲、番石

榴、木瓜、葡萄柚等在酸乳中的应用日渐丰富。果味香精随着调香分析技术的提高和新开发调香原料的应用，香型从最初的鲜甜味为主发展到讲究果肉与果皮味道的结合，这就使得香味更加新鲜、逼真、饱满和清香。

20世纪70年代以后，咸味香料和香精的研究开发和生产都得到了很大的发展。分析设备和方法的进步，使得化学家们发现了各种阈值极低而香气独特的特征香味化合物，进而合成出这些香料。应用氨基酸和糖类进行美拉德而制备出各种咸味风味的反应香料，也促进了咸味香料和香精的发展。

香精研制技术的进步无不包含了对香味特征化合物发现并对其认识的加深。至于这些特征香味化合物，无论是脂肪族的还是杂环类的，其来源无非就是这两条路线：一是酶过程和生物学过程，如酒精饮料、乳制品的香味、葱香等。每一具体食品所涉及的过程都是复杂和各异的。二是非酶过程，比如在蒸、烤的热处理过程中，肉、咖啡和坚果类的香味形成，非酶过程起了重要作用。也有两条路线都起作用的情况，比如面包香气的形成过程。因此，食品特征香气来源于食品内在的前体，随制作技术的变化而形成的不同香味化合物。就生的食物而言，其所含的前体只是在加工过程中才被发现的。香味产生于这些前体的复杂的生物化学变化中。这些前体部分或完全分解，形成活性中间体，进而形成香味物质。

三、研究食品特征香味化合物的前体，对于开发新香料具有重要意义

肉香味的主要前体氨基酸和糖类在加热过程中生成呋喃类化合物达百种以上；前体硫胺素热解以后生成多种噻吩类以及具有肉香味的噻唑类化合物；牛肉中的前体核糖核酸经酶解以后，加热转化为巯基呋喃类和3－巯基噻吩类特征香味化合物；前体不饱和脂肪酸氧化降解为较小分子的不饱和醛类在烧鸡特征香气中起了重要作用，醛类也可以进一步发生硫化和氨化反应生成重要的香味成分，如甲基硫代乙醇等；戊糖与己糖化合物的热解和氨基酸的降解也是肉中羰基香味化合物的主要来源。

红茶香味是通过发酵导致前体重要变化的典型例子。前体茶多酚在多酚氧化酶作用下形成具有重要口感的黄烷醇类聚合物，包括茶黄素类、花色素类和茶因。茶叶中的类胡萝卜素是提供二氢猕猴桃内酯、茶螺酮、5,6－环氧紫罗兰酮和9－紫罗兰酮等茶香味的重要前体。而以亚麻酸为主的不饱和脂肪酸降解得到不饱和醛酸类提供了茶的清香，这些研究对配制红茶类香精有着极大的参考价值。

在番茄的香味中发现一种杂环化合物2－异丁基噻唑对番茄独特风味起决定性作用。脂类在番茄脂肪氧化酶的作用下得到反－3－己烯醛。而对于黄瓜这种酶解过程是不同的，主要形成反,顺－2,6－壬二烯醛和反－2－壬烯醛。在氧化还原酶作用下，这些醛又可转变为相应的醇。而另外一些羰基化合物前体在酶作用下转化为3－甲基丁醛和3－甲基丁醇。前体胡萝卜素类化合物在热解以后生成烯酮类香味化合物。因此，要配制逼真的番茄或黄瓜香精，了解天然风味的产生是不可或缺的。而起步较早的对牛奶香味化合物的认识、研究和应用，使得奶味香精的技术和市场得到了空前的繁荣。

从上述几个例子我们可以认为：随着分析仪器和技术的进步，将来会有更多的食品特征香味化合物及其前体被不断发现。香味化合物的前体在食品加工过程中的变化及其机理的研究，为反应型香料的理论研究和进一步发展提供了不同的模型，也为反应型食品香料安全性评估提出了研究方向。

四、新的香味化合物不断地被发现、开发和应用

具有香味的化合物绝大多数是低分子有机化合物。常见的有醛类、酮类、羧酸类、酯类、醇类、醚类等，在这些化合物中，有脂肪族化合物、脂环族化合物、芳香族化合物，也有杂环化合物。特别是对杂环化合物的研究应用是近年发展起来的。杂环化合物以极微量存在于香味混合物中，常见的有吡嗪类、呋喃类、吡咯类、噻唑类、吡啶类和吡唑类。在稠环体系中，环戊吡嗪类和苯并噻唑类是最常见的。有些杂环化合物具有极高的香气强度和极低的香气阈值，最低可达 0.002g/kg。因此，作为特效香味化合物，是食品风味添加物的理想配料成分。

在 1975 年前 FEMA 评审的约 1040 种单体香料中（FEMA2001 －3444 中的去掉天然原料的品种），含硫含氮的杂环香料为 170 种，约为 16%。但在 1975 年以后公布的 615 种单体香料中（FEMA3445 －4068 中的去掉天然原料的品种）杂环香料达到 200 余种，约占 32%。

此外还有品种数量很大，香气和风味各异的反应香料也广泛应用于食品香精中。

五、食用香料生产企业必须加大对香味化合物的深入研究并发展特有品种以维持竞争优势

美国的食用香料种类 2 000 余种，欧盟的食用香料有 3 000 余种，我国批准试用的食用香料有 1 500 多种。食用香料种类很多，根据其最终产品的使用形式，可分成 4 大类，即饮料、咸味食品、乳品和其它食品。在竞争激烈的食品市场中，新产品上市的存活率，乐观估计也只有 20% 左右。如何使一种新产品能够成功上市并继续留在市场上销售，香料绝对是其中关键因素之一。

由于食用香料的种类占所有食品添加剂的 2/3，复杂的种类和错综复杂的关系命名使得大多数的食品公司必须依赖香料公司的服务，因此即使是具有机密性的新产品的开发，有时也需要香料公司专业人员的参与。这种密切的依赖关系在其它食品添加剂的供需之间是较少见的。同时，全球食用和日用香料大公司不断通过兼并、合并和合资等方法进行重组，以保持公司具有较强的竞争力。各大公司均重视研究和发展，甚至对应用研发的投入远远超过食品工业。其中采用氨基酸和碳水化合物经加热反应即美拉德反应制得的不同风格香型的香精基被国际权威机构认可，亦属于“天然香料”之列。另外利用生物技术（发酵或酶制剂）将天然原料处理，再经浓缩、喷雾，干燥后处理制成香味更浓或独具特色的香料，已成为各大跨国公司和科研机构开发的热门产品。

思考题

1. 简述食品用香料与食品用香精的关系。哪些食品不得添加食品用香料、香精？

2. 香料为什么会产生香气？有哪些类型？

3. 以食品用番茄香精为例，回答香精的调配需要哪几类成分？各种食用香料成分分别起什么作用？

4. 以食品用香精为例，论述复配食品添加剂对食品工业的影响。

模块八

食品增稠剂

基础理论和知识

1. 增稠剂的定义及分类；
2. 增稠剂在食品加工中的作用。

基本技能及要求

1. 掌握食品增稠剂的定义及分类；
2. 掌握食品增稠剂的结构与流变特性的关系；
3. 掌握食品增稠剂在食品中的使用；
4. 了解食品增稠剂的发展趋势及前景。

◆学习重点

增稠剂在食品中的应用。

◆学习难点

食品增稠剂的性能和使用方法。

◆导入案例

小明去小红家做客，小红拿出了很多零食招待小明，有果粒橙和果冻。小明一边吃着果冻一边问食品专业出身的小红：“你知道果冻是怎么做出来的吗？”小红说：“果冻是用果汁做出来的，它之所以能够成为冻状多亏了一种食品添加剂——食品增稠剂，如果没有它，果冻就变成果汁了。”

讨论

你在生活中见过什么样的食品增稠剂？

项目一　食品增稠剂的定义分类及作用

任务1　食品增稠剂的定义

食品增稠剂通常指能溶解于水中，并在一定条件下充分水化形成黏稠溶液或胶冻的大分子物质，又称食品胶。食品增稠剂在食品加工中起到提供稠性、黏度、黏附力、凝胶形成能力、硬度、脆性、紧密度、稳定乳化悬浊液等作用。因此，在保持食品的色、香、味、结构和食品的相对稳定性等方面具有相当重要的作用，是食品工业中有广泛用途的一类重要的食品添加剂。

任务2　食品增稠剂的分类

在食品中需要添加的食品增稠剂其量甚微，通常为千分之几，但却能有效又经济地改善食品体系的稳定性。迄今为止世界上用于食品工业的食品增稠剂已有四十余种。

食品增稠剂根据组成，可分为多肽和多糖两大类物质，除明胶、酪蛋白酸钠为以氨基酸为结构单元所组成的多肽类蛋白质外，其他大多是天然多糖及其衍生物，广泛分布于自然界。

根据来源，可分为天然和合成两大类，但以天然的增稠剂为主，可分为动物性胶、植物性胶、微生物胶及酶处理生成胶四大类，它们的大致分类如下：

1. 动物性增稠剂：明胶、酪蛋白酸钠、甲壳质、壳聚糖。

2. 植物性增稠剂：分为种子类胶、树脂类胶、植物提取胶及海藻类胶。

(1)种子类胶：主要有瓜尔豆胶、刺槐豆胶、罗望子胶、亚麻子胶、决明子胶、沙蒿胶、车前子胶、田菁胶。

(2)树脂类胶：主要有阿拉伯胶、黄芪胶、桃胶、刺梧桐胶、印度树胶。

(3)植物提取胶：主要有果胶、魔芋胶、黄蜀葵胶、阿拉伯半乳聚糖、非洲芦荟提取物、微晶纤维素、秋葵根胶等。

(4)海藻类胶：主要有琼脂、卡拉胶、海藻酸、红藻胶。

3. 微生物性增稠剂：主要有黄原胶、结冷胶、凝结多糖、气单孢菌属胶、半知菌胶、菌核胶等。

4. 其他增稠剂：主要有羧甲基纤维素钠、海藻酸丙二醇酯、变性淀粉、酶水解瓜尔豆胶、酶处理淀粉、葡萄糖胺、低聚葡萄糖胺。

任务3　食品增稠剂在食品加工中的作用

食品增稠剂是食品工业中最重要的原料之一，它在食品加工中主要起稳定食品形态的作用，如悬浮稳定、光洁稳定、乳化稳定等。此外，它可以改善食品的触感及加工食品的色、香、

味和水相等的稳定性。一般认为增稠剂在食品加工中主要起如下几方面的作用:

1. 增稠、分散和稳定作用

食用增稠剂都是水溶性高分子，溶于水中有很大的黏度，使体系具有稠厚感。体系黏度增加后，体系中的分散相不容易聚集和凝聚，因而可以使分散体系稳定。增稠剂大多具有表面活性，可以吸附于分散相的表面，使其具有一定的亲水性而易于在水体系中分散。增稠剂可以提高泡沫量及泡沫的稳定性，如啤酒泡沫及瓶壁产生“连鬓”均是使用了增稠剂的缘故。

2. 胶凝作用

有些增稠剂，如明胶、琼脂等溶液，在温热条件下为黏稠流体。当温度降低时，溶液分子连接成网状结构，溶剂和其他分散介质全部被包含在网状结构之中，整个体系形成了没有流动性的半固体，即凝胶。很多食品的加工都利用了增稠剂的这个性质，如果冻、奶冻等。有些离子性的水溶性高分子，如海藻酸钠，在有高价离子的存在下可以形成凝胶，而与温度没有关系。这对于加工很多特色食品都有益处。

3. 凝聚澄清作用

增稠剂是高分子物质，在一定条件下，可以同时吸附于多个分散介质体上使其凝聚而达到净化的目的。如在果汁中加入少量明胶，就可以得到澄清的果汁。

4. 保水作用

持水性增稠剂都是亲水性高分子，本身有较强的吸水性，将其施加于食品后，可以使食品保持一定的水分含量，从而使产品保持良好的口感。

5. 控制结晶

增稠剂可以赋予食品以较高的黏度，从而使体系不易结晶或使结晶细小。

6. 成膜、保鲜作用

食品增稠剂可以在食品表面形成一层保护性薄膜，保护食品不受氧气、微生物的作用。食品增稠剂与食品表面活性剂并用，可以用于水果、蔬菜的保鲜。

◈知识拓展

酸奶中添加增稠剂对人体有害吗?

都说酸奶营养价值比牛奶高,可是人们却发现酸奶的配料中有一个增稠剂。在这个食品添加剂泛滥的时代,增稠剂就成了人们担心的问题。那么这个增稠剂究竟是什么呢?对人体有害吗?以某知名品牌原味酸牛奶为例,其中用到的增稠剂为:羟丙基二淀粉磷酸酯、明胶和果胶。羟丙基二淀粉磷酸酯是淀粉衍生物,明胶的主要成分是蛋白质,果胶是膳食纤维的一种。无论是某品牌原味酸奶中使用的增稠剂,还是其他类型的增稠剂,它们都属于大分子物质,绝大多数进入人体后不被人体消化吸收,如果胶、瓜尔胶、卡拉胶等,其作用与膳食纤维类似。少数增稠剂例如明胶,能够被人体消化,但明胶主要成分是蛋白质,经过消化会分解为氨基酸,继而参与人体代谢,是能吸收利用的营养物质。因此,酸奶中合理添加增稠剂对身体是没有害处的。

项目二　食品增稠剂的性质

任务1　食品增稠剂的浓度和流变特性

多数增稠剂在较低浓度时，符合牛顿液体的流变特性，而在较高浓度时呈现假塑性。随着增稠剂浓度的增加，含有增稠剂的溶液的强度也增加。然而最特殊的食品增稠剂为阿拉伯胶，它在水中可以配成浓度高达50%的溶液。

一、增稠剂的协同效应

卡拉胶和槐豆胶、黄原胶和槐豆胶、黄蓍胶和海藻酸钠、黄蓍胶和黄原胶都有相互增效的协同效应。这种增效效应的共同特点是：混合溶液经过一定的时间后，体系的黏度大于体系中各组分黏度的总和，或者在形成凝胶之后成为高强度的凝胶。

在卡拉胶和槐豆胶体系中，卡拉胶是以具有半酯化硫酸酯的半乳糖残基为主链的高分子多糖。槐豆胶是以甘露糖残基组成主链，平均每四个甘露糖残基就置换一个半乳糖残基，其大分子链中无侧链区与卡拉胶之间有较强的键合作用。在槐豆胶和卡拉胶形成的凝胶体系中，卡拉胶的双螺旋结构与槐豆胶的无侧链区之间的强键合作用，使生成的凝胶具有更高的强度。而另一种与槐豆胶结构相似，但侧链平均数增加一倍的瓜尔豆胶，正因为其侧链太密而不具有槐豆胶这么明显的增稠效应。

利用各种增稠剂之间的协同效应，采用复合配制的方法，可以产生无数种复合胶，以满足食品生产的不同需要，并可达到最低用量水平。例如一定比例的黄原胶、魔芋糖复合胶，在水中的浓度低达0.002%时仍能形成胶冻。增稠剂还有一种叠加减效的效应，例如，阿拉伯胶可降低黄蓍胶的黏度。80%的黄蓍胶和20%的阿拉伯胶的混合物溶液具有最低的黏度，比其中任一组分的黏度都低，用此混合物制备的乳液具有均匀、流畅的特点。这种复合胶在制备低糖度的稳定乳液方面具有良好的前景。

二、切变力对增稠剂溶液黏度的影响

由于增稠剂分子的高分子质量和分子的刚性，因而在较低的浓度时就具有较高的黏度。切变力的作用是降低分散相颗粒间的相互作用力，在一定条件下，这种作用力越大，结构黏度降低也越多。具有假塑性的液体饮料或食品调味料，在挤压、搅拌等切变力的作用下发生的切变稀化现象，有利于这些产品的管道运送和分散包装。

任务2　食品增稠剂的胶凝作用

增稠剂高相对分子质量、大分子链间的交联与螯合以及大分子链的强烈溶剂化，都有利于体系三维网络结构的形成，有利于形成凝胶。

琼脂的浓度即使低于1%也能形成凝胶，是典型的胶凝剂。卡拉胶、果胶在K^+或Ca^{2+}存

在下也能形成凝胶。1% ~2%的明胶溶液在30℃以下胶凝，1%的卡拉胶溶液在引起胶凝的阳离子 K^+ 或 Ca^{2+} 为0.1% ~0.9%时，于20℃ ~70℃以下胶凝。1%果胶溶液在pH3，可溶性固体 >55%时，于室温条件下也能发生胶凝。在作为交联剂的阳离子存在时，随着阳离子浓度的升高，果胶所形成的凝胶强度以及凝胶的熔化温度均会随之升高。

任务3　食品增稠剂凝胶的触变

在增稠剂所形成的凝胶中，增稠剂大分子间的键合只形成松弛的三维网络结构。在交联剂存在的情况下，大分子与大分子之间的螯合，或者螺旋形分子由于氢键和分子间力的作用，均易形成松弛的三维结构。在 K^+ 或 Ca^{2+} 存在下，卡拉胶的凝胶就具有这种特点。

增稠剂凝胶的这种松弛三维网络结构的存在，使其易发生触变现象。这种现象特别有利于食用涂抹酱。这是因为切变力可以破坏松弛的三维网络结构，使酱变稀，但只要外力停止，经过一段时间，已经摇溶或变稀的凝胶又可以恢复原状。

任务4　有机溶剂对增稠剂的增效效应

当在极性有机溶剂中或有机极性溶剂的水溶液中加入某些增稠剂时，由于体系中的氢键和分子间力的作用，可以形成一定的结构黏度，使体系的黏度高于体系中任何一组分的黏度。这种有机溶剂，可以选作增稠剂薄膜的增塑剂。例如，对CMC薄膜，甘油就是良好的增塑剂。

项目三　食品常用的增稠剂

任务1　海藻酸钠

海藻酸钠常用于冷饮、冰淇淋中，也用于冷饮食品中。食用海藻酸钠作为冰糕、冰淇淋的稳定剂、增稠剂得到广泛的应用，它比传统使用的琼胶、明胶和淀粉，有独特的性能和较高的效益。可使体积膨胀率大，产量高，且膏体细腻，冰渣少，口感好，在常温下比一般冰糕、冰淇淋抗化能力增加约二倍。

一、海藻酸钠特性

1. 稳定性。海藻酸钠用以代替淀粉、明胶作冰淇淋的稳定剂，可控制冰晶的形成，改善冰淇淋口感，也可稳定糖水冰糕、冰果子露、冰冻牛奶等混合饮料。许多乳制品，如精制奶酪、掼奶油、干乳酪等利用海藻酸钠的稳定作用可防止食品与包装物的连黏性，可作为上乳制饰品覆盖物，可使其稳定不变并防止糖霜酥皮开裂。

2. 增稠与乳化性。海藻酸钠用于色拉（一种凉拌菜）调味汁，布丁（一种甜点心）、果酱、番茄酱及罐装制品的增稠剂，以提高制品的稳定性质，减少液体渗出。

3. 水合性。在挂面、粉丝、米粉制作中添加海藻酸钠可改善制品组织的黏结性，使其拉力强、弯曲度大、减少断头率，特别是对面筋含量较低的面粉，效果更为明显。在面包、糕点等制品中添加海藻酸钠，可改善制品内部组织的均一性和持水作用，延长贮藏时间。在冷冻甜食制品中添加可提供热聚变保护层，改进香味逸散，提高熔点的性能。

4. 胶凝性。海藻酸钠可做成各种凝胶食品，以保持良好的胶体形态，不发生渗液或收缩，适合用于冷冻食品和人造仿型食品。还可用来覆盖水果、肉、禽类和水产品作为保护层，与空气不直接接触，延长贮藏时间。还可作为面包的糖衣、加馅填料、点心的涂盖层、罐头食品等自凝形成剂。在高温、冷冻和酸性介质中仍可维持原有的形状。

二、海藻酸钠应用

在其它食品生产中添加海藻酸钠，诸如饮料、饼干、软糖、夹心馅、凉粉等均可起到相应作用。利用其凝胶的特性，可制成：

1. 食用薄膜材料：可用于鱼、肉类食品保鲜膜。

2. 海藻酸钙肠衣：可替代动物膜用作香肠、红肠类食品肠衣。

3. 海藻胶淀粉薄膜：在生产薄膜过程中，加入适量海藻酸钠，利用其本身的高黏性和淀粉分子间的相互吸附作用，使混合后的液体黏度增大，从而生产出新的薄膜——胶米纸。与一般薄膜相比较，其抗拉强度高，破碎率低，光泽好，且海藻胶与淀粉混合方便。

任务2 黄原胶

黄原胶是一种生物合成胶，呈米白或淡黄色粉末状，是以玉米淀粉为主要原料，由微生物黄单孢杆菌在特定的条件下发酵，再经提炼、干燥、研磨而制成的高分子多糖聚合物。其分子结构决定了它的特殊性能：增稠、悬浮、耐盐、耐温、耐酸碱、抗剪切，广泛应用于食品、饮料、牙膏、医药、饲料、农药、涂料、水基喷墨、石油钻采、日化洗涤、纺织印染、烟草、陶瓷、造纸、消防等诸多行业。

一、黄原胶的特点

1. 突出的高黏性和水溶性。1% 的黄原胶水溶液黏度相当于相同浓度明胶溶液黏度的 100 倍，增稠、增黏效果显著。

2. 独特的假塑性流变学特征。在温度不变的情况下，黄原胶溶液可随机械外力的改变而出现溶胶和凝胶的可逆变化，故而是一种高效的乳化稳定剂。

3. 优良的温度、pH 值稳定性。黄原胶可以在相当大的温度（-18℃ ~ 120℃）及 pH（2 - 12）范围内，基本保持其原有的黏度和性能，因而具有可靠的增稠效果和冻融稳定性。

4. 令人满意的兼容性。与酸、碱、盐、酶、表面活性剂、防腐剂、氧化剂及其它增稠剂等化学物质同时能形成稳定的增稠系统，并保持原有的流变性。

5. 在适当的比例下，与刺槐豆胶类等其它胶类复配，具有明显的流变性。

6. 安全性及环保性。1983 年联合国粮农组织和世界卫生组织（FAO/WHO）正式批准黄原胶为安全食品添加剂，而且对其添加量不作任何限制，同时，由于黄原胶是一种纯天然的生物合成胶，与其它化学合成胶相比更具有环保性。

二、使用注意事项

1. 制备黄原胶溶液时，如分散不充分，将出现结块。除充分搅拌外，可将其预先与其他材料混合，再边搅拌边加入水中。如仍分散困难，可加入与水混溶性溶剂，如少量乙醇。

2. 黄原胶是一种阴离子多糖，能与其他阴离子型或非离子型物质共同使用，但与阳离子型物质不能配伍。其溶液对大多数盐类具有极佳的配伍性和稳定性。添加氯化钠和氯化钾等电解质，可提高其黏度和稳定性。钙、镁等二价盐类，对其黏度显示相似效应。盐浓度高于0.1%时，达最佳黏度，盐浓度过高，并不提高黄原胶溶液的稳定性，也不影响其流变性，只有 pH 大于 10 时(食品产品中很少出现)，二价金属盐类才显示形成凝胶倾向。在酸性或中性条件下，与铝或铁等三价金属盐类形成凝胶。高含量的一价金属盐类可防止凝胶作用。

3. 黄原胶可与大多数商品增稠剂配伍，诸如纤维素衍生物、淀粉、果胶、糊精、藻酸盐、卡拉胶等。与半乳甘露聚糖共用，对提高黏度起增效作用。

三、黄原胶在食品中的应用

1. 焙烤食品：可提高焙烤食品在焙烤和贮存期的持水性和口味的柔滑性。能与淀粉结合，抑制淀粉老化，从而延长焙烤食品和冷面团的保质期。在软质烘焙食品中，黄原胶尚能代替鸡蛋，降低蛋白的用量，而不影响产品的外观和口味。另外，黄原胶还可防止葡萄干、干果或干菜等固体颗粒在烘焙期间的沉降。使面包的烘焙体积增大。凡含有黄原胶或并用槐豆胶的烘焙食品，都具有结构细腻、储存期长、对冷、热稳定的特点。

2. 饮料：黄原胶可提高水果和巧克力饮料的口味，使其口感丰满、浓郁，香味释出良好。低浓度的黄原胶溶液在低 pH 下可起稳定作用，并可与多种其他饮料(包括乙醇)配伍。

3. 罐头食品：黄原胶具有热稳定性的优点，其假塑性可使物料便于泵送与灌装。用黄原胶取代部分淀粉，可改善渗透性，并可缩短杀菌时间。黄原胶与槐豆胶、瓜尔豆胶的混合物具有形成凝胶的性质。

4. 即食食品：在汤料、沙司和浇汁等产品中，黄原胶可在很广的温度范围内保持物料黏度的均匀一致。因其在冷热介质中均能溶解，并在各种条件下(包括极端条件下)均具稳定作用，因此几乎可应用于所有即食食品如汤料、沙司、西餐甜点、速溶饮料、食品表面装饰料和勾芡肉汤等。

5. 乳制品：在乳品工业中，黄原胶能使高速搅拌的牛奶、冰淇淋、饮料的稳定，提高奶油保形力，并可防止西餐甜点因多料混合物所形成的分层现象。其假塑性有助于干酪涂抹品的生产，在干酪奶品调料中与半乳聚糖合用，可避免胶水现象，改善液体和泡沫型浇料的乳化稳定性及控制流动性能。

6. 调味料和调味汁：黄原胶在可倾注的色拉调味料中稳定性好。由于黄原胶对酸、碱的稳定性极佳，故用于水包油乳浊液中，能延长其保质期。其高度假塑性可赋予产品良好的口感，提高感官质量，并能控制其可泵性、倾注性和改善对色拉的附着性。

7. 冷冻食品：黄原胶可使产品在反复冻—融的过程中具有极佳的稳定性和持水性，减少冰晶的形成。黄原胶与其他亲水胶体合用于冷冻食品，不仅对热冲击具有很强的耐受性，而且富有柔滑感，并可延长保持期。

8. 保健食品：保健食品中添加黄原胶，可明显减少淀粉和糖的用量而不影响口感和其他感官质量，其热值仅为 0.5kcal/g。用黄原胶烘制无面筋面包，可保持组织气孔细小，表面有弹性。

9. 肉制品：黄原胶可用于制备馅饼和沙司的混合稳定剂，如香肠、火腿等。

10. 其他食品：黄原胶和槐豆胶的混合物，可用于糖果、果酱、果冻的产品制作中。

任务3　卡拉胶

卡拉胶为白色或浅黄色粉末，无臭，无味，有的产品稍带海藻味。在热水或热牛奶中所有类型的卡拉胶都能溶解。在冷水中，λ-型卡拉胶溶解，κ-型和ι-型卡拉胶的钠盐也能溶解。卡拉胶不溶解于甲醇、乙醇、丙醇、异丙醇和丙酮等有机溶剂。其水溶液具有凝固性，凝胶是热可逆的。

一、使用注意事项

1. 卡拉胶的凝固点、融点、泌水性的高低或大小与海藻的种类、制造方法和测定时的条件有关。测定黏度时，温度必须控制在其凝固点以上。

2. 用乙醇、甘油、砂糖糖浆湿润，或与3倍以上的砂糖混合，可得高溶解性。

3. κ-型卡拉胶大部分能溶解于冷牛奶中，并增加其黏度，但κ-型和ι-型卡拉胶在冷牛奶中难溶解或不溶。

4. 干的粉末状卡拉胶很稳定。它在中性和碱性溶液中很稳定，但在酸性溶液中，尤其是pH小于4时较易水解，造成凝胶强度和黏度的下降。生产中为了减轻含有卡拉胶的酸性食品在消毒加热时可能发生的水解，常采用高温、短时消毒方法。

5. 只有κ-型和ι-型卡拉胶的水溶液能形成凝胶，其凝固性受某些阳离子的影响很大。全部成钠盐的卡拉胶在纯水中不凝固，加入钾、铷、铯、铵或钙等阳离子能大大提高其凝固性。在一定的范围内，凝固性能随这些阳离子浓度的增加而增强。

6. 卡拉胶可与多种胶复配。有些多糖对卡拉胶的凝固性也有影响。如添加黄原胶可使卡拉胶凝胶更柔软、更黏稠和更具弹性。黄原胶与ι-型卡拉胶复配可降低食品脱水收缩。κ-型卡拉胶与魔芋胶相互作用形成一种具有弹性的热可逆凝胶。加入槐豆胶可显著提高κ-型卡拉胶的凝胶强度和弹性。玉米和小麦淀粉对它的凝胶强度也有所提高，而羟甲基纤维素则可降低其凝胶强度。土豆淀粉和木薯淀粉对它无作用。

二、使用范围及使用量

1. 我国《食品添加剂使用卫生标准》(GB 2920－1996)规定：可按生产需要适量用于各类食品。

2. FAO/WHO(1984)规定：卡拉胶限量为青刀豆、黄荚刀豆、甜玉米、蘑菇、芦笋、青豆，10g/kg(单用或与其他增稠剂合用，产品含奶油或其他油脂)；加工干酪，8g/kg(单用或与其他增稠剂等合用)；配制婴儿食品、以牛奶和大豆为基料的产品，300mg/kg，以水解蛋白质和氨基酸为基料的产品，1g/kg；火腿、猪脊肉，按GMP；沙丁鱼及其制品、鲭、鲹罐头，20g/kg(仅在汤汁中，单用或与其他增稠剂、胶凝剂合用)；酸黄瓜500mg/kg(单用或与其他助溶分散剂合用)；胡萝卜罐头，10g/kg(单用或与其他增稠剂合用)；肉汤、羹5g/kg(单用或与红藻胶合用)；低倍浓缩牛奶，150mg/kg；稀奶油，5g/kg(单用或与其他增稠、改性剂合用，仅用于巴氏杀菌或用于掼打的超高温杀菌稀奶油、消毒稀奶油)；发酵后经热处理的增香酸奶及其制品，5g/kg(单用或与其他稳定剂合用)；冷饮(最终产品)，10g/kg(单用或与其他乳化剂、稳定剂和增稠剂合用)；面包面团、果酱、果冻、巧克力牛奶、饮料、冰淇淋、牛奶布丁、香肠等食品，添加量为0.03%～0.05%。

三、卡拉胶在食品中的应用

1. 用于乳制品，能防止牛奶凝沉。对巧克力牛奶可悬浮。用于冰淇淋，可有控制融化作用。对液体食物和早点快餐，有增稠和悬浮固体的作用。对浓缩牛奶，在高温短时消毒工艺后，可防止脂肪分离。对加工奶酪，可防止脱液收缩。对婴儿牛奶，可防止脂肪和乳浆分离。

2. 用于代乳制品。对冷冻发泡食品，有稳定泡沫，防止产生脂肪分离和脱液收缩现象的作用。对婴儿配方植物蛋白食品，可防止脂肪和乳浆分离。

3. 用于水凝胶，在甜果冻(罐装、冷浆或粉剂)中作胶凝剂。

4. 用于其他食品，在调味品中，作赋形剂，使产品具有光泽。在血凝胶中作胶凝剂。在番茄调味剂中作赋形剂。在罐装风味小食品中，起胶凝和稳定脂肪作用。在肉制品中，作黏结剂，具有防止脱液收缩的作用。

项目四　食品增稠剂的发展前景

增稠剂在食品添加剂工业和食品工业中的地位已经越来越重要。在过去10年内食用胶的生产及销售趋势是稳中有升，其原因除了食品胶的功能性外，另外一个重要的原因是迎合市场需要的众多低脂、无脂及低热值产品的问世。采用人体无法消化吸收的类脂物质取代配方中的油脂，以水替代配方中的油，然后以多糖胶质控制水的流变性质来赋予食品类似脂肪的口感，这往往与使用食品胶有关。

任务1　食品增稠剂的发展趋势

世界范围内，用于食品工业的增稠剂的总产量及消费量都已趋于饱和，但各品种之间的相互消长取决于供应量及价格的变化。有些品种的需求量逐年增加，如用于生产低热量果酱的低脂果胶就越来越受欢迎;而另一些品种则在逐年下降，如许多树胶，这是因为原用途不断被其他胶取代。由于每种现存的亲水胶都有其特殊的用途及独特的性质，使得在不同的食品加工体系中，合理应用各种食品胶成为一种专门知识。

值得注意的是，相同名称的增稠剂产品，如果原料来源的品种不一、生产工艺控制水平不一，不同生产商的产品都会导致某些应用性质和品质的差异。即使同一生产商的同一产品也发展出许多不同的规格供应给不同的使用对象，所以增稠剂市场早已体现出丰富的选择性。目前，增稠剂生产商已开始注重与用户之间的合作关系，在为用户提供针对性产品及符合工艺条件要求的复合胶的同时，又提供良好的技术支持，使食品制造商选择正确的增稠剂的品种及用量来达到最佳食品的造型、口感及最低的生产成本。

增稠剂除充当稳定、增稠、凝胶等品质改良剂功能之外，目前已成为“功能食品”的组分之一。这是因为随着人们对健康食品方向发展，对功能食品及健康食品的兴趣不断提高，对多糖化合物所表现出来的功能性更加重视。目前比较热门的应用有:健康饮料、高纤维果汁，低黏度增稠剂用于脂肪替代品，纯天然亲水胶如果胶、阿拉伯胶的应用等。

任务2　食品增稠剂的研究趋势

近几十年来，增稠剂的研究已成为国内外碳水化合物或多糖方面的研究热点，有关各种新型食品胶的结构组成、物化特性及在食品工业中的应用研究报告比较多，预测增稠剂今后的研究趋势如下：

1. 深入研究增稠剂的“构效”关系

研究各种增稠剂的功能与结构之间的关系很有必要，但这方面的系统研究报告还较少，这些研究可为今后寻找增稠剂的替代品、增稠剂的改性、人工化学合成增稠剂提供化学理论基础。

2. 研究复合型增稠剂

以现有增稠剂为基础原料，通过研究各种单体胶的性质特性、胶与胶之间及胶与电解质之间的反应行为，确定单体胶种类及各自比例，从而产生不同功能的复合胶，满足食品工业市场的需求。

3. 深入研究增稠剂的生理功效

作为可溶性膳食纤维，更加深入研究各种增稠剂所具有的功效也是今后这方面研究的热点。尤其是对于那些产量大、应用广泛的增稠剂来说就显得十分重要，如果胶、卡拉胶、黄原胶和海藻胶等，这也符合当今食品添加剂天然、营养和多功能的发展潮流。

4. 研究开发生物食品胶资源

经过较长时间的开发，目前从自然界的植物、动物中获得的增稠剂已十分有限，并且自然界植物、动物生产周期较长，生产效率较低，同时也不利于自然生态保护，采用现代生物技术（如微生物发酵、基因工程）生产天然增稠剂成为一个重要方向。实践证明：已被开发应用的微生物食品胶如黄原胶、结冷胶和凝结多糖等已经为我们人类带来了巨大的经济效益和社会效益。

思考题

1. 什么是食品增稠剂；增稠剂一般具有哪些特点？
2. 增稠剂按来源如何进行分类？
3. 请解释琼脂的胶凝机理与特性，在相关食品的生产中如何利用？
4. 简述黄原胶的增稠特性及生产应用。
5. 冷冻食品中常使用哪些增稠剂，举例说明。
6. 谈谈国内外增稠剂的发展趋势和前景。

模块九 食品乳化剂

基础理论和知识

1. 乳化剂的定义及分类；
2. 乳化剂的作用；
3. 乳化剂的基本特性；
4. 乳化剂在食品中的应用。

基本技能及要求

1. 掌握熟悉食品乳化剂的定义和分类；
2. 掌握食品乳化剂的作用；
3. 掌握食品乳化剂的 HLB 的概念；
4. 掌握食品乳化剂的基本性质。

◆学习重点

增稠剂在食品中的应用。

◆学习难点

1. 食品乳化剂的作用；
2. 乳化剂在食品中的应用。

◆导入案例

水和油不相溶，可是水与乳相溶，所以有“水乳交融”这个成语。通俗地说，乳化剂就是能让水和油“水乳交融”的物质。乳化剂在食品加工中应用广泛，我们日常所接触到的一些食品如焙烤食品、淀粉制品、冰淇淋、人造奶油、巧克力、糖果、口香糖、植物蛋白饮料、乳化香精等产品中均有使用。

讨论

你在生活中见过什么样的食品乳化剂？

项目一　食品乳化剂的定义分类及作用

任务1　食品乳化剂的定义

食品乳化剂是能使互不相溶的两种液体(如油和水)中的一种呈微滴状分散在另一种液体中的一类添加剂。

食品是由各种成分组成的，各成分单独存在时均为独立相。如水、油为液相；脂肪、碳水化合物、蛋白质、矿物质、维生素等为固相；将水、油脂放在一起时，它们不相溶，独立地分成两个相，若加以搅拌，则形成一相以微粒状分散在另一相的体系，称为乳状液。所形成的新体系由于两液体的界面积增大，在热力学上是不稳定的。为使体系稳定，需要加入降低界面能的物质，即乳化利。乳化剂大都为表面活性剂，其主要功能是起乳化作用。食品乳化剂能稳定食品的物理状态，改进食品的组织结构，简化和控制食品的加工过程，改善风味、口感，提高食品质量，延长货架寿命。食品乳化剂在食品工业领域发挥着巨大的作用，它能使两种以上互不相溶的溶液形成稳定的混合体系，从而为开发丰富多彩的食品新品种提供了前提条件。

任务2　食品乳化剂的分类

一、按来源分

乳化剂按照来源不同可分为天然物和人工合成品剂两大类，见表9－1。

表9－1　食品乳化剂的基本种类

类别		举例
天然产品	磷脂	大豆磷脂
		蛋黄(主要含卵磷脂)
	蛋白	酪蛋白、酪蛋白酸钠
		植物分离蛋白
	胶质	植物胶、动物胶、微生物胶
	藻类	海藻酸盐
合成产品	酯类	甘油脂肪酸酯类
		蔗糖脂肪酸酯类
		山梨糖醇酐脂肪酸酯类
		单硬脂酸丙二醇酸
		柠檬酸硬脂酰单甘油酯
		单乳酸甘油二酸酯
	环糊精	α－环糊精
		β－环糊精
		γ－环糊精
	甾类	胆酸、脱氧胆酸
	卤代油	溴化植物油类

二、按离子的类型划分

1. 离子型乳化剂

当乳化剂溶于水时，凡是能离解成离子的，称为离子型乳化剂。如果乳化剂溶于水后离解成一个较小的阳离子和一个较大的包括烃基的阴离子基团，且起作用的是阴离子基团，称为阴离子型乳化剂，常用的阴离子型乳化剂有烷基羧酸盐，磷酸盐等；如果乳化剂溶于水后离解生成的是较小的阴离子和一个较大的阳离子基团，且发挥作用的是阳离子基团，这个乳化剂称为阳离子型乳化剂，阳离子型乳化剂在食品工业中应用较少。两性乳化剂分子也是由亲油的非极性部分和亲水的极性部分构成，特殊的是亲水的极性部分既包含阴离子，也包含阳离子，常用的两性乳化剂有卵磷脂等。在离子型乳化剂工业中，阴离子型乳化剂是发展得最早，产量最大，品种最多，工业化最成功的一类。

2. 非离子型乳化剂

非离子型乳化剂在水中不电离，溶于水时，疏水基和亲水基在同一分子上，分别起到亲油和亲水的作用。正是因为非离子型乳化剂在水中不电离，也不形成离子这一特点，使得非离子型乳化剂在某些方面具有比离子型乳化剂更为优越的性能。绝大部分应用的食品乳化剂属于非离子型乳化剂。

三、根据乳化剂的亲水、亲油相对强弱划分

可以分成亲水性乳化剂和亲油性乳化剂。一般地说亲水性强的乳化剂形成的主要是水包油型（O/W）乳浊液，亲油性强的乳化剂形成的主要是油包水型（W/O）乳浊液。但是应当指出用乳化剂配制乳浊液时，它不仅要受乳化剂本身的影响还要受体系中物质组成、pH 值、温度等条件的影响。

任务3　食品乳化剂的作用

食品是含有水、蛋白质、糖、脂肪等组分的多相体系，因而食品中许多成分是互不相溶的，由于各组分混合不均匀，致使食品中出现油水分离、焙烤食品发硬、巧克力糖起霜等现象，影响食品质量。乳化剂正是能使食品多相体系中各组分相互融合，形成稳定、均匀的形态，改善内部结构，简化和控制加工过程，提高食品质量的一类添加剂。在食品工业中，常常使用食品乳化剂来达到乳化、分散、起酥、稳定、发泡或消泡等目的。此外有的乳化剂还有改进食品风味、延长货架期等作用。

一、乳化作用

两不混溶的液相，一相以微粒状（液滴或液晶）分散在另一相中形成的两相体系称为乳状液。所形成的新体系，由于两液体的界面积增大，在热力学上是不稳定的。为使体系稳定，需加入降低界面能的第三种成分——乳化剂。乳化剂属于表面活性剂，其典型功能是起乳化作用。能使两种或两种以上不相混合的液体均匀分散的物质称为乳化剂。乳状液中以液滴形式存在的那一相称为分散相（也称内相、不连续相）；另一相是连成一片的，称为分散介质（也称外相、连续相）。

食品中常见的乳状液，一相是水或水溶液，统称为亲水相；另一相是与水相混溶的有机相，如油脂或同亲油物质与亲油又亲水溶剂组成的溶液，统称为亲油相。两种不相混溶的液体，如水和油相混合时能形成两种类型的乳状液，即水包油型（O/W，其中 O 代表油，W 代表

水，O在前，W在后，表示油被水包裹，/表示O和W形成了乳状液体系）和油包水型（W/O）乳状液。在水包油型乳状液中油以微小滴分散在水中，油滴为分散相，水为分散介质，如牛奶即为一种O/W型乳状液；在油包水型乳状液中则相反，水以微小液滴分散在油中，水为分散相，油为分散介质，如人造奶油即为一种W/O型乳状液。

把水和油一起注入烧杯，稍静置就会出现分层，在分界面处形成一层明显的接触膜，加以强烈的振荡或者搅拌可使两者互相混合，但这种用机械的方法制成的分散状态是不稳定的，一旦静置，还会分层，如果在此体系中加入少量乳化剂，再进行搅拌混合，则油就可以以微小的液滴分散于水中，形成乳浊液，这种现象就叫乳化。乳化剂使用得当，乳浊液的稳定性就好，很难再分层。

实际上，任何界面两侧的两相都存在着极性差异，例如水—油系统，水相有极性而油相无极性，水—蒸气系统，水相极性较强，而气相极性较弱，加入乳化剂后，界面上乳化剂分子亲水的一端趋向钻入水中，而疏水的一端趋向于进入无极性或极性较弱的一相中，而成定向排列，正是由于这一定向排列的特点决定了乳化剂的乳化性能。乳化剂分子就像一座桥一样将互不相溶的两相物质均匀、稳定地分散在一个体系中。食品是一种多成分、多相体系，也是一个界面体系，乳化剂的使用，降低了这些界面的表面张力，使物质处于一种均匀的、稳定的状态，改善和维持食品品质。能提高乳浊体的稳定性，在含脂饮料中（混浊型果汁、乳化香精和蛋白饮料等），使原不能相溶的油相和水相成为均匀的悬浮乳浊体。

二、起泡作用和消泡作用

发泡和充气作用：乳化剂中饱和脂肪酸链能稳定液态泡沫，故可用作发泡剂。而具有不饱和脂肪链的乳化剂能抑制泡沫，可在乳品和蛋白加工中用作消泡剂。

食品加工过程中有时需要形成泡沫，泡沫是气体分散在液体里产生的。由于泡沫的性质决定了产品的外观和味觉，恰当地选择乳化剂是极其重要的。

乳化剂的选择随产品需要而变化，通常固化的亲油表面乳化剂，如甘油单酸酯和甘油二酸酯以及司盘60与吐温60混合，其量在0.1%～1.0%之间变化，好的泡沫结构在食品如蛋糕、冷冻甜食和食品上做饰品物是必要的。

三、悬浮作用

悬浮液是不溶性物质分散到液体介质中形成的稳定分散液，分散颗粒大小0.1～100μm。用于悬浮液的乳化剂，对不溶性颗粒也有润湿作用，这有助于确保产品的均匀性，通常，亲水性乳化剂，如吐温类乳化剂，加入量为0.1%时效果较好。悬浮液乳化剂通常和稳定剂或增稠剂共用，在食品工业上，巧克力饮料是常用的悬浮液。

四、破乳作用

不同的乳化剂具有不同的乳化、破乳能力，而有时这种适当的破乳作用也是必需的。在许多需要破乳化作用过程中，如冰激凌的生产，常采用相反类型乳化剂或投入超出平衡所需要的乳化剂。根据乳浊液类型，采用强的亲水性乳化剂如吐温80，或亲油乳化剂，如甘油单油酸酯或甘油二油酸酯，用于破坏乳浊液。破坏泡沫的最好乳化剂随泡沫而变化，但在许多过程中，乳化剂含量为0.1%就能产生所需效果。食品如冰激凌，应仔细选择乳化剂，控制破乳化作用，这有助于使脂肪形成较好颗粒，形成最好的产品。

五、络合作用

1. 对淀粉的络合作用

大多数乳化剂的分子中具有线型的脂肪酸长链，可与直链淀粉结合而成为螺旋状复合物，从而降低淀粉分子的晶体程度，并进入淀粉颗粒内部阻止支链淀粉的凝聚，从而防止淀粉制品的老化、回生、沉凝。这种作用以高纯度的单硬脂酸甘油酯最为明显。

2. 对黏结的络合作用

在焙烤制品中，乳化剂可强化面筋网络结构，防止因油水分离所造成的硬化，增加韧性和抗拉力（如面条），以保持其柔软性，抑制水分蒸发，增大体积，改善口感（如馒头）。以二乙酰酒石酸甘油酯和硬脂酰乳酸钠（或钙）的效果最好。

乳化剂可络合淀粉。如在面包和蛋卷生产中，乳化剂可调理生面团，促进结构形成均匀，改善性能。面包碎屑的坚固性和淀粉结晶有关，理论上结晶与乳化剂有关，甘油单酸酯和甘油二酸酯已应用多年了，用来阻止颗粒状碎屑的坚固化。单甘油酯和二甘油酯用量占面粉质量的0.25% ~0.5%。乳化剂在揉和好的生面筋结构中的作用是改善面筋体积和颗粒，增强面筋结构。乳化剂可以在面包生产中帮助脱模。

六、结晶控制

对结晶物质结构的改善。在糖果、巧克力制品中，可通过乳化剂以控制固体脂肪结晶的形成、晶型和析出，防止糖果返砂，巧克力起霜，防止人造奶油起酥油，巧克力和花生白脱以至冰淇淋中粗大结晶的形成等。

在糖和脂肪体系中，控制结晶是乳化剂的又一种功能，典型的例子是乳化剂在巧克力、花生奶油和糖果涂层中用于控制结晶。

在巧克力生产中，乳化剂有助于形成细小的并能发出明亮光泽的脂肪酸晶体（这是由于外来光线从这些晶体里反射出明亮光泽），与不含任何乳化剂的巧克力相比，含有乳化剂的体系形成的晶体更细小且数量多。

乳化剂在花生奶油中起着结晶作用，在花生奶油里含有约50%的花生油，这些油在储藏过程中有分离的趋势，用乳化剂捕捉游离的花生油而阻止分离。甘油单酸酯和甘油二酸酯用量为1.0% ~2.5%时，具有克服油分离的能力，它们也可以改善产品的可口性，在较大温度范围内提供方便的操作。

用少量合适的乳化剂实现糖体系结晶控制，如0.1%吐温60乳化剂，就能提高结晶速度、促进细小晶体形成，最普通的含有乳化剂结晶控制的例子是盘式涂层，0.01% ~0.2%的吐温60，能减少1/3的糖果装盘时间。

七、润湿作用

乳化剂通常也具有润湿性，乳化剂的选择受润湿类型的控制。要用水润湿石蜡表面，加入少量的吐温80和甘油单、二油酸酯乳化剂混合物的水溶液，就能产生理想的效果，典型的混合物含有80份甘油单、二油酸酯和20份吐温80。粉末润湿是较难掌握的问题，由于快速润湿，粉末会结团或空气吸附而得不到理想效果，这样就对乳化剂的标准要求较高，通常吐温80用量0.4%就能产生较好的结果。

八、润滑作用

饱和的甘油单酸酯和甘油二酸酯对淀粉制品挤压都具有较好的润滑效果，能有效地用于食品加工过程。在乳脂糖、焦糖中占有0.5% ~1.0%的固体甘油单酸酯和甘油二酸酯能减少对切块、拉条、包装物和消费者牙齿咀嚼时的强度和黏结力。

◆知识拓展

面包中添加乳化剂，会不会危害我们的身体健康？

有记者走访发现，好利来、面包心语等糕点房，以及超市售卖面包的区域，确实在面包产品中看到有乳化剂的身影。其中，某品牌的一款萝卜吐司面包的外包装配料表上，列出的食品添加剂有：双乙酰酒石酸单双甘油酯、维生素C、α－淀粉酶、木聚糖酶、硬脂酰乳酸钠。这其中的双乙酰酒石酸单双甘油酯、硬脂酰乳酸钠就是乳化剂。到底乳化剂会不会危害我们的身体健康呢？中国农业大学食品科学与营养工程学院副教授朱毅告诉记者，“面包在制作过程中，一般都是要加入乳化剂的”，因为乳化剂有很多功效，可以把水和油连接起来，降低水面和油面的表面张力，形成稳定的“水包油”或者“油包水”的一个状态，这样做出来的面包才不会出现塌架，柔软，有光泽。如果不加乳化剂，面包放两天就会变硬老化，加乳化剂相当于给面包加了“抗老化剂”和“保鲜剂”，面包芯不容易老化。朱毅称，除了面包之外，蛋糕、烘焙的其他食品里面也都会有乳化剂，起到膨松作用。目前市面上的乳化剂，总体来说安全性都很好，所以大部分都不指定每天允许摄入量，有些乳化剂本身就来自食品。有消费者担心，万一商家把乳化剂加多了怎么办呢，朱毅表示，乳化剂加多了反而会影响面包的风味和口感，也会增加商家的成本，对商家来说没必要超量添加。因此面包中的乳化剂进入人体，不会对人体造成健康损害，消费者不必谈“添”色变。

Food Additives

项目二　HLB值与乳化剂的作用

任务1　HLB值

乳化剂都具有两亲分子结构特点，实际上乳化剂的乳化特性和许多功效通常是由其分子中亲水基的亲水性和亲油基的疏水性的相对强度所决定的，良好的乳化剂在它的亲水基和疏水基之间必须有相当的平衡。1949年格尔芬(Griffin)首先提出了乳化剂的亲水亲油平衡(hydrophilic lipophlic balance)的概念，并用HLB值表示乳化剂的亲水性。

比较不同乳化剂对水、油两相的亲合能力，衡量乳化剂的性能及其乳化程度最常用的指标是“亲水亲油平衡值”简称HLB值（Value of Hydrophility, Lipophility Balance）表示，规定亲油性为100%的乳化剂，其HLB值为0(以石蜡为代表)，亲水性为100%者为20(以油酸钾为代表)，其间分成20等分。通常将乳化剂对应的HLB值分为20个等值(以油酸 $C_{17}H_{33}COOH$ 的HLB值视为标准，并且定为1；而油酸钾的HLB值为20)。以此表示其亲水、亲油性的强弱和应用特性(HLB值从0至20者是指非离子表面活性剂，绝大部分食品用乳化剂均属于此类；离子型表面活性剂的HLB值则为0至40)。在使用中可比较不同的乳化剂的HLB以选择相宜的加工体系。

乳化剂的乳化能力与其亲水、亲油的能力有关，亦即与其分子中亲水、亲油基的多少有关。HLB值越低，表示乳化剂的亲油的能力大于亲水的能力，亲油性越强，越易形成油包水

(W/O)型的乳化体系;HLB 值越高,则表示其乳化剂的亲水的能力大于亲油的能力,亲水性越强,越易形成水包油(O/W)型的乳化体系。水包油型的乳化体,即油分散于连续相水中。因此,凡 HLB 值小于 10 的乳化剂主要是亲油性的,而等于或大于 10 的乳化剂则具有亲水特征。一般来讲对混合使用的乳化剂,其 HLB 值有加和性,利用这一特性,可制备出不同 HLB 值系列的乳化剂体系或者复合型食品乳化剂。

HLB 值可以通过计算或通过乳化标准油实验来测定,HLB 值的测定和计算方法很多,通过测算可以得知乳化剂的亲水性和亲油性的相对大小和强弱,这对了解乳化剂的功效,正确使用乳化剂都有指导作用。

表 9-2　HLB 值与乳化剂的使用

HLB 值	适用性	作用
1.5~3	消泡性	消泡作用
3.5~6	水/油型乳化剂	乳化作用(W/O)
7~9	润滑剂	润湿作用
8~18	油/水型乳化剂	乳化作用(O/W)
13~15	洗涤剂(渗透剂)	去污作用
15~18	溶化剂	增溶作用

任务2　HLB 值在乳浊液配制中的应用

HLB 值在很大程度上决定着乳化剂的使用性能。因此,在食品工业中只要涉及乳化剂的使用,往往考虑的第一个指标就是 HLB 值。所以,有了 HLB 值,就可以在性质上了解乳化剂的亲油、亲水性,在应用上了解乳化剂的主要功能,再根据食品的组分、工艺要求,来选择所需要的乳化剂。

一、乳浊液的制备

乳浊液的制备要根据不同的乳化对象来选择适当的乳化剂品种和适当的条件。乳浊液的制备是经验性很强的工作,想简单地把某种未知物进行乳化分散是不容易的事。总的来说,乳浊液的制备工艺应主要掌握好 3 个环节:确定、配比、调整。

1. 确定

第一,确定乳化剂的 HLB 值:各种油类乳化所要求的 HLB 值虽然可以查到,但为了更符合实际,还需要通过实验检测。用标准乳化剂 Span(司盘)系列和 Tween(吐温)系列(表 9-2)配成不同的 HLB 上值的复配乳化剂系列。以 m(乳化剂):m(油):m(水)=5:47.5:47.5 的质量比混合,搅拌乳化,静置 24h 或经快速离心后,观察乳浊液的分散情况来决定哪一个乳化效果好,以此确定乳化油所需 HLB 值。若所配乳浊液都很稳定,就减量再试,直到表现出差异。

第二,根据 HLB 值确定乳化剂"对":在上述工作中用 Span、Tween 乳化剂确定了被乳化物所需的 HLB 值。

第三,确定最佳的单一乳化剂:根据上述 2 步工作,再确定乳化效果最好的单一品种,如在一组乳化剂对中有 HLB 为 8 和 HLB 为 6 的两种乳化剂,两者的乳化效果可能不一样,而具有此 HLB 值的各种乳化剂的乳化能力可能也不一样,要根据实际需要选出效果最佳的。

第四,确定最佳乳化剂的用量:在实际应用中油、水会有不同的比例,乳化剂的用量也会有多有少,所以要根据实验确定出乳化剂的用量。

2. 配比

配比中要注意以下两点:①不同 HLB 值的乳化剂能产生不同类型的乳浊液，所以在使用复配乳化剂时，要使各组分的配比符合乳浊液类型的要求。②有时乳化剂的 HLB 值等于最佳乳化 HLB 值，体系会发生乳浊液类型的转相。这样的体系是刚好平衡的体系而不是所需的稳定体系，这种平衡的体系往往容易打破，是不稳定的，所以要调整乳化剂的配比，使其大体符合最佳 HLB 值，而避开相转变点。

3. 调整

调整是乳浊液试配工作中最后进行的完善工作，要注意以下 3 点:①调整乳化剂的比例，使之适合全液相，根据食品原料的实际情况，在乳浊液中加入香料、色素和防腐剂，并根据产品的要求在指定的水硬度范围进行。加入 HLB 调理剂，使其在乳浊液中起到缓冲效果，在一定范围内自动调整乳浊液的亲油、亲水平衡。②调整 pH 值，有些乳化剂在溶解时具有酸碱性，要根据实际要求调整乳浊液的 pH 值，调整时注意不要影响乳浊液的性质。③调整黏度，可以根据需要进行。如乳浊液黏度高了，提高乳化剂的 HLB 值可以降低其黏度，反之亦然。

实际上，乳浊液的配制工艺是可以根据实际情况进行繁、简、先、后的调整，并可集各家所长，互为补充。

二、乳浊液制备技术和设备

乳浊液制备技术按乳化剂的加入方式，主要分为 3 种:①乳化剂在油中法。先将溶有乳化剂的油加热，然后在搅拌条件下加入温水，开始为 W/O 型乳液，再继续加水可得 O/W 型的。此法用于 HLB 值较小的乳化剂。②乳化剂在水中法。将乳化剂先溶于水，在搅拌中将油加入，此法先产生 O/W 型乳液，若欲得 W/O 型乳液则继续加油至发生相转变。此法用于 HLB 值较大的乳化剂。③轮流加液法。每次只取少量油或水，轮流加入乳化剂。此法对于制备食品乳化液，如蛋黄酱或其他含食用油的乳浊液尤其适宜。

在实际工作中，究竟采用什么加入方式，要根据乳化剂的亲油、亲水特性作选择，而且往往要进行必要的组合变化。

乳化设备，要使制成的乳液有很好的质量，还要采用合适的混合设备。除乳化剂十分有效，在没有机械作用下体系就可以自动形成乳浊液的情况之外，一般乳化都需要强烈的机械搅拌。除了专用乳化机，在食品工业中还可使用混合搅拌机、胶体磨、均质机等设备进行乳化。

Food Additives

项目三　常用食品乳化剂及应用

任务 1　蔗糖脂肪酸酯(Sucmse Fatty Acid Ester)

蔗糖脂肪酸酯又称脂肪酸蔗糖酯，简称蔗糖酯 SE，它由蔗糖与脂肪酸酯化反应制得，分为单酯、二酯和三酯、多酯，它即一分子蔗糖分别与一、二、三或多个脂肪酸分子所构成。蔗糖脂肪酸单酯的 HLB 值为 10 ~ 16，亲水性强，二酯为 7 ~ 10，三酯为 3 ~ 7，多脂为 1，蔗糖脂肪酸酯成品多为混合物。作为食品添加剂使用的脂肪酸多为软脂酸和硬脂酸，其乳化作用由分子内具有高亲水性的蔗糖分子和具有亲油性的脂肪酸基团所致。

毒性：蔗糖脂肪酸酯毒性小，大鼠经口 LD_{50} >30g/kg。FAO/WHO 规定 ADI 为 0～10mg/kg。

使用：我国规定蔗糖脂肪酸酯可用于肉制品、香肠、乳化香精、冰激淋、糖果、巧克力、面包作乳化用，也可用作保湿膜的成分，用于橘子、苹果、鸡蛋保鲜，其最大使用量均为 1.5g/kg。

在实际使用时，一般先用少量水或油使其溶胀后再加入所需的水或油，升温至 60℃～80℃ 搅拌溶解，亦可先用乙醇或丙二醇润湿，再加水溶解。另外除严格掌握使用范围和最大使用量外，还应注意选择适宜的 HLB 值。

表 9－3　蔗糖酯在各类食品中的应用

食品种类	适宜 HLB 的蔗糖酯	推荐使用量%	主要作用
面包、蛋糕	≥11	0.2～0.5	防止老化、提高发泡效果
人造奶油	≤8	2～5	提高乳化稳定性
起酥油	≤8	0.008～1.72	提高乳化稳定性
冰淇淋	≤8	0.1～0.3	提高乳化稳定性
巧克力	3～9	0.2～1.0	抑制结晶降低黏度
饼干	7	0.1～0.5	提高起酥性、保水性和防老化性，减少破损
胶姆糖基	5～9	0.5～3	提高可塑性、防止变形、改善保香性
速溶食品、固体饮料、奶粉等	15	0.5～2	助溶、减少沉淀
麦乳精	15	0.5	保持疏松、防止板结
口香糖、奶糖	2～4	5～10	降低黏度、防止油析或结晶，防止粘牙
调味料	5～7	0.5	防止淀粉糊脱水，提高保型性
面条、通心粉	11～15	0.2～1.0	提高黏度、张拉力和得率，减少面汤的混浊度
饮料	根据情况	≤0.15	着香、起浊、赋色、助溶、分散等，使产品均匀、稳定

任务 2　单硬脂酸甘油酯（Clycerin Monostearate）

单硬脂酸甘油酯又称甘油单硬脂酸酯，简称单甘酯，具有良好的亲油性，是乳化性很强的油包水型（W/O）乳化剂，HLB 值为 3.8；市售有含 40% 单酯的混合酯和含 90% 以上的分子蒸馏单甘酯，其 HLB 值为 2.8～3.5。

毒性：单硬脂酸甘油酯经人体摄入后，在肠内可完全水解形成正常代谢物质，对人体无毒害，FAO/WHO（1985）规定 ADI 不作限制性规定。

使用：我国规定单硬脂酸甘油酯可按正常生产需要添加于各类食品中，如糖果、巧克力糖、饼干、面包、乳化香精、冰激凌等。

在糖果生产中，用于饴糖可降低熬糖黏度防止粘牙，用于奶糖可防止油脂分离，增加光泽并防止粘牙，还可防止巧克力砂糖结晶和油水分离，并增加细腻感，参考用量为 0.2%～0.5%。

在面包生产中，可与 SSL，CSL 混用防老化，改良组织结构，增加柔性和体积。

分子蒸馏单甘酯乳化效果好于未蒸馏产品，在冰激凌中可防止冰晶生成或增大，并增加体积，参考用量为 0.1%～0.2%，蒸馏单甘酯对面包直链淀粉复合指数可从未蒸馏的 28 提高至92，其乳化及保鲜作用提高2倍。

任务3 司盘类乳化剂(Span，Arlacel，Sorbitan Fatty Acidester)

司盘类乳化剂是山梨醇酐脂肪酸酯的商品名，也有译为斯潘的。制备时由于所用的脂肪酸不同，可制得一系列不同的脂肪酸酯，因而有不同的HLB值和不同的性状。

不同的山梨醇酐脂肪酸酯为淡黄色至黄褐色的油状或蜡状物，有特异的臭气，其HLB值为1.8~8.6，可溶于水或油，适于制成O/W型和W/O型两种乳浊液。

毒性:本品安全性高，ADI为0~25mg/kg。

使用:我国规定司盘40可用于椰子汁，最大使用量为6.0g/kg;司盘60可用于椰子汁、果汁、牛乳、奶糖、冰激凌、面包、糕点、麦乳精、人造奶油、巧克力，最大使用量为3.0g/kg;奶油、人造奶油、咖啡、干酵母，最大使用量为10.0 g/kg;司盘65可作为软饮料混浊剂，最大使用量为0.05 g/kg;用于奶油、人造奶油、咖啡、干酵母、最大使用量为10.0g/kg;司盘80可用于椰子汁、果汁、牛乳、面包、人造奶油、糕点、奶糖和饮料，最大使用量除饮料为0.05g/kg以外，其余均为1.5g/kg。此外还可按正常生产需要用于水果蔬菜保鲜(涂膜)。

山梨醇酐单硬脂酸酯用于冰激凌可增大容积，用量为0.2%~0.3%;用于面包、糕点作起酥油的乳化剂，用量为面粉量的0.5%，可防止制品老化，改善品质;用于巧克力可防止起霜，以改善光泽，增进滋味，增强柔软性等，一般用量为0.1%~0.3%;用于口香糖胶基可改善胶基品质，一般用量为0.5%~2%;用于奶糖可使油脂分散均匀，防止起霜，添加量为油脂量的5%~10%;此外，用于面包还可使油脂与面粉混合均匀、膨胀良好、防止老化等，添加量亦为油脂量的5%~10%。

任务4 吐温类乳化剂

吐温类乳化剂(P01ysorbate/tween)是由司盘(span)在碱性催化剂存在下和环氧乙烷加成，精制而成。也称为聚氧乙烯山梨醇酐脂肪酸酯。由于其脂肪酸种类的不同，可有一系列产品。

FAO/WHO食品添加剂法规委员会许可使用的为聚氧乙烯(20)山梨醇酐脂肪酸酯，包括聚氧乙烯山梨醇酐单月桂酸酯(吐温20，HLB值16.7)、聚氧乙烯山梨醇酐单软脂酸酯(吐温40，HLB值15.6)、聚氧乙烯山梨醇酐单硬脂酸酯(吐温60，HLB值15.0)、聚氧乙烯山梨醇酐单油酸酯(吐温80，HLB值14.9)。

毒性:由吐温80到吐温20，其HLB值越来越大，是因为加入的聚氧乙烯增多之故。聚氧乙烯增多，乳化剂的毒性则随之增大，故吐温20和吐温40很少作为食品添加剂使用，食品上主要使用吐温60和吐温80，其ADI为0~25 mg/kg。

性状与性能:吐温60为山梨糖醇聚氧乙烯与单硬脂酸部分酯化而成的非离子型乳化剂，HLB值14.6，常温下耐酸、碱及盐，为O/W型乳化剂。

吐温80为山梨糖醇氧乙烯与单油酸部分酯化而得的非离子型乳化剂，HLB值为15.0，常温下耐酸、碱、盐，为O/W乳化剂。

使用:我国规定，吐温60可以用于面包，最大使用量为2.5g/kg，乳化香精，最大使用量为1.5g/kg;吐温80可以用于冰激凌、雪糕，最大使用量为1.0g/kg，牛乳，最大使用量为1.5g/kg。

国外广泛使用吐温60作糕点乳化剂，用量为0.45%，用于面包、糖果及可可制品涂层时，一般用量约0.5%，巧克力乳化用量约0.05%。吐温80在糖果、糕点中应用较少，主要用于乳制品，如冰激淋中最大用量为1.0g/kg，牛乳中最大用量为1.5g/kg。

在实际生产中，吐温和司盘常常混用，两者混合比例依所需的HLB值而定。

任务5　大豆磷脂与改性大豆磷脂

大豆磷脂亦可简称为磷脂，由生产大豆油的副产品提制而成。大豆磷脂一般是卵磷脂、脑磷脂和肌醇磷脂的混合物，其卵磷脂含量约在20%以上，有的国家如美国常用卵磷脂来统称这一混合物。近来，人们为了改善其使用性能，除进一步精制外，还可将其制成很少有异臭，并且稳定性良好的固体颗粒或粉末，味美，冷水中也容易分散，且富有润湿力，并且有良好的分散特性。

毒性：本品是大豆的天然成分，安全性高，FAO/WHO(1985)规定ADI不需要规定。

使用：大豆磷脂广泛应用于糖果、饼干、糕点、冰激凌和人造奶油等食品。在巧克力中添加本品可降低巧克力浆稠度，便于注模，最大用量一般不超过0.5%。生产饼干时添加本品则脂肪容易混合均匀，并防止粘辊，改善饼干质量，用量一般为面粉的0.1%~2%。

表9-4　**大豆磷脂在食品中的应用**

食品种类	FAO/WHO推荐用量/%	日本推荐用量/%	主要作用
面包、饼干、蛋糕	按生产需要	0.2~0.5	防止老化、抗氧化
人造奶油、起酥油	0.5	0.1~0.5	提高乳化稳定性
面条		0.3~0.5	增强韧性，熟后不变形
巧克力	0.5~1.0	0.2~0.5	赋予产品光泽、改善口感、防止起霜、降低精炼黏度
乳脂糖	0.5~1.0	1.0	赋予产品光泽、改善口感、防止起霜
冰淇淋		0.5	改善口感、防止乳糖结晶
肉类	根据生产需要		改善口感
速溶食品、可可粉、可可糖等	1		助溶、减少沉淀
速溶奶粉、婴儿食品	0.5		助溶，均匀
干酪	0.5		改善口感、抗氧化
饮料	0.1~1		改进饮料的组织结构，提高产品稳定性和保鲜性

改性大豆磷脂是以天然大豆磷脂为原料，经过乙酰化和羟基化改性及脱脂后制成。改性大豆磷脂的水分散性、溶解性及乳化性等均比大豆磷脂好，因而乳化效果更好，用量更少，同样可应用于多种食品之中。

使用：我国规定改性大豆磷脂可在人造黄油、饼干、面包、糕点、方便面、通心粉、巧克力、糖果、肉制品中，按正常生产需要使用。

虽然磷脂在食物中广泛分布，但由于食物的精加工使磷脂大量丢失，严格的杀菌又破坏了磷脂的生理活性。因此，当前人们普遍处于磷脂缺乏状态。磷脂具有健脑、防衰老、保护脂肪、促进细胞再生及促进皮肤组织的生长等生理功能。自20世纪70年代以来，欧美等国就把磷脂用于保健食品。在美国，磷脂及其保健品的销售仅次于复合维生素和维生素E而名列第三。磷脂除有卓越的生理功能外，还具有乳化、抗氧化、抗溅散、催长和包埋等作用。

磷脂可以多种形式应用于食品乳状液中。通常，它主要是与其他乳化剂和稳定剂相结合而起乳化作用。磷脂可用于水/油（W/O）和油/水（O/W）型乳状液中。但是，由于其本身的特性，决定了它对盐较敏感。实验结果表明，当盐度超过5%、pH小于4时，磷脂的功能特性有所降低。在人造奶油、糖果、巧克力、速溶食品以及面包等食品中，其用量一般小于1%。

磷脂的抗油脂氧化作用目前已在油脂生产中得以应用。实验表明，磷脂在油中含量大于0.2%，可以显著地提高菜籽油、葵花子油和大豆油的抗氧化性，如在60℃贮存条件下，可以保存8周。人造卵磷脂在有Cu^{2+}、Fe^{3+}、Mn^{2+}等离子存在的情况下，其抗氧化作用很高，其原因在于，它们可以提高油脂中的过氧化物及过氧化氢的分解活性。卵磷脂对鱼油的抗氧化作用实验表明，含丙酮不溶物达65%的卵磷脂具有很大的抗氧化作用。聚合物实验也表明，卵磷脂含量达到10%时，鱼油的聚合反应要在10 h以上发生。只是油的颜色随贮存时间的延长而加深，温度越高，颜色变化越快。

应用实践表明，磷脂可以取代乳脂肪球表面的蛋白质（如β-酪蛋白），从而提高浓缩奶及再制奶的热稳定性。在pH 6.3～7.1范围内，不论在均质前或均质后加入大豆卵磷脂，其对再制奶的热稳定作用都很有效。

在油炸食品中，最佳的乳化剂是卵磷脂，其优点是能在较长的时间内保持所需要的发泡能力，同时又能防止食物粘连和焦化，以及它只使油脂介质发泡而不发生明显的喷溅。同时，由于发泡作用人为地增加了热传导介质的体积，从而明显地减少了烹炸食物所用油脂的用量。适于炸制的食物有肉类、鱼类、家禽和蔬菜。例如，鸡块、鸭片、猪排、鱼片或菜条等。

卵磷脂的一个最新的应用是作为食用香料的微胶囊化载体。因为风味物质能与脂质体糅和而形成稳定的微胶囊。在微胶囊制作中，硬卵磷脂与软卵磷脂的比例一般为1:1～4:9。这样使得风味成分的释放温度在28℃～40℃，即可入口即化。硬卵磷脂增加，则释放温度提高。

磷脂可以提高发酵产物的发酵速度，可用于发酵食品的生产。如在面包及糕点的制作中，0.3%～0.8%的磷脂添加量即可显著地增强面粉酵母和乳球菌的活性。

把单甘油酯和卵磷脂的混合物加入面团中，可以防止面团的干瘪。这种混合物还因其亲水性，使之容易在面团中分散。

在干酪生产时，加入0.05%的卵磷脂，可以提高干酪的产量和质量，使干酪质地细腻，延长产品的货架寿命。在奶粉生产中，如果加入0.35%～0.50%的卵磷脂，可使其在6℃温度下10s内即被润湿并散开，提高了冲调性。这种湿润性可在室温下保持稳定1年以上。

磷脂是良好的天然乳化剂，我国《食品添加剂使用卫生标准》规定可按生产需要适量用于各类食品中。用于人造黄油（硬脂化、氢化油），起乳化、防溅、分散等作用，最大用量为0.10%～0.35%；用于油脂乳化剂，起油水乳化作用，乳化油可以代替纯油脂，有改进食品质量、节约食品加工用油的效果；在巧克力中添加0.2%～0.3%，起保形、润湿作用，能防止因糖分的再结晶而引起的发花现象；糖果中添加0.5%，对含有坚果及蜂蜜的糖果，能防止渗油及渗液作用，对口香糖能起留香作用；焙烤食品中添加为面粉质量的0.2%～0.3%，对饼干起到酥、节油、赋形的作用；对提浆月饼能防止硬化，改进吸湿性和节油；对中式点心质量起到保油止渗作用，改善过腻口感；对面包能起增大体积，改良内部结构及改善风味、口感等良好作用；用于方便面、通心粉，起到润湿分散、乳化、稳定作用。

任务6 硬脂酰乳酸钙(Calcium Stearoyl Lactylate)

硬脂酰乳酸钙又称硬脂酰乳酰乳酸钙，简称 CSL。

毒性：小鼠经口 LD_{50} 为 1.0985g/kg，FAO/WHO(1985)规定 ADI 为 0～20mg/kg。

使用：硬脂酰乳酸钙是一种疏水性的乳化剂，我国规定可用于糕点和面包，最大使用量为 2.0g/kg。用作面包的品质改良剂，易与小麦粉中的面筋胶体结合，可使面筋的性质得到改善。当小麦粉与水混合时，可以大大地增加面筋的稳定性和弹性，进而可以增加小麦面粉面团的耐揉性。这种特性对于面包生产的机械化、自动化、连续化操作极为有利，并可使面包品质均一，面团不发黏，一般用量为小麦粉的 0.5%，添加时可先取数倍于硬脂酰乳酸钙的小麦粉与其充分混匀后，再与全部小麦粉混合。

任务7 硬脂酰乳酸钠(Sodium Stearoyl Lactylate)

硬脂酰乳酸钠又名硬脂酰乳酰乳酸钠，简称 SSL。本品具有吸湿性，为油包水(W/O)型乳化剂。

毒性：ADI 为 0～25mg/kg。

使用：硬脂酰乳酸钠的使用参见硬脂酰乳酸钙。

任务8 木糖醇酐单硬脂酸酯(Polyoxyethylone Xyntan Monostearate)

木糖醇酐单硬脂酸酯亦称失水木糖醇酐单硬脂酸酯，简称 LS－60M。本品为亲油性乳化剂，其性能与甘油单硬脂酸酯、山梨醇酐单硬脂酸酯相似。

毒性：小鼠经口 LD_{50} >9.5g/kg，大鼠经口 LD_{50} >10.0g/kg。ADI 为 0～25mg/kg。

使用：我国规定，木糖醇酐单硬脂酸酯可用于糖果、人造奶油，其最大使用量为 5.0g/kg；用于糕点、面包，最大使用量为 3.0g/kg；用于乳化香精，最大使用量为 40.0g/kg；在汽水中的用量不超过 0.04g/kg。

任务9 丙二醇脂肪酸酯(Propylene Glycol Fatty Acid Ester)

丙二醇脂肪酸酯无气味或稍有香气和滋味，纯丙二醇单硬脂酸酯的 HLB 值为 3.4，是亲油性乳化剂，不溶于水(与热水激烈搅拌混合后可乳化)，溶于乙醇、乙酸乙酯、氯仿等有机溶剂。

毒性：FAO/WHO(1985)规定 ADI 为 0～25mg/kg。

使用：按我国食品添加剂使用卫生标准，丙二醇脂肪酸用于糕点，可缩短糕点配合料的混调时间，改善制造过程，防止制品老化和增大制品体积，用量为 0.05%～0.2%。日本和美国除将本品用于面包和糕点外，还用于人造奶油和冰激凌中，在人造奶油中主要起防止水滴分离和水分“飞溅”的作用，在冰激凌中主要起提高发泡性和保形性作用。

任务10　酪朊酸钠(Sodium Caseinate)

酪朊酸钠即酪蛋白酸钠，用凝乳酶或酸沉淀法(如盐酸、硫酸)制取生酪蛋白，然后将其在水中分散、膨润，再添加氢氧化钠、碳酸钠或碳酸氢钠的水溶液，经蒸发喷雾干燥或冷冻干燥后即得。

酪朊酸钠具有良好的乳化作用和稳定作用，它还能起增黏、黏结、发泡、稳泡等作用，也常用于蛋白质强化。因其为水溶性乳化剂，应用广泛。

毒性：LD_{50}为400～500g/kg。FAO/WHO(1985)规定ADI不作限制性规定。美国食品药物管理局将其列为一般公认安全物质，无毒性。

使用：按我国食品添加剂使用卫生标准规定：酪朊酸钠可用于肉类及水产肉糜制品、冰激凌、椰子汁以及饼干、面包、面条等谷物制品，可按正常生产需要添加。酪朊酸钠可使香肠中脂肪分布均匀，增强肉的黏结性，还可提高鱼糕弹性，用量为0.2%～0.3%。

思考题

1. 什么叫乳化剂？
2. 乳化剂是如何分类的？
3. 乳化剂在食品中的作用有哪些？
4. 硬脂酰乳酸钙作为面包、糕点的品质改良剂的作用机理是什么？

模块十

食品营养强化剂

基础理论和知识

1. 营养强化剂的含义和作用；
2. 常见营养强化剂的品种、性质及功能；
3. 食品营养强化的安全问题。

基本技能及要求

1. 掌握几类常见营养强化剂的分类及应用范围；
2. 掌握营养强化剂的使用和选择原则；
3. 了解营养强化剂的营养强化技术和使用方法；
4. 了解我国营养强化剂的应用范围及使用量的相关法规。

◈学习重点

常见食品营养强化剂的种类、性质及应用。

◈学习难点

营养强化剂的分类及生理机制。

◈导入案例

从2013年1月1日起，《食品营养强化剂使用卫生标准》正式施行。新标准在食品类别中删除了食盐，意味着不再允许食盐添加除碘之外的营养强化剂。

食品营养强化是根据不同地区、不同人群的营养缺乏状况和营养需要，以及为弥补食品在正常加工、储存时造成的营养素损失，在食品中选择性地加入一种或者多种微量营养素或其他营养物质。其中，根据营养调查结果显示，目前我国居民食盐摄入量过高，同时我国高血压等慢性病的发病率有升高趋势，为配合国家的减盐行动，避免居民过多摄入食盐，新标准取消了食盐作为营养强化剂载体，这意味着不再允许食盐添加除碘之外的营养强化剂。同时，对于硒和锌也有新规定。其中，作为营养强化剂，硒只能添加在调制乳粉、大米、杂粮、面包、饼干及含乳饮料等8类食品中，而允许添加锌的食品则有调制乳粉、豆粉、小麦粉、杂粮粉、即食谷物、西式糕点、果冻等15类食品，在这些食品类别中没有食盐。

讨论

1. 你知道在日常生活中，我们的食品里含有哪些营养强化剂？它们的作用是什么？

2. 你认为我们在选择食品时是否要注意食品强化剂的安全问题？如何正确选择食品？

Food Additives

项目一　认识营养强化剂

任务1　食品营养强化剂的定义

食品营养强化剂是指为了增加食品中的营养成分而加入食品中的天然或人工合成的营养素和其他营养物质。这类食品添加剂按性质可分为氨基酸、维生素、矿物质、脂肪酸、碳水化合物等。

目前，几乎没有一种天然食品能满足人体对各种营养素的需要，尤其是在食品烹调、加工、储存等过程中，往往造成部分营养素的损失，需要向食品中添加或补充某些缺乏的营养成分，即进行食品的营养强化。因此，食品的营养强化具有简化膳食处理、方便摄食和营养保健的作用，在以下情况下可以使用营养强化剂。

1. 用于弥补食品在正常加工、储存时造成的营养素损失。

2. 有充足的证据表明在一定的地域范围内，有相当规模的特定人群出现某种营养素的缺乏，且通过向其他提供强化营养素的食品可以改善上述营养素摄入量水平或缺乏导致的健康影响。

3. 有证据表明当某些人群由于饮食习惯或其他原因可能出现某些营养素及其他营养物质的摄入量水平较低或缺乏，且通过添加营养强化剂可以改善上述营养素及其他营养物质摄入水平较低或缺乏导致的健康影响。

4. 当生产传统食品的替代食品时，用于增加替代食品的营养成分。

5. 补充和调整特殊膳食食用食品中营养素及其他营养物质的含量。

各种营养素为生命所必需，但不可滥用，必须按我国《食品营养强化剂使用卫生标准》及《食品营养强化剂卫生管理办法》执行。

食品营养强化最初是作为一种公众健康问题的解决方案提出。食品营养强化总的目的是保证人群在各生长发育阶段及各种劳动条件下获得全面、合理的营养，满足人体生理、生活和劳动的正常需要，以维持和提高人类的健康水平。

任务2　食品营养强化的意义

1. 弥补天然食物的缺陷，使其营养趋于均衡

人类的天然食物，几乎没有一种单纯食物可以满足人体的全部营养需要，由于各国人民的膳食习惯、地区食物生产及收获品种、生活水平等限制，很难保证日常膳食能包含所有的营养素。往往会出现某些营养的失衡与缺陷。根据营养调查，各地普遍缺少维生素 B_2、使用精白米、精白面的地区缺少维生素 B_1，果蔬缺乏的地区常有维生素 C 缺乏，而内地往往缺碘。这些问题如能在当地的基础膳食中的放矢地通过营养强化来解决，就能减少和防止疾病的发生，增强人体体质。

2. 弥补营养素的损失，维持食品的天然营养特性

食品在加工、储藏和运输中往往损失某些营养素。如精白面中维生素 B_1 已损失了相当大的比例，同一种原料，因加工方法的不同，其营养素的损失也不同。在实际生产中，应该尽量减少食品在加工过程中的损耗。

3. 简化膳食处理，增加方便性

由于天然的单一食物仅能供应人体所需的某些营养素，人们为了获得全面的营养需要，应该同时食用多种食物，食谱比较广泛，膳食处理也就比较复杂。采用营养强化就可以克服这些复杂的膳食处理。

4. 适应特殊职业的需要

军队以及从事矿井、高温、低温作业及某些易引起职业病的工作人员，由于劳动条件特殊，多需要高能量、高营养的特殊食品，且对某些特定营养素都有特殊的需要。因此，这类强化食品极为重要，已在军需食品等领域被广泛应用。

5. 强化的其他意义

某些强化剂可提高食品的感官质量及改善食品的保藏性能。如维生素 E、维生素 C 既是食品中主要的强化剂，又是良好的抗氧化剂。

◈知识拓展

营养强化食品的选择我国《食品营养强化剂卫生管理办法》规定，凡经营养强化的食品在包装上必须写明“营养强化食品”字样，并标明生产厂名、生产日期、强化品种、强化剂量、使用对象、食用方法、食用量和保存期限，不得夸大宣传。本着“缺什么补什么，缺多少补多少”的原则，我们在选购和食用营养强化食品的时候，一定要仔细阅读食品标签，选择合适自己的产品和食用量，以免食用过量，产生副作用。以碘盐为例，以前按照国家规定，每克碘盐中含碘量不低于35 微克，正常成人每日所需碘为150 微克。也就是说，如果我们每天碘的来源主要是含碘食盐，那么每天食盐的用量就不能超过 5 克，否则长期高碘摄入可导致高碘性甲状腺肿等疾病；如果我们生活中摄入了足够的海产品，比如海带、紫菜、鲜带鱼、蚶干、蛤干、干贝、淡菜、海参、海蜇、龙虾等，再食用碘盐也会增加高碘疾病的患病风险。

项目二　常见的营养强化剂

任务1　氨基酸及含碳化合物

氨基酸是蛋白质合成的基本结构单位，也是代谢所需其他胺类物质的前身。组成蛋白质的氨基酸有20多种，其中大部分在体内可由其他物质组成。但异亮氨基酸、亮氨酸、赖氨酸、蛋氨酸、苯丙氨酸、色氨酸及缬氨酸8种氨基酸，在体内不能合成，必须由食物供给。作为食品强化用的氨基酸主要是这些必需氨基酸或它们的盐类。它们中有的又因为人类膳食中比较缺乏，或称为限制氨基酸，主要是赖氨酸、蛋氨酸、苏氨酸和色氨酸4种，其中尤以赖氨酸最为重要。此外，对于婴幼儿尚有必要适当强化牛磺酸。

一、L－盐酸赖氨酸

1. 性状。别名L－2，6二氨基己酸盐酸盐。为白色或几乎白色结晶性粉末，无臭或稍有特异臭，无异味。易溶于水，但几乎不溶于乙醇和乙醚。一般较稳定，但湿度高时易结块。有时也稍着色，与维生素C或维生素K_3共存时易着色。碱性及在还原糖存在下加热则分解。

2. 应用。氨基酸强化剂。L－赖氨酸是人体必需氨基酸，缺乏时可发生蛋白质代谢障碍和机能障碍。L－赖氨酸天门冬氨酸盐主要作为L－赖氨酸强化用，也可用于清凉饮料及面包等的调味。

L－赖氨酸可用于加工面包、饼干、面条的面粉、饮液、配制酒。L－赖氨酸天冬氨酸可用于加工面包、饼干、面条的面粉、饮液。若用L－赖氨酸天冬氨酸盐须经折算。

二、牛磺酸

1. 性状。别名α－氨基乙磺酸。为白色结晶或结晶性粉末，无臭，味微酸。本品在水中溶解，在乙醇、乙醚或丙酮中不溶。

2. 应用。牛磺酸对促进儿童，尤其对婴幼儿大脑、身高、视力等生长、发育起重要作用。尽管在人体中它可由蛋氨基酸或半胱氨基酸代谢的中间产物磺基丙氨酸脱羧形成，但婴幼儿体内此种脱羧酶活性很低，其合成受限，而应予补充。特别是用牛乳喂养的婴幼儿，因牛乳中几乎不含牛磺酸，故必须进行适当营养强化与补充。

可用于乳制品、婴幼儿食品及谷类制品、饮液、乳饮料、儿童口服液、配制酒、豆奶粉、豆粉、豆浆、果冻、果汁(果味)型饮料、可可粉及其他口味营养型固体饮料。

三、γ－氨基丁酸

1. 性状。别名氨酪酸、哌啶酸。外观为白色结晶或结晶性粉末。熔点202℃(在快速加热下分解)。易溶于水，微溶于热乙醇，不溶于其他有机溶剂。在熔点温度以上分解形成吡咯烷酮和水。

2. 应用。γ－氨基丁酸能进入脑内三羟酸循环，促进脑细胞代谢，同时还能提高葡萄糖代谢时葡萄糖磷酸酯酶的活性，增加乙酰胆碱的生成，扩张血管，增加血流量，并降低血氨，促进大脑的新陈代谢，恢复脑细胞功能。

可用于乳制品、谷类制品、烘焙食品、饮料、保健食品、运动食品中。

四、左旋蛋氨酸

1. 性状。别名 L－蛋氨酸、L－甲硫氨酸，为无色或白色有光泽片状结晶或白色结晶性粉末。稍带特殊气味。味微苦。熔点 280℃～281℃（分解）。对强酸不稳定，可导致脱甲基。溶于水、温热的稀乙醇、碱性溶液和稀无机酸。难溶于乙醇，几乎不溶于乙醚。

2. 毒性。大鼠经口 LD_{50} 为 36g/kg；可安全用于食品（FDA172.320，1994）。

3. 应用。蛋氨酸是含硫必需氨基酸，与生物体内各种含硫化合物的代谢密切相关。当缺乏蛋氨酸时，会引起食欲减退、生长减缓或不增加体重、肾脏肿大和肝脏铁堆积等现象，最后导致肝坏死或纤维化。可用于婴幼儿配方奶粉中。

任务 2　维生素类

维生素是一类能调节人体新陈代谢、维持机体生命和健康的必不可少的营养素。它几乎不能在人体内合成，必须从外界不断摄取。当膳食中长期缺乏某种维生素时，就会引起代谢失调、生长停滞，甚至进入病理状态。因此，维生素在人体营养上具有重大意义。而维生素强化剂在食品强化中亦占有重要地位。

维生素的种类很多，化学结构差异很大，通常按其溶解性分为两大类：脂溶性维生素和水溶性维生素。脂溶性维生素包括维生素 A、维生素 D、维生素 E 和维生素 K 四种。人体易缺乏，需要予以强化的是维生素 A 和维生素 D，近年来认为适当强化维生素 E 也很重要。水溶性维生素包括维生素 B 复合物和维生素 C，通常需要强化的 B 族维生素主要是维生素 B_1，维生素 B_2、维生素 B_3、维生素 B_6、维生素 B_{12} 以及维生素 BC 等。它们在人体内能通过构成辅酶而发挥其对物质代谢的影响。对于婴幼儿还有进一步强化胆碱、肌醇的必要。

一、维生素 A（视黄醇或醋酸视黄醇或棕榈酸视黄醇）

1. 性状。别名视黄醇。为淡黄色的油溶液，冷冻后可固化，几乎无臭或有微弱鱼腥味，但无酸败味。极易溶于三氯甲烷或酯中，在无水乙醇和植物油中能溶解，不溶于丙三醇和水。在空气中和遇光时不稳定。固体物可在水中分解。

2. 毒性。若长期大量连续摄入，可在体内积蓄而引起过剩病（如皮肤干燥、肝肿大和关节胀痛等）。

3. 应用。维生素强化剂。本品促进生长发育、延长寿命、保护视力与上皮细胞，其作用对儿童尤为重要。缺乏时则生长停滞，发生夜盲症、干眼病等疾病。

可用于芝麻油、色拉油、人造奶油、婴幼儿食品、乳制品、乳及乳饮料、固体饮料、冰淇淋、豆奶粉、豆粉、豆浆、豆奶。果冻、即食早餐谷类食品、膨化夹心食品、可可粉及其它口味营养型固体饮料、花生油、调和油、学龄前儿童配方粉、孕产妇配方粉。

此外，β－胡萝卜素、叶黄素也是食品营养强化剂，β－胡萝卜素可用于固体饮料中，叶黄素可用于婴幼儿食品中。

二、维生素 D

1. 性状。又名麦角钙化醇，维生素 D_3 又名胆钙化醇，本品为无色针状结晶或白色结晶性粉末，无臭，无味，不溶于水，略溶于植物油，易溶于乙醇、乙醚、丙酮，极易溶于氯仿。在空气中易氧化，对光不稳定，对热相当稳定，溶于植物油时亦相当稳定，但有无机盐存在则迅速分解。维生素 D_3 比维生素 D_2 稳定。

2. 毒性。大鼠经口 LD_{50} 为 42mg/kg。过量易中毒，成人经口急性中毒量为 100mg/d。

3. 应用。维生素强化剂。维生素 D 促进小肠对钙、磷的吸收，保持血中钙、磷的正常比例，使钙变成磷酸钙等向骨骼和组织中沉积。本品摄入不足，则导致佝偻病、骨质软化病，维生素 D 缺乏是导致幼儿发育不良或畸形的重要原因。

可用于乳及乳饮料、人造奶油、乳制品、婴幼儿食品、固体饮料、冰淇淋、藕粉、豆奶粉、豆粉、豆浆、豆奶、果冻、即食早餐谷类食品、膨化夹心食品、强化钙的果汁及果汁饮料类、果味饮料类、学龄前儿童配方奶粉、孕产妇配方奶粉。

三、维生素 E(DL－α－生育酚)

1. 性状。为淡黄色至黄褐色黏稠液体，维生素 E 琥珀钙为白色结晶性粉末(颗粒)。作为维生素强化剂，维生素 E 和硒共同维持细胞膜的完整，并维持骨骼肌、心肌、平滑肌和心血管系统的正常功能，具有抗氧化作用，能提高机体免疫功能、延缓衰老等。

2. 应用。可用于芝麻油、人造奶油、色拉油、乳制品、婴幼儿食品、乳饮料、强化生育酚饮料、含乳固体饮料、豆奶粉、豆粉、豆浆、豆奶、即食早餐谷类食品、果冻、可可粉及其它口味营养性固体饮料、调制乳、学龄前儿童配方奶粉、孕产妇配方奶粉。

四、维生素 B_1(盐酸硫胺素)

1. 性状。别名硫胺素盐酸盐、维生素 B_1 盐酸盐。为白色或微黄色结晶或结晶性粉末，通常具有微弱的特殊臭味。溶于丙三醇，不溶于乙醚、苯。在酸性条件下对热较稳定，在中性及碱性溶液中易分解，甚至在室温下贮存可逐渐被破坏，氧化或还原作用可使其失去活性。

2. 应用。维生素强化剂。本品具有维生素 B_1 的生理活性，在机体内参与糖类的代谢，对维持机体正常的神经传导，以及心脏、消化系统和正常活动具有重要作用。缺乏维生素 B_1，则易患脚气病或多发性神经炎，产生肌肉无力、感觉障碍、神经痛、心跳不规律，以及消化不良、食欲不振、便秘等症状。维生素 B_1 的需要量随膳食成分及总能量、代谢速度、工作性质等而异。

可用于谷类及其制品、饮液、乳饮料、婴幼儿食品、配制酒、胶基糖果、含乳固体饮料、豆奶粉、豆粉、豆浆、豆奶、即食早餐谷类食品、果冻、可可粉及其他口味营养性固体饮料、果汁(果味)型饮料、孕产妇配方奶粉、儿童配方奶粉、方便面粉包、学龄前儿童配方奶粉。

五、维生素 B_2(核黄素)

1. 性状。别名核黄素。为橙黄色结晶性粉末，微臭，味微苦。干燥时不受漫射光的影响，溶液遇光易变质。在碱性溶液中遇光变质更快，其饱和溶液对石蕊显中性。在乙醇、乙醚、三氯甲烷中几乎不溶，但在稀碱溶液中溶解度很大。本品对热及酸比较稳定，在中性及酸性溶液中，即使短时间高压消毒亦不致破坏。特别易受紫外线破坏，对还原剂也不稳定。

2. 应用。维生素强化剂、着色剂。核黄素的需要量同硫胺素一样，取决于多种因素，如温度、食物成分等。低温与高温时需要量都较高。食物中硫胺素不足时，则核黄素的需要量提高。

可用于谷类及其制品、饮液、乳饮料、婴幼儿食品、食盐、固体饮料、配制酒、营养性固体饮料、胶基糖果、含乳固体饮料、豆奶粉、豆粉、豆浆、豆奶、即食早餐谷类食品、果冻、可可粉及其他口味营养型固体饮料、孕产妇配方奶粉、儿童配方奶粉、方便面粉包。

六、维生素C

1. 性状。别名L－抗坏血酸。为白色或微黄色结晶或结晶性粉末，无臭，有酸味。易分解，露置月光下色渐变深。干燥品在空气中相当稳定，但其溶液在空气中迅速变质。

2. 应用。维生素C和抗坏血酸钠均可作维生素强化剂，参与机体内复杂的代谢过程，尤其是氧化还原反应。主要作用是促进胶原蛋白等细胞间质的合成、有利于抗体的形成，同时还具有解毒、降低血清胆固醇含量以及治疗多种疾病等作用。缺乏时，毛细血管脆性增加，渗透性变大，易出血、伤口不愈合、骨质变脆、造成坏血病。本品可使三价铁还原成易于吸收的二价铁，对防止缺铁性贫血有一定意义。

可用于果泥、饮液及乳饮料、水果罐头、夹心硬糖、婴幼儿食品、高铁谷类及其制品、乳粉、胶基糖果、豆奶粉、豆粉、果冻、硬糖、碳酸饮料、果汁（味）型饮料、即食早餐谷类食品、可可粉及其他口味营养型固体饮料、酸乳、孕产妇配方奶粉、学龄前儿童配方奶粉。

七、烟酸

1. 性状。别名尼克酸、维生素PP。为白色或浅黄色结晶，或结晶性粉末，无臭或微臭，味微酸。略溶于水，易溶于热水、热乙醇、苛性碱溶液和碳酸盐溶液中，几乎不溶于乙醚。无吸湿性，对光、热、空气、酸、碱的稳定性均强。将溶液加热几乎不分解。

2. 毒性。大鼠经口LD_{50}为7.0g/kg；ADI不作特殊规定（EEC，1990）。

3. 应用。维生素强化剂。本品为辅酶的构成成分之一，对生物体内代谢有重要意义。也可由肠内细菌合成，还可由体内的色氨酸合成。一般不易引起缺乏症，但以玉米之类不含烟酸的食品，或以含烟酸代谢拮抗物质的食品为主食时，往往发生缺乏而导致糙皮病。最近作为肉类制品的发色剂代替部分亚硝酸盐（与维生素C合用，用量0.1%～0.02%）。

可用于谷类及其制品、婴幼儿食品、饮液及乳饮料、软饮料、固体饮料、豆奶粉、豆粉、豆浆、豆奶、含乳固体饮料、即食早餐谷类食品、可可粉及其他口味营养型固体饮料、果汁（果味）型饮料。

八、维生素B_6

1. 性状。别名盐酸吡哆醇或5′－磷酸吡哆醇。白色至淡黄色结晶或白色结晶性粉末。无臭，味酸苦。由乙醇和丙酮的混合液重结晶，得板状或柱状晶体。于206℃熔化并部分分解。10%水溶液的pH 2.2～3.0，空气中稳定。耐热性较好。受日光照射则缓慢分解。水溶液中则加速分解。其溶液对石蕊试验呈酸性，pH值约为3。易溶于水和丙二醇，溶于乙醇。不溶于乙醚、氯仿。于中性溶液内加热至120℃发生聚合，但在酸性或碱性下稳定，不聚合。吡哆醇与吡哆醛、吡哆胺三者同属维生素B_6，三者同时有效。

2. 毒性。大鼠经口LD_{50}为4000mg/kg。

3. 应用。在体内起转氨酶、氨基酸脱羟酶的辅酶作用。缺乏时可导致皮肤病。天然品广泛存在于米糖、酵母、糖蜜、肝脏等中。

可用于婴幼儿食品、饮料、固体饮料、营养性固体饮料、配制酒、软饮料、含乳固体饮料、即食早餐谷类食品、果冻、可可粉及其他口味营养型固体饮料、乳粉、学龄前儿童配方奶粉、孕产妇配方奶粉。

九、维生素B_{12}

1. 性状。别名氰钴胺或羟钴胺。深红色晶体或无定形或结晶性粉末。无味、无臭。呈无水物形态时极易吸潮，暴露于空气中可吸水约12%。晶体吸水后在空气中稳定。微溶于水

(1g/80ml),溶于乙醇、不溶于丙酮、氯仿或乙醚。

2. 应用。本品参与机体内一碳单位代谢，与核酸、胆碱、蛋氨酸的合成以及糖代谢等有关。对骨髓造血功能(幼红细胞的成熟)、肝脏功能和神经系统髓鞘的完整性有一定作用。维生素 B_{12} 缺乏可导致大球性贫血、神经系统障碍。天然品存在于肝脏、肌肉等中。

可用于婴幼儿食品、饮料、软饮料、即食早餐谷类食品、果冻、可可粉及其他口味营养型固体饮料、孕产妇配方奶粉。

十、维生素 K

1. 性状。别名植物甲萘醌、叶绦醌、维生素 K_1,为黄至橙色透明黏稠液体，无臭，遇光易分解。不溶于水，略溶于乙醇，易溶于氯仿、乙醚及植物油。

2. 应用。本品在绿叶蔬菜中含量丰富，水果及各种谷物中含量较低，动物性食物含量居中，可由肠道微生物合成，并可被其利用。参与肝脏合成凝血酶原等。天然品存在于苜蓿、番茄、菠菜中。

可用于婴幼儿食品、孕产妇配方粉。

十一、胆碱

1. 性状。白色结晶或结晶性粉末。有轻微鱼臭，具潮解性，极易溶于水。10% 水溶液的 pH 值为 4.8 ~5.0。溶于甲醇，微溶于乙醇、丙酮。几乎不溶于苯、氯仿、乙醚。晶体稍带三甲胺臭气。

2. 应用。胆碱是维生素之一。它以磷酸酯或是作为乙酰胆碱的形式广泛分布体内，与磷脂的代谢、神经冲动的传递以及阻止异常量的脂肪在肝脏中积累(抗脂肪肝)有关。

可用于婴幼儿食品、饮液、果冻、婴儿配方奶粉、较大婴儿及幼儿配方奶粉、儿童营养配方奶粉。

十二、肌醇

1. 性状。别名环己六醇。白色精细晶体或结晶性粉末。无臭，有甜味。相对密度 1.752,1.524(二水化合物)。在空气中稳定，对热、强酸和碱稳定。其溶液对石蕊呈中性，无旋光性。1g 肌醇可溶于6ml 水。难溶于乙醇，不溶于乙醚及氯仿。属 B 族维生素之一。环状六元醇，有 9 种异构体。其中内消旋肌醇具有生理效果。以磷脂酰肌醇形式广泛分布于细胞内作为组成成分。植物中以磷酸酯的肌醇六磷酸钙镁形式存在。

2. 应用。本品是机体维生素之一，以磷脂酰肌醇(肌醇磷脂)的形式广泛分布体内，并与磷脂的代谢有关。可用于婴幼儿食品、饮液、果汁(果味)型饮料。

十三、叶酸

1. 性状。别名维生素 B_{11}、维生素 M。本品为黄色或黄橙色结晶，或结晶性粉末，无臭，无味，加热至250℃左右颜色逐渐变深，最后成为黑色胶状物。微溶于水，不溶于丙酮、乙醇、氯仿和乙醚等有机溶剂，但溶于苛性碱和碳酸盐溶液。

2. 应用。本品是机体内一碳单位的传递体，在嘌呤和嘧啶的合成上起重要作用，与蛋白质合成密切相关，缺乏时可引起生长不良。

可用于婴幼儿食品、孕妇、乳母专用食品、孕妇及乳母专用奶粉、固体饮料、免淘洗大米、面粉、含乳固体饮料、即食早餐谷类食品、果冻、可可粉及其他口味营养型固体饮料、乳粉、孕妇、乳母专用液体乳类、孕产妇配方奶粉、婴儿配方奶粉、较大婴儿及幼儿配方奶粉、儿童配方奶粉、学龄前儿童配方奶粉。

十四、泛酸

1. 性状。又名维生素 B_5，浅黄色黏稠油状物，能溶于水、醋酸乙酯、冰醋酸等，略溶于乙醚、戊醇，几乎不溶于苯、氯仿，具有右旋光性。对酸、碱和热均不稳定。

2. 应用。泛酸的活性形式是辅酶 A，泛酸具制造抗体功能，在维护头发、皮肤及血液健康方面亦扮演着重要角色；在全部已知食物中都有足够量的泛酸。动物缺乏泛酸将导致生长不良，发生皮炎、肾脏损伤、贫血等。

可用于婴幼儿食品、孕妇及乳母专用食品、孕妇及乳母专用奶粉、固体饮料、免淘洗大米、面粉、含乳固体饮料、即食早餐谷类食品、果冻、可可粉及其他口味营养型固体饮料。乳粉、孕妇、乳母专用液体乳类、孕产妇配方奶粉、婴儿配方奶粉、较大婴儿及幼儿配方奶粉、儿童配方奶粉、学龄前儿童配方奶粉。

十五、生物素

1. 性状。又名维生素 H，辅酶 R。为无色长针状晶体，具有尿素和噻吩相结合的并环，并带有戊酸侧链。极微溶于水和乙醇，不溶于其他常见的有机溶剂。在中等强度的酸及中性溶液中可稳定数日，在碱性溶液中稳定性较差。在普通温度下相当稳定，但高温和氧化剂可使其丧失活性。

2. 应用。本品是人体脂肪代谢及其他羧基化反应的重要辅酶，可构成视沉细胞内感光物质；维持上皮组织的完整和健全；增强机体免疫反应和抵抗力，维持正常生长发育。可用于婴幼儿食品、饮液、学龄前儿童配方奶粉。

十六、左旋肉碱

1. 性状。也叫维生素 BT，是一种白色晶状体或白色透明细粉。极易吸潮，具有较好的溶水性。

2. 应用。左旋肉碱是一种类似维生素的重要营养物质，是机体产生能量来源物质——脂肪酸的载体，令其在线粒体基质中氧化，产生能量。左旋肉碱可有效地降低胆固醇和甘油三酯，燃烧脂肪；控制体重，增强心肌细胞氧化脂肪的能力，减少心肌负担；促进丙酮酸的代谢，减少乳酸在肌肉细胞中的堆积，缓解疲劳；预防运动时产生脂质过氧化物，减少细胞不受这些过氧化物的破坏，使细胞老化缓慢，延缓人体衰老。

可用于乳粉、果蔬汁饮料、乳饮料及婴幼儿配方奶粉中。

◙知识拓展

我们吃的加工过的面粉、大米中普遍缺乏维生素 B_1、B_2，为了解决这一问题，某些市售的面粉和大米中就会加入这些营养素，从而预防由于这些维生素缺乏所导致的疾病。另外由于饮食习惯等原因造成的缺铁，则可以通过食用市售的铁强化酱油改善这一问题。

任务3　无机盐类

无机盐亦称矿物质。它是构成人体组织和维持机体正常生理活动所必需的成分。除了排除体外，无机盐既不能在机体内合成，也不会在新陈代谢过程中消失。人体每天都有一定量排出，所以需要从膳食中摄取足够量的各种无机盐来补充。构成人体的矿物质元素，按其含量多少，一般可分为大量或常量元素，以及微量元素两类。前者含量较大，通常以百分比计，有钙、磷、钾、钠、硫、氯、镁 7 种，后者含量甚微，食品中含量通常以 mg/kg 计。目前所知的必需微量元素有 14 种，即 Fe、Zn、Cu、I、Mn、Mo、Co、Se、Cr、Ni、Sn、Si、F 和 V。

无机盐不仅是构成机体骨骼支架的成分，而且对维持神经、肌肉的正常生理功能起着十分重要的作用，同时还参与调节体液的渗透压和酸碱度，又是机体多种酶的组成成分，或是某些具有生物活性的大分子物质的组成成分。

无机盐在食物中分布很广，一般均能满足机体需要，只有某些种类比较易于缺乏，如钙、铁和碘等。特别是对正在生产发育的婴幼儿、青少年、孕妇和乳母，钙和铁的缺乏较为常见，而碘和硒的缺乏，则依环境条件而异。对不能经常吃到海产食物的山区人民，则易缺碘，某些贫硒地区易缺硒。此外，近年来还认为像锌、钾、镁、铜、锰等也有强化的必要。

钙是人体含量最丰富的矿物质，其含量占体重的 1.5% ~2%，99% 都集中于骨骼和牙齿中，并是其重要的组成成分，其余 1% 存在于软组织和体液中，血中的钙作为有机酸盐维持细胞的活力。钙对神经的感应性、肌肉的收缩和血液的凝固等都是必需的，并且它还是机体许多酶系统的激活剂。缺乏时可引起骨骼和牙齿疏松，儿童生长停滞（骨骼畸形，如佝偻病；机体抵抗力降低等）。用于食品强化的钙盐品种有很多，它们不一定是可溶性的（尽管易溶于水有利吸收），但应是较细的颗粒。摄取时应注意维持适当的钙、磷比例。食物中植酸盐含量高，可影响钙的吸收，而维生素 D 则可促进钙的吸收。铁是人体最丰富的微量元素，含量为体重的 $(3.5 \sim 5.0) \times 10^{-5}$。其中，血红蛋白含铁最多，约占总铁量的 65%，肌红蛋白占 5%，其余则以铁蛋白等形式贮存，在机体中参与氧的运转、交换，以及组织呼吸过程，如果铁的携氧能力受限，或铁的数量不足，则可产生缺铁性或营养性贫血，必须予以补充。用于强化的铁盐，种类也很多。一般来说，凡是容易在胃肠道中转变为离子状态的铁，均易于吸收，二价铁比三价铁易于吸收。抗坏血酸和肉类可增加铁的吸收，而植酸盐和磷酸盐等则可降低铁的吸收。铁化合物一般对光不稳定，抗氧化剂可与铁离子反应而着色。因此，凡是使用抗氧化剂的食品最好不用铁强化剂。

除了钙盐和铁盐之外，还有锌盐、钾盐、镁盐、铜盐、锰盐以及碘、硒等。它们在人体内含量甚微，但对维持机体的正常生长发育非常重要，缺乏时亦可引起各种不同程度的病症。

一、硫酸亚铁

1. 性状。为蓝绿色结晶或颗粒，无臭，略带咸味，有收敛性。在干燥空气中易风化，在潮湿空气中逐渐氧化，形成黄褐色碱性硫酸铁。无水物为白色粉末，与水作用则变成蓝绿色。不易溶于乙醇。

2. 毒性。大鼠经口 LD_{50} 为 279 ~558mg/kg（以 Fe 计）。

3. 应用。作为铁强化剂可用于谷类及其制品、饮料、乳制品、婴幼儿食品、高铁谷类及其制品、食盐、夹心糖、可可粉及其他口味营养型固体饮料、方便面粉包、学龄前儿童配方奶粉、孕产妇配方奶粉。

二、葡萄糖酸亚铁

1. 性状。为浅黄色或微带灰绿的黄色粉末或颗粒，稍有类似焦糖的气味，味涩。在水中溶解，在热水中易溶，在乙醇中几乎不溶，应避光密闭保存。

2. 应用。吸收率高，药物作用同硫酸亚铁。参与血红蛋白的合成，在传递氧和人体代谢活动中有重要作用。可作为铁强化剂、颜色稳定剂，用于谷类及其制品、饮料、乳制品、婴幼儿食品、高铁谷类及其制品、食盐、夹心糖。

三、柠檬酸铁

1. 性状。根据组成成分的不同为红褐色粉末或透明薄片。在冷水中溶解缓慢，极易溶于热水，不溶于乙醇。水溶液呈酸性，可被光或热还原，逐渐变成柠檬酸亚铁。本品铁含量为16.5%～18.5%。

2. 应用。可作为铁强化剂用于强化调制奶粉、面粉和饼干等。因其呈褐色，故不宜用于不宜着色的食品。

四、柠檬酸铁铵

1. 性状。本品为结构和组成尚未测定的铁、氨和柠檬酸的复合盐。为棕色或绿色的碎片、颗粒或粉末，无臭或稍有氨臭，味咸，微带铁味。极易溶于水，不溶于乙醇，溶液对石蕊呈酸性。在空气中易潮解，对光不稳定，在日光作用下，还原为亚铁，遇碱性溶液有沉淀析出。棕色品铁含量较高(16.5%～22.5%)，绿色品铁含量较低(14.5%～16.0%)。

2. 应用。可用于强化饼干、调制乳粉等。因色泽问题，不适用于不宜着色的食品，又因吸湿性强，也不适用于乳粉等干燥食品。

五、富马酸亚铁

别名富血铁，为橘红色或红棕色颗粒状粉末，无臭，几乎无味。溶于酸即释放出富马酸。理论铁含量为32.9%。

可用于谷类及其制品、饮料、乳制品、婴幼儿食品、高铁谷类及其制品、食盐、夹心糖、含乳固体饮料、可可粉及其他口味营养型固体饮料。

此外作为铁强化剂，焦磷酸铁可用婴幼儿配方奶粉、孕产妇配方奶粉及西式糕点中；甘氨酸亚铁可用于免淘米中；乳酸亚铁可用于豆奶粉、饼干中；乙二胺四乙酸铁钠用于酱油和饼干中；乳铁蛋白用于婴幼儿配方奶粉中。

六、碳酸钙

1. 性状。为白色微细粉末，无臭，无味，但易吸收空气中的臭气，可溶于稀乙酸、稀盐酸、稀硝酸并产生二氧化碳，难溶于稀硫酸，几乎不溶于水和乙醇。在空气中稳定。

2. 应用。可用于谷类及其制品、饮液及乳饮料、婴幼儿食品、乳粉、软饮料、豆奶粉、豆粉、藕粉、即食早餐谷类食品、调制乳(包括调味乳和其他使用非乳原料的液体乳)。

七、乳酸钙

1. 性状。为白色结晶性颗粒或粉末，几乎无臭，无味。缓慢溶于冷水，成为澄明或微浑浊的溶液。易溶于热水，几乎不溶于乙醇、乙醚或氯仿。

2. 毒性。ADI不作限制性规定(FAO/WHO,1994)。

3. 应用。可用作钙强化剂、稳定剂、pH调整剂。本品可用作一般食品的钙强化。由于人体对本品的吸收率最好，故很适宜作为幼儿及学龄儿童的营养强化剂。可用于谷类及其制品、饮料及乳饮料、婴幼儿食品、鸡蛋黄粉、鸡蛋白粉、鸡全蛋粉、软饮料、果冻。

八、柠檬酸钙

1. 性状。为白色粉末，无臭，稍吸湿。极难溶于水。几乎不溶于乙醇。加热至100℃逐渐失去结晶水，至120℃则完全失去结晶水。本品理论钙含量为21.08%。

2. 毒性。ADI不作特殊规定(FAO/WHO,1994)。

3. 应用。可用作钙强化剂、缓冲剂、凝固剂、螯合剂。用于谷类及其制品、饮液及乳饮料、软饮料。

九、磷酸氢钙

1. 性状。别名二代磷酸钙、磷酸二钙。本品为白色结晶性粉末，无臭，无味，在空气中稳定。几乎不溶于水，不溶于乙醇，易溶于稀盐酸、硝酸和乙酸。加热到75℃以上称为无水盐，强热则变成焦磷酸钙。

2. 毒性。ADI 0 ~ 70mg/kg（以磷计磷酸盐总量：FAO/WHO，1994）。

3. 应用。可用作钙强化剂、乳化稳定剂、面团调理剂。可用于谷类及其制品、饮液及乳饮料、婴幼儿食品、含乳固体饮料、可可粉及其他口味营养型固体饮料。

十、葡萄糖酸钙

1. 性状。本品为白色结晶状颗粒或粉末。无臭，无味，在空气中稳定，在水中缓慢溶解。不溶于乙醇和其他许多有机溶剂。本品理论钙含量为9.31%。

2. 应用。可作用钙强化剂、稳定剂、螯合剂。用于谷类及其制品、饮料及乳饮料、软饮料。

此外，作为钙强化剂，活性钙可用食盐、肉松中；枸缘酸－苹果酸钙可用于乳饮料、果汁饮料、免淘米中；氯化钙可用于软饮料、调制水中；醋酸钙可用于醋中；磷酸三钙可用于婴幼儿配方奶粉中；超细纤维粉可用于肉灌肠、肉干制品、肉酱制品中；天冬氨酸钙、L－苏糖酸钙、甘氨酸钙、氨基酸钙均可作为钙源添加于食品中。

十一、硫酸锌

1. 性状。本品含1或7分子水，为无色透明的棱柱体或小针状体，或是粒状结晶性粉末，无臭。相对密度1.957，熔点100℃，易溶于水，微溶于乙醇和甘油。干燥空气中逐渐风化，加热至767℃时则分解成ZnO和SO_3。食品级产品主要用于食品，用作营养增补剂、锌强化剂等。本品锌含量为22.7%。

2. 毒性。小鼠经口LD_{50}为1.18g/kg，大鼠经口为2949mg/kg。

3. 应用。可用作锌强化剂。锌维持机体正常发育，它是许多金属酶的组成成分或酶的激活剂。人体内含锌的酶在100种以上。锌参与机体DNA、RNA和蛋白质的合成。并维持维生素A的正常代谢和正常味觉功能，促进伤口愈合，维护免疫功能。

可用于乳制品、婴幼儿食品、饮液及乳饮料、谷类及其制品、食盐、软饮料、可可粉及其他口味营养型固体饮料、孕产妇配方奶粉。

十二、葡萄糖酸锌

1. 性状。本品为无水物或含有3分子水的水合物。无臭，无味，白色或几乎白色的颗粒，或结晶性粉末。易溶于水，极微溶于乙醇。

2. 应用。可作用锌强化剂。可用于乳制品，婴幼儿食品，饮液及乳饮料、谷类及其制品、食盐、软饮料。

此外作为锌强化剂，乳酸锌可用于含乳固体饮料、豆奶粉、果冻中；甘氨酸锌可用于强化锌饮料、谷类及其制品、乳制品、婴幼儿配方食品中；柠檬酸锌可用于液体乳中；氧化锌可用于即食谷物、方便面中。

十三、碘化钾

本品为无色透明或白色立方晶体，或颗粒性粉末，在干燥空气中稳定，在潮湿空气中略有吸湿，水溶液遇光变黄，并析出游离碘。主要在缺碘地区用于强化食用盐。碘化钾中碘含量为76.4%。可用于食盐，婴幼儿食品。

此外，作为碘强化剂，碘酸钾可用于婴幼儿食品、固体饮料中；碘化钠可用于婴幼儿配方食品中；海藻碘可用于鲜乳中。

十四、亚硒酸钠

别名亚硒酸二钠。本品为白色结晶，在空气中稳定，易溶于水，不溶于乙醇。五水物易在空气中风化失去水分，加热至红热时分解。本品理论含硒量为45.7%。

硒是人体必需微量元素，其主要生理功能是以谷胱甘肽过氧化物酶的形式发挥抗氧化作用，保护细胞膜的完整性。应特别注意的是，过量摄入可引起中毒。

可用于食盐、饮料及乳饮料、乳制品、谷类及其制品、饼干、婴幼儿配方奶粉。

十五、硒化卡拉胶

本品为微黄至土黄色粉末，有微臭，在水中形成均匀水溶胶。水溶胶呈酸性，在乙醇中几乎不溶。

通常，有机硒化物的安全性比无机硒化物低，且有更好的生物可利用性的生理增益作用。作为硒营养增补剂，可制成饮液、片剂、颗粒、胶囊等

十六、富硒酵母

为黄色粉末，一般含硒300mg/kg，最高可达1000mg/kg，其中有机硒含量在95%以上，与蛋白质（胱氨酸）结合的约占总有机硒量的83%。另含蛋白质55.8%，维生素 B_1 3.2mg/kg，维生素 B_2 33.2mg/kg。

作为硒营养增补剂，可制成饮液、片剂、颗粒、胶囊，可作为运动营养食品。

此外，作为硒营养增补剂，L－硒－甲基硒代半胱氨酸可用于中老年奶粉中；硒酸钠可用于花茶中；硒蛋白及富硒食用菌粉可按规定添加于食品中。

十七、硫酸镁

1. 性状。又称苦盐、泻盐。本品七水物结晶品为无色柱状或针状结晶，三水物干燥品为白色结晶性粉末或粉末。无臭，均有咸味和苦味。易溶于水，缓慢溶于甘油，微溶于乙醇，水溶液呈中性。在67.5℃时溶于自身的结晶水中。常温下在干燥空气中失去1分子结晶水而被风化。受热分解，70℃～80℃时失去4分子结晶水，150℃时失去6分子结晶水，200℃时失去全部结晶水而成无水物。

2. 毒性。ADI不作特殊规定（FAO/WHO，1994）。

3. 应用。镁可激活体内多种酶，参与体内蛋白质合成、肌肉收缩和体温调节作用，以及抑制神经的兴奋性等。

可用于乳制品、婴幼儿食品、饮液及乳饮料、矿物质饮料、可可粉及其他口味营养型固体饮料、果汁（果味）型饮料、运动饮料。

此外碳酸镁可用于孕产妇配方奶粉、饮料中；氧化镁可用于乳粉中；磷酸氢镁可用于婴幼儿配方食品中；氯化镁可用于儿童配方奶粉中。

十八、硫酸铜

1. 性状。为蓝色结晶或颗粒，或深蓝色结晶性粉末，有金属味，在干燥空气中缓慢风化，高于150℃形成易吸水的白色无水硫酸铜，在650℃分解成氧化铜。易溶于水，呈酸性，溶于稀乙醇，不溶于无水乙醇。

2. 毒性。大鼠经口 LD_{50} 为300mg/kg；ADI尚未规定（FAO/WHO，1994）。

3. 应用。铜可促进结缔组织的形成和骨骼的正常发育，并可维持中枢神经系统的健康，

缺乏时可有使生长迟缓等影响。

可用于乳制品、婴幼儿食品、饮液、孕产妇营养配方奶粉、学龄前儿童配方奶粉、孕产妇配方奶粉。

此外，葡萄糖铜可用于乳制品、婴幼儿配方食品中。

十九、硫酸锰

1. 性状。为浅粉红色单斜晶系粗晶体。无臭。相对密度 2.95，加热到 200℃以上时开始失去结晶水，约在 280℃时失去大部分结晶水，至 700℃时成无水盐熔融物，800℃时开始分解，残留黑色的不溶性四氧化三锰，约在 1150℃时完全分解。易溶于水，不溶于乙醇。

2. 毒性。小鼠腹腔注射 LD_{50} 为 332mg/kg。

3. 应用。锰作为多种酶的组成部分，参与体内的造血过程，促进细胞内脂肪的氧化作用，可防止动脉粥样硬化。锰缺乏时可引起生长迟缓、骨质疏松和运动失常等。过量的锰会引起帕金森症或震颤麻痹样的症状。

可用于婴幼儿食品、饮液、孕产妇营养配方奶粉、学龄前儿童配方奶粉、孕产妇配方奶粉。

二十、氯化钾

1. 性状。为无色细长菱形或立方晶体，或白色粗粉。无臭，有咸味。相对密度 1.987，熔点 773℃。15℃时饱和水溶液的相对密度为 1.172，pH 值约 7.0，在空气中稳定。其溶液对石蕊呈中性。易溶于水，溶于甘油，微溶于乙醇。

2. 毒性。大鼠经口 LD_{50} 2600mg/kg，ADI 不作特殊规定（FAO/WHO，1994）。

3. 应用。可用于强化钾（供人体电解质用），配制运动员饮料等。可强化凝胶作用（尤其是卡拉胶等）。

任务 4　其他类

一、核苷酸类

母乳中含有多种核苷酸，为提高婴儿的免疫调节功能和记忆力发挥作用，婴幼儿奶粉均可按照母乳中的含量添加微量核苷酸。常用的核苷酸有：5′－单磷酸胞苷（5′－CMP）、5′－单磷酸尿苷（5′－UMP）、5′－单磷酸腺苷（5′－AMP）、5′－腺苷酸、5′－腺苷酸二钠、5′－鸟苷酸二钠、5′－尿甘酸二钠、5′－胞苷酸二钠。

二、不饱和脂肪酸类

二十二碳六烯酸（DHA）和花生四烯酸（AA），均为长链多不饱和脂肪酸，是人体大脑皮层及视网膜的重要组成部分。婴儿处在快速成长阶段，体内的 DHA 相对不足，适当补充有助于大脑神经及视力的发育。可在婴幼儿配方奶粉中适量添加 DHA 和 AA，但 DHA 和 AA 易氧化，因此还需添加足量的前体物亚油酸、亚麻酸。DHA 和 AA 过量会产生副作用。

棕榈油含十六碳棕榈酸（即单不饱和脂肪酸）较多，饱和脂肪酸较少，经过调整后脂肪酸组态接近母乳，不会降低钙质的吸收。因此在婴幼儿配方食品中可添加 1，3－二油酸－2－棕榈酸甘油三酯。

共轭亚油酸及亚油酸的衍生的一组亚油酸异构体，在脂质和葡萄糖代谢中起作用，具有抗肿瘤、抗氧化、降低动物和人体胆固醇以及甘油三酯和低密度脂蛋白胆固醇、抗动脉粥样硬化、提高免疫力、提高骨骼密度、防止糖尿病等多种重要生理功能。可用于新资源食品中。

三、功能性糖源

功能性低聚糖是由2～10个相同或不同的单糖聚合而成，具有糖类某些共同的特性，可直接代替蔗糖，作为甜食配料，但不被人体胃酸、胃酶降解，不在小肠吸收，可到达大肠；具有促进人体双歧杆菌的增殖等生理特性。低聚半乳糖作为双歧杆菌的增殖因子引起人们的关注。因此在婴幼儿配方食品中可添加低聚半乳糖、低聚果糖、多聚果糖(含低聚果糖)、棉籽糖等作为益生元类物质来源。

菊粉是一类天然果聚糖的混合物，其中含有少量的低聚果糖，是十分理想的功能性食品配料，同时也是生产低聚果糖、高果糖浆、结晶果糖等产品的良好原料，可用于新资源食品中。

四、植物乳杆菌

植物乳杆菌是乳酸杆菌中的一种，常存在于发酵的蔬菜和果汁中。植物乳杆菌作为人体胃肠道的益生菌群，具有维持肠道内菌群平衡、提高机体免疫力和促进营养物质吸收等多种功能。植物乳杆菌对食盐、亚硝酸盐具有良好的耐受性，对蛋白质、脂肪无明显直接的分解作用等特点，在发酵肉制品中应用很多。同时，也广泛用于发酵植物性食品，此外利用植物乳杆菌还可以生产共轭亚油酸。

此外，蛹虫草、初乳碱性蛋白粉、杜仲油均可作为新资源食品。

项目三　营养强化剂在食品工业中的应用

Food Additives

任务1　食品强化技术与方法

食品的营养强化，除应根据不同的食品选取适当的营养强化剂之外，还应根据食品种类的不同，采取不同的强化方法。按照食品加工工艺的不同，通常采用以下几种方法。

一、在食品原料中添加

将需要强化的营养素按规定直接添加到食品原料之中的方法。如人们为了对大米和小麦面粉进行营养强化，预先将部分大米用强化剂制成强化米，而后按一定的比例混入普通大米中，对于面粉通常也是先将需要补充的营养素与少量面粉或淀粉制成含量较高的基料，然后再按要求与数百倍的普通面粉混合均匀，从而保证大米、面粉中含有所需的营养强化剂。

这种方法操作简便，但强化剂在食品加工、储存期间易于损失。例如普通强化米，在烹调前的淘洗中易大量损失所强化的水溶性强化剂。为此，人们正对其强化工艺加以改进。例如对强化米涂膜，尽量减少其水洗时的损失。

二、在加工过程中添加

将需要强化的营养素按规定在食品加工时添加到食品中的方法，这是强化食品最普遍采用的方法。如罐装粉状的强化婴儿食品、罐装果汁和果汁粉、人造奶油以及各类糖果、糕点等，在食品加工的过程中添加营养强化剂。这种方法使所添加的营养素分布均匀。但由于食品加工常与热、光和金属接触，因而不可避免地会使强化剂受到一定的损失，特别是那些对热敏感的强化剂，如维生素 C 等，则更应注意添加的时机，尽量降低其损失。与此同时，可适当加大强化剂量，以保证成品中达到所需的强化剂量水平。

三、在成品中添加

为了减少强化剂在加工过程中被破坏，对于某些产品可采用的加工的最后工序或在成品中混入的方法。例如，对强化麦乳精、调制乳粉、代乳粉等多种营养素的营养强化，可以在成品中最后混入，或者在喷雾干燥前添加，并使之在食品中均匀分布。这种方法对强化剂的保存最为有效。但由于各种食品加工工艺不同，如罐装食品和某些糖果、糕点等，则只能在杀菌、焙烤之前加入；压缩饼干的营养强化则多在普通饼干粉碎后将所需要的营养强化剂加入、混匀，再压缩、包装，因而并非所有的强化食品均能采用此法。

四、其他添加法

除了以上 3 中添加方法外，近年来也有观点认为用物理、化学或生物手段对食品营养进行优化，使之转变相应的营养强化剂，从而达到提高食品营养价值的目的。如用物理方法将酵母中的麦角固醇在紫外线照射下转变成麦角钙化醇；用化学方法将食物蛋白质经初步水解后制成一些氨基酸类食品；而利用生物作用可以将食品中原有成分转变成人体所需营养素，例如大豆发酵后，不但其蛋白质受微生物酶作用而分解，而且还可以产生一定量的 B 族维生素，尤其是可以产生植物性食品中所缺少的维生素 B_{12} 等。

任务 2 营养强化剂的使用原则

由于食品直接关系到食用者的身体健康，国家对强化食品中营养强化剂的选择和使用量都作了严格的规定。面对几十种营养强化剂，有些企业往往由于营养强化剂的选择和使用不当，造成食品色泽发生变化、有异味或营养素含量不合格等，给企业和消费者带来不良影响。

食品企业如何正确选择营养强化剂，能够真正起到营养强化剂作用，对食品原有的色、香、味、形没有影响，成本能够接受，能够在生产工艺中正确使用，尽可能减少营养素损失是非常重要的。营养强化剂的使用应符合以下原则：

1. 营养强化剂的使用不能导致人群食用后营养素及其他营养物质摄入过量或不均衡，不会导致任何其他营养物质的代谢异常。

2. 添加到食品中的营养强化剂应能在常规的储藏、运输和食用条件下保持质量的稳定。

3. 添加的营养强化剂不会导致食品一般特性如颜色、味道、气味、烹调特性等发生不良改变。

4. 不应通过使用营养强化剂夸大强化食品中某一营养成分含量或作用，误导和欺骗消费者。

5. 营养强化剂的使用不应鼓励和引导与国家营养政策相悖的食品消费模式。

任务 3 强化载体选择原则

针对不同的营养强化剂的特性，需要合理选择强化载体，以免在食品加工、保存等过程中营养强化剂失去原有的效果。选择营养强化剂的强化载体作为强化食品应符合以下原则：

1. 应选择目标人群普遍消费且容易获得的食品进行强化。

2. 强化载体食物消费量应比较稳定，有利于准确计算营养强化剂的添加量，同时能避免由于食品的大量摄入而发生人体营养素及其他营养物质的过量。

3. 已经是某营养素良好来源的天然食物，不宜作为该营养素的强化载体。

任务4　营养强化剂使用注意事项

营养强化剂发展很快，在现实生产中不仅要根据各种营养强化剂的性质和被添加食品的性质来选择合理的营养强化剂，而且添加时也要严格遵守相关的标准和规定，以免造成不必要的麻烦。使用强化剂应该注意以下几点：

1. 严格执行《食品安全国家标准 食品营养强化剂使用标准》和《食品营养强化剂卫生管理办法》；安全、卫生、可靠。

2. 强化剂的添加不得破坏必需营养素之间的平衡关系。

3. 添加的强化剂在正常的加工过程中和正常的储存条件下性质稳定。

4. 强化对象最好是大众化的，日常食用的食品和乳粉主副食、调味品等。产品应有食用指导，防止消费者由于追求时尚或偏见而误食或者是过量摄入，防止引起副作用，甚至中毒。

5. 需事先调查当地居民饮食情况和营养状况等。

6. 食品中的强化剂是针对某种营养缺乏进行强化，它并非表明真正的合理营养，所以在使用这种产品时要非常谨慎。

7. 强化剂不能影响食品的色、香、味、形，不能降低食品的品质。

我国营养强化作用经过二三十年的发展，虽然取得了一些成效，但与发达国家营养强化食品加工业高度自动化相比，生产技术尚不成熟；而且由于起步较晚，相关的法规和标准体系不够健全和完善，所以使得我国在营养强化剂的应用过程中存在很多问题。

随着食品法规体系的不断健全完善及食品科学技术的不断创新，营养强化剂必将在食品加工业中起到越来越重要的作用，我国广大的消费者必将通过选择由各种全面的、大众化的食品组成的平衡饮食，借助于各种基于天然营养素的“营养强化食品”，获得必需的营养物质，维持最佳的健康状态，有效提高我们的身体素质和生活质量。

Food Additives

项目四　食品营养强化存在的安全问题

在发达国家里，不管是新生儿畸形问题，还是营养缺乏症，现在都是通过强化食品，如面粉、油盐等来做改善。在我国，随着社会的进步和生活水平的提高，食品营养强化剂在提高人们营养水平上发挥着越来越重要的作用。在食品安全备受关注的今天，应该进一步规范食品营养强化剂的使用。

任务1　食品营养强化安全问题

一、使用易走入误区

《中华人民共和国食品安全法》（以下简称《食品安全法》）给食品添加剂的使用设置了两

个前提标准：一是技术确有必要；二是安全可靠。食品营养强化剂是作为增强营养成分而添加到食品中的，因而有些人认为添加得越多越好，易出现超范围、超量使用的情况。其实，食品营养强化剂的使用范围和使用量要符合《食品安全国家标准 食品添加剂使用标准》和《食品安全国家标准 食品营养强化剂使用标准》的要求，生产或使用未列入标准的食品营养强化剂品种或需要扩大使用范围和增加使用量，需经卫生部批准，生产复合食品营养强化剂时也需申报。如果将没有经过评估审批的营养强化剂添加到食品中就是一种违法行为。

食品营养强化的理论基础是营养素平衡，滥用食品营养强化剂不但不能达到增加营养的目的，反而会造成营养失调而危害到消费者的健康。为保证强化食品的营养水平，避免强化不当而引起的不良影响，使用强化剂时首先要合理确定各种营养素的使用量。强化食品虽然能防止营养性缺乏病，但也不能滥用。在食用强化食品时，人们要有针对性地选择那些需要补充的营养素。因为营养素之间有平衡关系，各种营养素的补充比例必须合理，不能偏补或过补。最近的“碘盐致病疑云”就关系到食品营养强化剂的使用量问题，不同地区的水质和人们饮食习惯的差异，都可能导致碘需要量的不同，食盐添加碘的量应该根据不同地区居民的碘营养状况进行合理调整。

二、标准存在的问题

我国现有的许多标准存在食用周期长、更新速度慢的问题。《（GB 14880－1994）食品营养强化剂使用卫生标准》距今已实施了二十年，随着食品营养强化剂可应用的食物品种和应用范围的增加，与当今发展不相适应，随着新版 GB 14880－2012 的颁布与实施，这种现象发生改变。2000 年，有关方面制定《（GB 5461－2000）食用盐》时，将食盐中碘含量调整为 20～50mg/kg，而《（GB 14880－1994）食品营养强化剂使用卫生标准》中有关碘盐的浓度却没随之修改，食盐碘强化量仍是 20～60mg/kg。2003 年，《（GB 2721－2003）食用盐卫生标准》出台，规定食盐碘含量按 1994 年的标准执行，即 20～60mg/kg，因此造成了“标准打架”的问题，这不仅让众多食品生产企业无所适从，也使得有关部门在执法时陷入困境。中国营养学会的一份报告显示：中国城市居民日均盐摄入量为 11g，农村居民达到 17g。这意味着，根据目前市面上多数碘盐中每克盐含碘 20～50μg 计算，中国人每天摄碘量达到了惊人的 220～850μg，远远超过了世界卫生组织规定的 200μg/天的安全线，尽管《（GB 26878－2011）食品安全国家标准 食用盐碘含量》已经颁布实施，但不可否认的是，已有的标准陈旧不全已成为我国食品安全体系的软肋，制约了产品的技术进步及进出口贸易的发展。因此，标准的及时整合与完善是食品企业科学管理、生产组织、质量检验和控制的基础，也是有关部门对食品生产经营过程实现管理和监督的重要依据之一。

三、食品营养强化剂预混料存在的问题

食品营养强化剂预混料是一种经特别配制的含有多种微量营养素成分的食品添加剂，又称复合营养素、复合营养强化剂。为了使某一特定食品营养全面、均衡，往往需要强化多种营养素，生产应用复合营养素预混合物是一项技术性很强的工作。对食品的安全性也有重要的影响，简单地将各种食品营养强化剂与载体或稀释剂混合在一起是极不负责任的行为。食品营养强化剂预混料不能片面地强调添加某种营养素的作用，而忽略营养素间的平衡和相互协同或拮抗作用。例如，铁与钙磷、锌与钙、锌与铜有拮抗作用，维生素 D 可以促进钙的吸收，维生素 D 过多易中毒；镁与钙有协同作用，镁可以促进钙的吸收。食品营养强化剂预混料的配方确定对食品的安全性影响较大，但对于规模小、效益差的企业而言，要配备素质高的专

业技术人员设计和制定配方并不是件容易的事情，同时也很难保证配方的不断改进及加工工艺的不断完善。

任务2 保证营养强化安全措施

针对以上食品营养强化安全性方面存在的问题，为了确保营养强化食品的安全，有如下几条建议：

一、明确企业是食品质量安全的第一责任人

食品营养强化剂的使用安全有赖于企业自身质量和管理体系的完善，使自己具有良好的企业伦理和道德，建立良好的生产操作规范。安全性是今后食品营养强化剂研发要保证的首要条件，企业应配备专门的技术人员进行研究，在生产加工过程中，建立一套有效的卫生管理和质量监控体质，确保营养强化剂的安全使用。

二、完善标准体系

相关标准制修订部门应制定解决标准老化问题的具体措施，树立正确的标准导向，完善、整合现有的标准体系。认真研究、修订、完善有关食品强化剂的管理法规和标准体系，整合完善《食品添加剂使用标准》和《食品营养强化剂使用标准》等相关标准。

自2009年6月1日起，《食品安全法》开始正式实施，明确了统一制定食品安全国家标准的原则。该法要求国务院卫生行政部门对现行的食用农产品质量安全标准、食品卫生标准、食品质量标准等予以整合，统一公布食品安全国家标准。

政府相关部门应定期地、不断地更新和完善食品营养强化剂相关标准，建立现代化信息平台，将新修订的标准及审核通过的和扩大了使用范围及使用量的食品营养强化剂相关标准在网上公布，提供免费查询服务，以利于食品企业的参考和生产操作，从而保证食品营养强化剂的安全使用。

三、加大宣传与监督

我国的中小企业比例大，加工设备和条件较差，员工流动性较大，整体素质较低，为了保证食品企业食品营养强化剂的使用安全，食品监管和政府相关行政部门应加强宣传，促使企业不断加强对员工食品生产安全知识和综合素质的培训，从根本上提高食品从业人员的素质。从帮扶企业的角度出发，进一步加强宣传和培训，使其树立食品安全意识，明确食品营养强化剂的使用不容忽视，不断完善保证食品质量和安全的食品营养强化剂原料验收及生产加工的监控和管理的各项体系。政府行政部门还应定期组织开展专项的抽检和监测，加大对食品企业的监管力度，整治滥用和超范围使用食品营养强化剂的行为。

随着社会的发展和人们营养、健康意识的提高，为了满足各类人群对营养素的需要，添加营养强化剂的食品也会越来越多。而随之发展的生产企业也会不断进行技术革新，同时食品和卫生监管部门也会不断完善相关标准和检测方法的制定和更新，这将会指导食品营养强化向着健康的方向发展。我们相信，随着个性标准和法规的完善和营养强化剂生产企业在管理水平、技术上的不断创新，食品营养强化必将向着更加健康的方向发展。

项目五　营养强化剂的发展趋势

食品营养强化将成为21世纪的朝阳产业，前景十分广阔。根据不同的需求，营养强化食品在开拓出广阔市场的同时，也在不断地发展变化。

一、营养强化内涵向“功能性”和“保健性”拓展

现在保健信息空前增多，使越来越多的消费者相信，饮食以及维生素、矿物质、植物性药材、氨基酸和植物化学成分等有助于预防慢性疾病，提高生活质量。对健康问题的关注焦点已经由解决营养素缺乏拓展到相关营养素和非营养素对特定疾病高危人群的实际效果。营养素强化不再仅仅是以维持身体健康或不生病为目的，消费者更加迫切地希望借助营养素的强化来预防甚至治疗某些特殊疾病，以维持最佳的健康状况。这与功能性食品所倡导的食品“第三功能”，即调节人体机能的功能相吻合。

目前，营养强化向“功能性”和“保健性”发展已成为一大趋势。需要特别指出的是，这种变化趋势并没有造成最初“营养强化”概念的过时，因为总会有一些特定营养素摄入量不足的特定人群，如老年人、素食者、青少年等。食品科技工作者在分析、研究营养强化剂的同时应当高度重视营养素和非营养素功能因子对消费者健康的价值。

二、采用生物技术提高食品原料中营养素的含量

一方面，采用遗传工程来改良一些植物性食品原料的特性，提高其特定营养素含量和生物利用率或通过降低其中矿物质吸收干扰因子的含量，间接提高原料中特定矿物质元素的生物利用率。不少植物性食物中维生素含量已经通过该方法得到了较大幅度的提高。另一方面，也可以通过水、肥或饲料成分控制，在一定限度内改良植物性或动物性食物中的部分营养素和其他功能性组分的含量。例如，采用ω－3多不饱和脂肪酸强化饲料喂养蛋鸡，可生产出富含ω－3多不饱和脂肪酸的营养保健蛋，这将成为人类快速有效补充ω－3多不饱和脂肪酸的重要途径。

三、进行营养强化剂的预混、复合

当前营养素强化追求全面、均衡，强化食品已由早期的单一营养素强化向多种营养素强化发展。为了有效强化食品，制造商已经趋于使用强化剂预混合物产品。根据客户强化不同产品的需求，食品营养强化剂供应商预先配置各种营养素，稀释、分散到一种适配性较强的载体（如葡萄糖、麦芽糊精）中。

营养强化剂预混合物除添加维生素、矿物质、氨基酸和膳食纤维等营养素外，还可添加风味成分、色素以及抗氧化剂等配料，以提高强化食品的品质。

思考题

1. 营养强化剂的作用是什么？营养强化剂的分类有哪些？
2. 食品强化技术与办法有哪些？
3. 简述添加营养强化剂与强化载体的选择原则。
4. 食品营养强化剂使用注意事项有哪些？
5. 简述食盐和酱油中营养强化剂的选择及应用意义。

模块十一

酶制剂

基础理论和知识

1. 酶制剂的定义；
2. 酶制剂的种类；
3. 酶的作用机理。

基本技能及要求

1. 掌握酶制剂的定义及分类；
2. 掌握酶制剂在食品中的应用；
3. 掌握酶的作用机理；
4. 了解食品酶制剂发展动态和趋势。

◈学习重点

1. 酶的作用机理；
2. 酶制剂在食品中的应用。

◈学习难点

1. 酶的作用机理；
2. 酶制剂在食品中的应用。

◈导入案例

自19世纪末德国生物学家毕希纳(Edward Buchner)证明酵母无细胞提取液能使糖发酵产生酒精，第一次提出酶的名称以来，人类已经发现并鉴定出3000多酶。酶作为一种催化剂，已被广泛地应用于轻工业的各个生产领域。近几十年来，随着酶工程的迅猛发展，酶在生物工程、生物传感器、环保、医药等方面的应用也日益扩大，可以说酶已成为国民经济中不可缺少的一部分，现实生活中，人们的衣、食、住、行及其他方面的新技术几乎都离不开酶。

讨论

1. 生活中，你在哪里见过酶制剂？

2. 你了解酶制剂在食品工业中的作用吗？

项目一　酶制剂概述

Food Additives

任务1　酶制剂的定义及分类

一、酶制剂的定义

酶制剂是指动物或植物的可食或非可食部分直接提取，或由传统或通过基因修饰的微生物（包括但不限于细菌、放线菌，真菌菌种）发酵、提取制得，用于食品加工，具有特殊催化功能的生物制品。

二、酶制剂的分类

1. 按来源分类

（1）动物自身酶：由动物的各种分泌腺产生和分泌的，几乎包括了动物所需的各种酶。

（2）人工酶：人工提取的酶主要是消化酶类。

2. 按作用机理分类

（1）加水分解酶：这类酶主要包括淀粉酶、蛋白酶、脂肪酶、纤维素酶、植酸酶、果胶酶等。

（2）氧化还原酶：氧化还原酶是指参与有机物质氧化还原的酶类。主要有脱氢酶和细胞色素氧化酶等，存在于动植物体的体液和组织中，在饲料添加剂中应用不多。

3. 按动物能否合成分类

（1）消化酶：畜禽体内能够合成这类酶并消化营养物质，但因某种原因需要强化和补充。这类酶主要包括淀粉酶、蛋白酶和脂肪酶等。

（2）非消化酶：动物自身不能分泌到消化道内的酶，多来源于微生物，这类酶能消化动物自身不能消化的物质或降解一些抗营养因子。

4. 从制剂类型上分类

（1）单一酶制剂：如淀粉酶、脂肪酶、蛋白酶、纤维素酶和植酸酶等。

（2）复合酶制剂：由一种或几种单一酶制剂为主体，加上其他单一酶制剂混合而成，或者由一种或几种微生物发酵获得。复合酶可同时降解饲粮中多种需要降解的底物（多种抗营养因子和多种养分），可最大限度地提高饲料的营养价值。国内外饲料酶制剂产品主要是复合酶制剂。

◉知识拓展

人体中的酶

人体和哺乳动物体内含有5000种酶。它们或是溶解于细胞质中,或是与各种膜结构结合在一起,或是位于细胞内其他结构的特定位置上(是细胞的一种产物),只有在被需要时才被激活,这些酶统称胞内酶;另外,还有一些在细胞内合成后再分泌至细胞外的酶——胞外酶。酶催化化学反应的能力叫酶活力(或称酶活性)。酶活力可受多种因素的调节控制,从而使生物体能适应外界条件的变化,维持生命活动。没有酶的参与,新陈代谢几乎不能完成,生命活动就根本无法维持。

任务2　酶的作用机理

一、酶作用在于降低反应活化能

在任何化学反应中，反应物分子必须超过一定的能阈，成为活化的状态，才能发生变化，形成产物。这种提高低能分子达到活化状态的能量，称为活化能。催化剂的作用，主要是降低反应所需的活化能，以致相同的能量能使更多的分子活化，从而加速反应的进行。酶能显著地降低活化能，故能表现为高度的催化效率。

二、中间复合物学说

目前一般认为，酶催化某一反应时，首先在酶的活性中心与底物结合生成酶—底物复合物，此复合物再进行分解而释放出酶，同时生成一种或数种产物，复合物的形成，改变了原来反应的途径，可使底物的活化能大大降低，从而使反应加速。

三、酶作用高效率的机理

详细机制仍不太清楚，主要有下列四种因素：

1. 趋近效应和定向效应

酶可以将它的底物结合在它的活性部位，由于化学反应速度与反应物浓度成正比，若在反应系统的某一局部区域，底物浓度增高，则反应速度也随之提高，此外，酶与底物间的靠近具有一定的取向，这样反应物分子才被作用，大大增加了ES复合物进入活化状态的概率。

2. 张力作用

底物的结合可诱导酶分子构象发生变化，比底物大得多的酶分子的三、四级结构的变化，也可对底物产生张力作用，使底物扭曲，促进ES进入活性状态。

3. 酸碱催化作用

酶的活性中心具有某些氨基酸残基的R基团，这些基团往往是良好的质子供体或受体，在水溶液中这些广义的酸性基团或广义的碱性基团对许多化学反应是有力的催化剂。

4. 共价催化作用

某些酶能与底物形成极不稳定的、共价结合的ES复合物，这些复合物比无酶存在时更容易进行化学反应。

项目二　酶制剂在食品工业中的应用

酶制剂作为一类绿色食品添加剂，用于改善食品品质和食品制造工艺，其应用已越来越普遍，品种也不断增多。下面就酶制剂在食品工业中的研究与应用作一简单介绍。

任务1　酶制剂在蛋白质工业中的应用

古老的酸碱等化学法处理动、植物蛋白原料时，由于条件苛刻，常伴有氯丙醇等有害副产物产生。酶技术不仅为食品加工开辟了新途径，而且以其专一性、温和性、高效性区别于酸碱等水解法，确保食品的健康安全。蛋白质由多肽、氨基酸单体组成，自身不具有鲜味，如果变成氨基酸单体，鲜味就会呈现出来。多肽还具有保健性、乳化性、黏胶性，多肽和氨基酸均有良好的溶解性。

肉制品加工：提高肉类副产品附加值肉类副产品，如骨头、碎肉、油渣等，有很高的蛋白含量，但在目前市场条件下，多作为廉价饲料，附加值体现不出来，而且会带来环保问题。利用酶技术加工为蛋白提取物，具有高蛋白低脂组成、良好风味、良好的功能特性（胶黏性），可以应用于中西式肉制品、肉味香精、方便面调味包、汤料和休闲食品等，使产品附加值大为提高。复合风味蛋白酶具有脱苦功能，可以确保蛋白提取物的良好风味。

乳制品及乳制品饮料降解牛奶中的乳糖：乳的营养已为大家所认知，但亚洲人群70%～80%缺乏乳糖酶，不适宜饮用牛奶。应用乳糖酶降解牛奶中的乳糖，生产出低乳糖牛奶，可以满足乳糖不耐受人群的营养需要。

奶油增香：动物胃来源的凝乳膏可用于奶油增香，但凝乳膏对健康有危害性，已被禁用。用生物脂肪酶可作为凝乳膏的替代品。

提高乳品饮料中植物蛋白溶解性：植物蛋白在应用中有溶解性不够的问题，加入蛋白酶可以提高植物蛋白的溶解性，若与动物蛋白配合使用，可以实现全营养。

调味品酿造酱油：按照传统工艺生产酿造酱油，发酵时间为3个月至半年，如果使用酶制剂，可以缩短发酵时间，还能改善产品的风味。

调配酱油：一般添加酸水解植物蛋白，这也是其氨基酸鲜味的来源。但是，酸水解植物蛋白易产生致癌物氯丙醇，设备损耗也比较大。蛋白酶水解植物蛋白温和，无致癌物产生。酶法水解是替代酸水解很好的方法，但由于成本明显高于酸水解，尚未广泛推广。

酱类食品/方便面调味包：利用蛋白酶将酵母蛋白质水解为氨基酸，生产酵母抽提物，可用于酱类食品、调味包等，可呈现良好的风味。

保健品以大豆为原料的保健食品：利用酶技术，可进一步提高大豆异黄酮生理活性，可以提高从大豆中提取低聚糖的得率，而大豆低聚糖有防治便秘、降低心血管疾病发病率的功能；利用蛋白酶对蛋白质结构改性，可有效获取大豆肽。大豆肽应用于运动食品、老年食品、病人食品中，可作为蛋白补充剂，起到瞬间补充能量的作用。

任务2 酶制剂在油脂工业中的应用

在油脂工业中，酶的使用处于早期发展阶段，越来越多的商品酶已经开发出来，而且其工业化应用正开始迅速发展。酶技术替代传统脱胶用酶制剂进行物理法精炼脱胶，在保证质量的前提下，其经济性远优于化学碱炼方法。

酶制剂脱胶广泛应用于各种植物油，如菜籽油、大豆油、葵花子油，等等。

磷脂酶 Lecitase Novo 用于油脂脱胶：植物油精炼脱胶是油脂生产必须经过的重要工序，其对油脂的稳定性、感官质量起到重要的作用。目前，用新的酶法脱胶技术，脱胶过程只需要 1.5% 的水，而传统脱胶需要 15% 的水；酸法脱胶不产生皂脚，可省略处理皂脚的后续工序，成本更加低廉，产品更加稳定，减少环境污染；化学法或物理法脱胶产生的副产品磷脂由于难提纯，常作为废品处理，而酶法脱胶可得到优质的粗磷脂，为进一步的磷脂精制或深加工提供了良好的前提条件。酶法脱胶提供了经济节约、高效稳定、绿色环保的新选择。

酶技术油脂改造脂肪酶 Lipozyme TL IM 用于油脂性能改造：棕榈油通过酶的内酯化作用与硬脂酸发生反应所得到的脂肪与可可脂有相似的性质。脂肪酶应用于人造黄油的生产中，天然油脂的熔点、扩散性、保质期和营养价值都可以被改变。通过特性改造，可以得到多种多样的黄油。天然食用油脂是三酯，经脂肪酶降解，可得到甘油二酯(DAG)。DAG 可在小肠内消化吸收，并作为能源消耗掉，不会再形成脂肪。这项新技术在日本已被成功地应用于食用油的生产，目前国内也有企业已开始着手研究。

应用于油脂生产工业的酶制剂脂肪酸在油脂化工中的新应用：用于个人护理品、涂料等的酯类合成；合成生物柴油等；含甲基酯的脂肪酸。脂肪酶在食品中的新应用：蛋黄酱，通常蛋黄酱一经加热就凝聚，通过酶技术，可保持溶解状态，扩大应用；香料和调味品。世界不同区域磷脂酶用于油脂脱胶的情况不平衡，欧洲、美洲、印度应用较快，我国是油脂消耗大国，极具发展市场。在美国，脂肪酶 Lipozyme TL IM 的应用越来越快；在日本，花王公司使用 Lipozyme RM IM 生产出可防止体内脂肪积累的烹调油 Econa，为产品性能(甘油二酯，预防脑血管疾病)的提高带来了丰厚的增值；脂肪酸 Lipozyme CALB 被用于酯合成；目前，最广泛使用的是脱胶用的磷脂酶 Lecitase Novo。

任务3 酶制剂在啤酒工业中的应用

随着中国啤酒市场的不断发展和变化，越来越多的啤酒生产厂商逐步认识到酶制剂在提高啤酒质量，降低生产成本和改进生产效率方面的作用，从而推动了酶制剂在啤酒工业上的应用。

消费者对啤酒质量的要求是新鲜、清爽、低热量、泡沫丰富、口味纯正、清澈透明。而在啤酒酿造中应用酶制剂，可以协助实现上述要求。耐高温淀粉酶可以保证辅料的收率；保证糖化的正常进行；灵活的糖化工艺；提高糖化过程生产运作的稳定性；更好地利用麦芽中其他的酶；对发酵度有微小的提高；低酶制剂成本(10 元/吨辅料)；提高大米使用量，使啤酒口感更清爽。提高啤酒发酵度(干啤酒的生产)：高效淀粉糖化酶可把原料淀粉和糊精分解成为葡萄糖，一般方法不到 70%，使用这一方法可以提高到 80%。

酶制剂：AMG300L，Fungamyl 800L，Pro－mozyme200。应用于糖化或发酵。投料时加入糖化锅，或与冷麦汁一起加入发酵罐中。可以最大限度地水解糊精成葡萄糖，葡萄糖被酵母利用发酵成酒精，从而提高啤酒的最终发酵度；降低啤酒热量，口感清爽，适合特殊消费群体。加速啤酒成熟，控制啤酒中双乙酰含量。在啤酒发酵过程中，酵母菌会产生双乙酰，双乙酰超标会使啤酒口味不好。降低双乙酰含量不但可以改善啤酒口味，还可以缩短生产过程。

任务4　酶制剂在面条加工中的应用

世界上已知的酶制剂有5000多种，工业化酶制剂有近200种，常用的有30多种。据不完全统计，我国行业内26家酶制剂企业总产量达27.2万吨，2002年比1999年增长8.8%，产销率达95%。酶作为一种食品加工助剂，与传统的改良剂相比，具有显著的优越性。首先不会残留任何有害物质；其次酶的催化反应具有高度专一性和高效性，用量小，经济、合算；最后酶反应条件温和，易操作、能耗低，同时可以避免剧烈操作条件下所造成的营养成分损失。但由于我国在这方面的研究较晚，应用到粮食加工方面的酶制剂很有限。目前，实际应用到面粉和面包品质的改良的酶制剂仅有两种，即淀粉酶和蛋白酶。随着酶制剂的不断发展和对粮食加工食品研究的深入，将合适的酶制剂应用到粮食加工上，将具有广阔的应用前景。

消费者对天然食品的追求，使化学改良剂的使用受到了很多限制。我国学者对现在使用的一些对人体健康有害的添加剂已进行多次讨论，呼吁尽快禁用。例如溴酸钾在面粉改良中已有80多年的使用历史，现在许多国家均已禁用。建议我国尽早在食品加工中禁止使用溴酸钾。在面条的生产中，一般要加入一定量的添加剂，来改善面条的品质，同时提高其商品价值。目前，使用的面条品质改良剂如增白剂、氧化剂、面筋增强剂等大多由化学改良剂组成，存在安全隐患。最近，在全国范围内发现一些食品加工厂在米面制品加工过程中加入“吊白块”。据广西南宁市卫生防疫站对该市米粉污染吊白块情况检测，结果表明被检样品86份，46份检出吊白块，检出率53.5%，可谓触目惊心。吊白块属细胞原浆毒，对人体细胞功能损害较大，在国际上被列为能引起致癌的物质之一。吊白块易溶于水，添加到米面制品中的吊白块受热分解为甲醛和二氧化硫，这两种物质对人体都有毒性，尤其是甲醛对人体毒性大，国家有关部门已经规定含有吊白块的食品禁止生产和销售。为什么添加吊白块？加入吊白块的米粉（面条）韧性好、弹性强、不易断裂和煮烂、色泽白、表面感观好。这就要求科研工作者研制天然安全的添加剂来满足市场需求，酶制剂是一种比较好的选择，下面是几种能够用于面条加工中的酶制剂。

氧化酶：用于面制品中的主要包括氧化还原酶，如葡萄糖氧化酶、半乳糖氧化酶、脂肪氧合酶和一些过氧化物酶等，它们对面筋结构和面团流变学性质有一定影响，目前应用研究较多的是葡萄糖氧化酶和脂肪氧合酶。这些氧化酶由于具有良好的氧化性，能够显著增强面团筋力，可以替代传统的化学氧化剂，如溴酸盐等。

葡萄糖氧化酶（EC1.2.3.4，Glucoseoxidase，GOD，β－D－葡萄糖）是氧化还原酶，可消耗氧气催化葡萄糖氧化生成葡萄糖酸内酯，并释放出H_2O_2，广泛应用于蛋白脱糖、食品除氧及葡萄糖定量分析等，也是迄今为止生物传感器领域最主要的工具酶。在食品工业上有广泛的用途，如去葡萄糖、脱氧、杀菌和测定葡萄糖含量等。

葡萄糖氧化酶作为一种商业酶制剂，能够改善面粉的加工性能，能增强面团的筋力，可作为一个较为理想的溴酸钾替代物。葡萄糖氧化酶在面条加工中的作用机理为将葡萄糖氧化生成 H_2O_2，从而使面筋蛋白中的 - SH 氧化为 - S - S -，有助于面筋蛋白之间形成较好的蛋白质网络结构。

脂肪氧合酶(Lipoxygenase，EC1.1.3.1∶13)是一种氧化还原酶，在氧气的参与下，将顺、顺 - 1，4 - 戊二烯单元的不饱和脂肪酸(如亚油酸、亚麻酸、花生四烯酸)及酯氧化，反应产生的 H_2O_2 具有氧化能力，它能作用于食品中各种不同的组分。在面条制作中添加脂肪氧合酶，能将面筋蛋白中的 - SH 氧化为 - S - S -，增强面团的筋力。同时消除面粉中蛋白酶的激活因子 - SH，防止面筋蛋白的水解。另外，通过耦合反应破坏掉胡萝卜素的双键结构，从而使面粉增白。实验结果表明：既能使面粉增白，又能增强面团的筋力。因此脂肪氧合酶可望替代现用的面粉增白剂过氧化苯甲酰。小麦粉中脂肪氧合酶活力很低，且主要存在于胚乳和效应中，但在大豆、扁豆和豌豆中脂肪氧合酶活性很高，因此可添加一些脂肪氧合酶活性高的豆粉来改善面条品质。

转谷氨酰胺酶(Transglu - taminase，EC2.3.2.13)为蛋白质 - 谷氨酰胺 - 谷氨酰基转移酶，可通过催化转酰基反应，使蛋白质或多肽之间发生交联反应，可以发生在分子内，也可发生在分子间。酰基供体为蛋白质或多肽链上谷氨酰胺残基的(- 甲酰胺基，受体可以为蛋白质)多肽链上或游离赖氨酸的氨基、伯氨基或水。转谷氨酰胺酶广泛存在于细菌、真菌、绿藻、哺乳动物和有花植物等生物中，起初从动物和植物中获得，由于分离纯化工艺烦琐，生产成本高，很难广泛应用于食品工业。80 年代后期发现一些菌株也能产生转谷氨酰胺酶，这种微生物发酵产生的转谷氨酰胺酶大大降低了生产成本，并且具有许多优点，热稳定性好，pH 稳定范围宽，对 Ca^{2+} 不依赖。

1993 年日本味之素公司推出三种转谷氨酰胺酶制品，水产品用的“TG - K”、肉制品用的“TG - S”和黏着食品用的“TG - B”。转谷氨酰胺酶催化交联反应，使蛋白质改性，改善蛋白质的塑性、持水性、水溶性和功能性，作为一种蛋白质的改良剂在食品工业中存在着很大的应用前景。目前，广泛用于肉制品、乳制品和植物蛋白制品中来提高产品的品质。在面条加工中，加入转谷氨酰胺酶能够促进其他蛋白质与面筋蛋白之间的交联作用，改善面筋网络组织结构，从而提高成品面条的品质。

脂肪酸(Lipase，EC3.1.1.3)即甘油三酯水解酶，它催化天然废物油脂水解，生成脂肪酸、甘油和甘油单酯或二酯。面粉的成分中含 1% ~2% 的脂类，大部分是甘油三酸酯，能被酶降解生成游离脂肪酸、甘油单酸酯和甘油二酸酯，因此加入脂肪酶能够获得乳化剂对面团的改善效果。

木聚糖酶(EC3.2.1.8；1，4 - β - D - endoxylanase)作用于木聚糖主链产生不同长度的木寡糖和少量的木糖，因此是木聚糖降解酶中最关键的酶。面粉中的非淀粉多糖是戊聚糖，化学结构上属于阿拉伯木聚糖(Arabi - noxylan)，尽管只占小麦粉干基的 1. 5% ~3%，但对面团的流变学特性及制品的品质等有显著的影响。适量添加戊聚糖酶(主要是木聚糖酶)能提高面团的机械加工性能，能够水解戊聚糖，增加非淀粉多糖的水溶性，降低它们与水的结合力，这样，可以释放出大量与它们结合的水，这些水可以提供给淀粉和面筋，使面团能够更好地形成面筋网络结构，改善面条的品质。

酶制剂单独使用多存在一些不足，根据面粉品质的要求和各种酶制剂的特点，将几种酶复合使用研究酶的协同增效作用，这样会有比单独使用某一种酶更佳的效果。

酶制剂品种日益增多，应用技术也不断提高，酶制剂对面条品质改善将具有广阔的应用前景，开展酶制剂在面条加工中的应用研究将是面条行业今后的发展方向之一。

任务5　酶在果蔬加工中的应用

酶是生物细胞所产生的蛋白质生物催化剂，以往大多从动物脏器及植物种子等组织中提制，但现在工业上大规模生产的酶，几乎都是通过微生物发酵法制取的。由于酶反应温和，专一性强，能保持食物的色、香、味和营养成分，因而在食品工业中的应用日趋广泛。在食品加工中，酶的一个重要用途是使原料更易于处理，增加产品的得率，使用果胶酶、纤维素酶和半纤维素酶可促进细胞分离、细胞壁变软，这特别适于水果和蔬菜。

新鲜蔬菜、水果是富含维生素营养的食品，加工时历来均用蒸煮、酸碱等法处理，使组织柔软，因而维生素遭到破坏，色香味发生变化，很不合理。若采用酶制剂处理，则可省去前处理，或在极温和的条件下能使组织软化。

果蔬加工用酶的代表性酶制剂首推纤维素酶和果胶酶。

一、制造透明的果汁

水果中所含的果胶质，使水果榨汁的过滤操作困难，并使果汁混浊。因此，有必要分解果胶质，使榨汁率提高，过滤时间缩短，以得到透明的果汁如苹果汁、葡萄汁、柑橘汁等。

二、橘子脱囊膜

制造橘子罐头时，囊膜是用盐酸和氢氧化钠去除的，但橘子破碎较多，并有损橘子本来的风味。这可用纤维素酶或果胶酶代替酸碱法脱去囊衣。

三、在果酒上的应用

在制造葡萄、苹果等果酒时，为了提高原料利用率，和得到澄清的优质果酒，多使用果胶酶。

四、蔬菜加工

在番茄汁、胡萝卜酱等制造过程中使用酶制剂，既可提高制品质量又能增加收率。合理地应用酶法处理，还可开发新颖的蔬菜浸膏及泥类产品。

蔬菜和水果的组织是极为复杂的，仅用单一纯酶不论是纤维素酶还是果胶酶都不能有效地使组织柔软或可溶化。如水果和蔬菜用果胶酶浸解，只形成结构松散的悬浮物，当果胶酶和纤维素酶结合使用时，两者之间产生一种协同效应，可使水果和蔬菜完全液化。又如，当果胶酶用于果汁、果酒的澄清时，若同时配合使用淀粉酶和蛋白酶有助于防止由淀粉和蛋白引起的混浊。显然，混合酶制剂的作用效果比单一纯酶好。

微生物酶制剂大多纯度不高，却含有多种活性，其粗酶制品即是复合酶制剂，如纤维素酶制剂，除纤维素酶活性外，无例外地均含有半纤维素酶和果胶酶活性，所以在实用上是极为有利的。如笔者所在单位的食品工程室研制的复合酶，就同时存在果胶酶和纤维素酶，通过对橘皮、芦笋的酶法降解已分别制成橘（皮）汁和芦笋汁，为果蔬下脚料的综合利用开创了一条新路。由此也可见酶技术在果蔬加工中的应用必将越来越受到人们的重视。

任务6 酶在焙烤食品中的应用

作为一种天然的面团改良剂在烘焙食品中的应用已有50多年的历史，但由于成本问题，其大规模的应用近几年才得以实现。

一、淀粉酶在焙烤食品中的作用

α-淀粉酶通常与蛋白酶一起应用于改善面团的功能性质。小麦及黑麦面粉只含0.5%～1.0%的可发酵糖，不能提供酵母生长所需的糖。如果面粉中α-淀粉酶的活力不足，将导致淀粉分解所产生的麦芽糖含量很低，面团起发性不好。因此在面团中可加入约0.3%的麦芽α-淀粉酶或真菌α-淀粉酶以提高面团的质量。真菌α-淀粉酶对热不稳定，在烘烤的过程中易失活，与葡萄糖淀粉酶可以共同控制产品还原糖的含量，进而影响产品的质量，如颜色等。α-淀粉酶可降低产品黏度，改善产品的加工性能，最终使产品松软，体积增大。焙烤过程中，淀粉胶凝、蛋白质变性形成刚性结构并释放水到淀粉凝胶中去。如果α-淀粉酶活力过高，烘烤过程前期过量淀粉水解，则会导致面包黏性增强，体积较小。真菌α-淀粉酶在75℃时失活，所以不会产生上述情况，会使面包的货架期延长两倍。

二、蛋白酶在焙烤食品中的作用

健全的、未发芽的谷物蛋白酶活性通常很低，且大多为木瓜蛋白酶，就是说当存在能够还原二硫键的物质时，蛋白酶才有活性。内源性蛋白酶对面包质量影响较小，因为其戊聚糖含量较高。然而水解面筋蛋白的酶类对面包质量有很显著的影响。例如某些昆虫的唾液中含有水解谷物中主要蛋白质的酶类，可以使面筋蛋白水解过度。在面包制作过程中控制蛋白酶的用量，加入适量的真菌蛋白酶可缩短1/3的调粉时间，同时面团的机械性能及组织结构也会得到提高。

三、半纤维素酶在焙烤食品中的作用

早在1973年，Casier等人就提出不同的小麦面粉所含有的戊聚糖种类不同。总的来说，戊聚糖对面包体积、面团组织结构具有正影响。黑麦面粉含有的戊聚糖能阻止面筋的形成，这些戊聚糖的部分水解可以显著提高面团的加工性能及体积。近来研究发现，非淀粉多糖在面包制作过程中起到很重要的作用。半纤维素酶和β-葡聚糖酶可显著提高面团质量。白面粉、全麦粉及黑麦粉分别含有2.5%～3%、5%及8%的半纤维素，这些半纤维素在面团吸水能力方面起着重要作用。戊聚糖可吸收其6.5倍重量的水分。

自从发现市售木聚糖酶作为非纯品可增大面包体积，改善面团质量以后，人们的注意力便从研究水解蛋白和淀粉的酶逐渐转向研究半纤维素及戊聚糖的酶类。这可认为是烘焙酶技术史上的一次变革。近年来，半纤维素酶，特别是戊聚糖酶在全麦面包生产中应用的研究成为热点。已经证明面团中加入戊聚糖酶会明显提高抗老化能力，而且在黑麦面包生产中可降低调粉时间，以及调粉过程中消耗的能量。

四、氧化酶类在焙烤食品中的作用

1. 脂肪氧合酶和巯基氧化酶

氧化酶在修饰面筋蛋白中展现很重要的地位。19世纪20年代人们在大豆中发现了脂肪氧合酶，它能够漂白小麦面粉。起初人们称之为胡萝卜素氧化酶，后来发现这种氧化酶可氧化多不饱和脂肪酸而非类胡萝卜素。最近人们又发现脂肪氧合酶可影响面团的性质，所以作为面团改良剂使用。脂肪氧合酶催化面粉中的不饱和脂肪酸发生氧化，形成氢过氧化物，氢

过氧化物氧化蛋白质分子中的巯基(-SH)，形成二硫桥(-S-S-)，并能诱导蛋白质分子聚合，使蛋白质分子变得更大，从而增加面团的搅拌耐力。另外，脂肪氧合酶还能使面包心变白。巯基氧化酶直接加入或与葡萄糖氧化酶复配使用可强化面筋。

2. 葡萄糖氧化酶和过氧化物酶

葡萄糖氧化酶和过氧化物酶具有显著的改善面粉中面筋强度和弹性、总体提高面粉品质的作用。它与其他酶制剂和添加剂之间具有协同效应，用于烘焙面包等高筋粉的生产，均能获得理想效果。同时，葡萄糖氧化酶凭借其天然的优良特性，可替代被国际癌症研究机构列为致癌物质的溴酸钾等各种化学添加剂。

五、漆酶(laccase)在焙烤食品中的作用

漆酶是一种糖蛋白。肽链一般由500个左右的氨基酸组成。糖配基占整个分子的10%~45%。糖组成包括氨基己糖、葡萄糖、甘露糖、半乳糖、岩藻糖和阿拉伯糖等。由于分子中糖基的差异，漆酶的分子量随来源不同会有很大差异，甚至来源相同的漆酶分子量也会不同。漆酶(对二苯酚氧化酶)是一类含铜的多酚氧化酶，能够氧化包括多酚、甲氧基苯酚、二胺化合物在内的一大类底物。

漆酶也用作面团改良剂，作用于面粉中的主要组分。当漆酶加入面团中时，会使面团成分发生氧化作用，以提高它们之间的结合力。漆酶可增加面团体积，改善面团结构，提高柔软度，降低黏度，进而改善面团的加工性能。漆酶可加速面筋的形成，也能加速面筋蛋白的降解，加入阿魏酸可提高面团的加工性能。此外，漆酶单独使用时可降低阿拉伯木聚糖的水溶性，与阿魏酸复合使用时可提高氧化巯基的能力。

六、谷氨酰胺转移酶(TGM)在焙烤食品中的作用

低提取率的面粉中加TGM黏度提高11%，体积和芳香物质的强度提高31%，典型的味觉物质及固体与气泡体积之比提高25%，气泡数量减少17%。对于全麦粉，淀粉酶与TGM可使面团柔软度提高16%。而J. A. Gerrard等则认为烘焙食品中的谷氨酰胺转移酶可能会干扰面团中的醇溶蛋白，产生与腹部反应有关的抗原决定簇。这种可能性有待于进一步研究，所以建议烘焙制品中不应加入谷氨酰胺转移酶。

任务7　酶在食品保鲜中的应用

食品在加工、运输和保藏过程中，因受到氧、微生物、温度、湿度、光线等因素的影响，使它的色、香、味及营养发生变化，甚至导致变质、降低食用价值。因此，如何尽可能地保留食品原有的品质特性始终是食品加工、运输和贮存过程中的一个重要问题。酶制剂保鲜作为一种新型的保鲜技术正引起人们的极大关注，且具有非常广泛的前景。现就酶制剂保鲜的特点及其在食品保鲜中的应用作一概述。

一、溶菌酶

溶菌酶(lysozme)又称胞壁质酶或N-乙酰胞壁质聚糖水解酶，可以水解细菌细胞壁肽聚糖的β-1，4糖苷键，导致细菌自溶死亡。溶菌酶的分子量14000左右，等电点10.7~11.0，化学性质十分稳定，在pH1.2~11.3范围内剧烈变化时，其结构几乎不变，非常适合于各种食品的防腐。它对革兰氏阳性菌、好气性孢子形成菌、枯草杆菌、地衣型芽孢杆菌等都有抗菌作用，而对没有细胞壁的人体细胞不会产生不利影响。它能杀死肠道腐败球菌，增加

抗感染力，同时还能促进婴儿肠道双歧乳酸杆菌增殖，促进乳酪蛋白凝乳利于消化，所以是婴儿食品、饮料的良好添加剂。溶菌酶对人体完全无毒、无副作用，具有抗菌、抗病毒、抗肿瘤的功效，是一种安全的天然防腐剂。用溶菌酶处理食品，可有效地防止和消除细菌对食品的污染，起到防腐保鲜作用。溶菌酶现已广泛用于干酪、水产品、酿造酒、乳制品、肉制品、新鲜果蔬、豆腐、糕点、面条、及饮料等的防腐保鲜。

◆知识拓展

溶菌酶的发现

英国细菌学家弗莱明很善于提出问题。1921 年他对眼睛的抵抗力产生了兴趣。他想："人的眼睛整天睁着,难免受到细菌的伤害，但眼睛为什么很少受到细菌的感染呢？是不是眼睛里面有一种物质在起着什么作用呢?"为了研究这个问题，他收集了一些眼泪，再把细菌接种到眼泪里，结果，细菌很快就死了。弗莱明如同发现了新大陆。"人的眼泪里一定存在着一种能使细菌致死的物质"，最终，他通过试验找出了使细菌致死的物质，这种物质就是溶菌酶。

二、葡萄糖氧化酶

葡萄糖氧化酶(Glucoseoxidase）对食品有多种作用,在食品保鲜及包装中最大的作用是除氧，延长食品的保鲜保质期。很多食品，尤其是生鲜食品，其保藏过程中或加工过程中，氧的存在使其保鲜受到很大影响，除氧是食品保藏中的必要手段。很多除氧方法效果都不佳，从选择抗氧剂的特性来说，利用葡萄糖氧化酶除氧是一种理想的方法。葡萄糖氧化酶具有对氧非常专一性的理想的抗氧作用。对于已经发生的氧化变质，可阻止进一步发展，或者在未变质时，能防止发生。由于葡萄糖氧化酶催化过程不仅能使葡萄糖氧化变性，而且在反应中消耗掉一个氧分子，因此，它可作为脱氧剂广泛应用于食品保鲜。

思考题

1. 举例说明食品用酶制剂的分类和作用机理。
2. 食品酶制剂在食品中的应用有哪几个方面?
3. 试述 α－淀粉酶在焙烤食物中的作用。

模块十二

食品加工助剂与其他食品添加剂

基础理论和知识

1. 掌握食品助滤剂和吸附剂的概念；
2. 掌握食品消泡剂的概念；
3. 掌握食品被膜剂的概念；
4. 掌握食品润滑剂和脱膜剂的概念；
5. 掌握食品溶剂和助溶剂的概念；
6. 掌握食品澄清剂的概念；
7. 掌握食品各种气体的概念；
8. 掌握食品其它加工助剂的概念。

基本技能及要求

1. 掌握食品助滤剂和吸附剂的使用；
2. 掌握食品消泡剂的使用；
3. 掌握食品被膜剂的使用；
4. 掌握食品润滑剂和脱膜剂的使用；
5. 掌握食品溶剂和助溶剂的使用；
6. 掌握食品澄清剂的使用；
7. 掌握食品各种气体的使用；
8. 掌握食品其它加工助剂的使用。

◆学习重点

1. 掌握食品助滤剂和吸附剂的概念；
2. 掌握食品润滑剂和脱膜剂的概念；

3. 掌握食品溶剂和助溶剂的概念；
4. 掌握食品澄清剂的概念。

◆学习难点

1. 掌握食品被膜剂的使用；
2. 掌握食品其他加工助剂的使用。

◆导入案例

浸出油不安全吗？

网上流言：化学浸出法制取食用油可能会产生两种物质：铅汞残留和反式脂肪酸。这两种物质是强烈的毒素，接触极其微量对人类健康危害极大！

真相：压榨后的油饼的残油率在7%～9%，很难用压榨法提取出来。浸出法是利用油脂和有机溶剂相互溶解的性质，将油料破碎压成胚片或者膨化后，用有机溶剂正己烷和油料胚片在名叫浸出器的设备内接触，将油料中的油脂萃取溶解出来，然后通过加热汽提的方法，脱除油脂中的溶剂。通过这种方法，可以将油料残渣中的残油降率低至1%以内。我国国标对在食用油中正己烷之类的溶剂残留的标准是不得检出，浸出油厂用的正己烷都必须是食品级的，食品级的正己烷经过重金属脱除处理，铅、砷等有害金属残留都低于10ppb（亿分之一），这么低的残留不会对生产的油有危害。脱除溶剂的最高温度只有110℃，远远达不到反式脂肪酸生成的温度。无论是压榨工艺还是浸出工艺生产出来的油，只要符合我国食用油质量标准和卫生标准的，就都是安全的食用油。

讨论

1. 使用食品添加剂助剂安全吗？
2. 你认为如何才能破解我国食品添加剂使用不安全谣言？

Food Additives

项目一　一般食品加工助剂

在食品加工中，以消泡、助滤和吸附等为目的，需要使用一些化学物质，这些物质最后应从成品中除去，属于这类的添加剂可称为食品加工助剂。这些物质与食品本身无关，如助滤、澄清、吸附、润滑、脱模、脱色、脱皮、提取溶剂、发酵用营养物质等。它们一般不应成为最终食品的成分，或仅有残留。这类添加剂在最终产品中没有任何工艺功能，因多在最终成品中除去，不需在产品成分中标明，所以往往不为使用者和消费者所注意。但如果使用的添加剂不符合规格要求，或使用一般的化工产品，往往由于砷、重金属等不纯物的存在，有引起中毒的可能，所以也应加以注意。属于这一类的大致可分为溶剂、消泡剂、助滤剂及吸附剂等。食品加工助剂就是有助于食品加工顺利进行的各种物质。

食品工业用加工助剂的使用原则：加工助剂应在食品生产加工过程中使用，使用时应具有工艺必要性，在达到预期目的前提下应尽可能降低使用量。加工助剂一般应在制成最后成品之前除去，有规定食品中残留量的除外。食品中加工助剂的残留不应对健康产生危害，不应在最终食品中发挥功能作用。食品工业用加工助剂应该符合相应的质量规格要求。

任务1　助滤剂和吸附剂

是指在食品加工过程中，以帮助过滤为目的的食品添加剂，兼有脱色作用。吸附剂是具有吸附周围介质中分子、离子和微粒能力的固体物质。助滤剂是一种能形成多孔而不被压缩的滤饼，有如深层滤器的作用，存留在过滤介质上，可阻留固体微粒，不使其接触和堵塞过滤介质，可明显地提高滤过速度和滤过质量的物质。吸附剂本身有一定的助滤作用，助滤剂也有一定的吸附作用。助滤剂和吸附剂主要有活性炭、硅藻土、高岭土、凹凸棒黏土等产品。

一、活性炭（Active carbon）

活性炭以竹、木、果壳等为原料，经炭化、活化、精制等工序而制得。

1. 性状

活性炭为黑色细微的粉末。无臭，无味。有多孔结构，对气体、蒸气或胶态固体有强大的吸附能力，每克的总表面积可达500～1000m^2，沸点4200℃，不溶于任何有机溶剂。该产品有较强的吸附作用，故又可作吸附剂，如用于蔗糖、葡萄糖、饴糖、油脂的脱色。

2. 毒性

以含有10%活性炭的饲料喂小白鼠12～18个月，与对照组没有什么差异；ADI无特殊规定（植物性的食品用活性炭）。

3. 使用

活性炭一般用于蔗糖、葡萄糖、饴糖等的脱色，也可用于油脂和酒类的脱色、脱臭。另据报道，活性炭用于吸附油脂中残留的黄曲霉毒素或苯并芘也有很好的效果。

用活性炭对淀粉糖浆进行脱色和提纯，其方法是在用活性炭脱色之前，首先将糖液中的胶黏物滤去，然后将其蒸发至48%～52%浓度的糖液，加入一定量的活性炭进行脱色，并压滤，以便将残存糖液中的一些微量色素吸附干净，得到无色澄清的糖液，这时活性炭又起了助滤的作用。活性炭除去糖中的焦糖色素、单宁色素、皮渣色素等效果较好。对糖液中分解的氨基酸等含氮色素，即离子型色素、金属类阳离子型色素，使用活性炭效果不好，可采用离子交换树脂脱色较为经济。

活性炭之所以能脱色，就是由于它有吸附作用。影响吸附作用的因素是多方面的，在使用时应注意以下事项：

温度：温度高，糖液黏度小，使杂质容易渗透入炭的组织内部，杂质被吸附的速度和数量相应提高，但过高的温度会使糖液炭化、分解，所以温度也不宜太高，一般用70℃～80℃。

搅拌：为了使糖液充分与活性炭接触，发挥炭的脱色作用，必须采用一定的转速来搅拌，通常为100～120r/min。

脱色pH：脱色效率一般在酸性条件下较为有利，所以采用pH 4.0～4.8的范围内，不宜太低。

脱色时间：要使活性炭发挥其吸附作用，必须给一定的时间，才能使杂质充分渗入炭内部，一般30 min即可。当吸附平衡已达到饱和点时，就不必再延长时间。

糖液浓度：糖液黏度与浓度成正比。浓度大黏度也高，黏度高使炭的吸附作用降低，一般浓度掌握在48%～52%，过浓就难以脱色。

活性炭的质量：活性炭的质量要好，可溶性灰分和杂质要少，否则会影响产品质量。成品中应将活性炭除尽。活性炭除了用于糖类物质的脱色，也可用于油脂和酒类的脱色、脱臭。

二、硅藻土（Diatomaceous earth）

由硅藻类的遗骸堆积海底而成的一种沉积岩，其主要成分是粗的二氧化硅的水合物。将硅藻土原料干燥、粉碎，再经酸洗等工序精制而成。

1. 性状

硅藻土为黄色或浅灰色粉末，多孔而轻。有强吸水性，能吸收比自身质量重1.5～4.0倍的水。不溶于氢氟酸以外的酸，溶于强碱溶液。最纯的硅藻土的化学成分是硅酸94%，水6%。纯度高的呈白色。但几乎所有的硅藻土都含铝、钙、镁、铁等盐类。含铁盐多的呈褐色。

2. 毒性

硅藻土不被消化吸收，其精制品毒性低，FAO/WHO规定，ADI未作规定。

3. 使用

本品与高岭土等不溶性矿物质，除必不可少的情况外，不得用于食品加工。在成品中应将这些物质除去。

淀粉糖浆的脱色，若采用硅藻土、高岭土等吸附糖液中的胶质物，可提高活性炭的脱色效率。用作葡萄酒、啤酒等的助滤剂也有效，其方法是先将硅藻土放在水中搅匀，然后流经过滤机网片，使其在网片上形成硅藻土薄层，当硅藻土薄层达1 cm厚左右，即可过滤得到澄清的制品。视成品澄清度的下降情况，在适当的时候换一次硅藻土。

◈知识拓展

淀粉糖浆

淀粉糖浆是淀粉水解、脱色后加工而成的黏稠液体，甜味柔和，容易被人体直接吸收。淀粉水浴加热并不断搅拌，淀粉浆逐渐糊化，糊化完全后在70℃～80℃用α-淀粉酶不断搅拌使其液化，灭酶过滤，滤液冷却加糖化酶在60℃～65℃恒温水浴糖化。所形成的混合型糖汁，主要是麦芽糖，还有葡萄糖、低聚糖、糊精等其他单糖和低聚糖的混合物。

三、高岭土（Kanlin）

高岭土别名为白陶土、瓷土。其主要成分为含水硅酸铝。主要是由我国江西景德镇附近的高岭地方发现而得名的高岭石，经粉碎而成的微细晶体矿物，是各种结晶岩（花岗岩、片麻岩）风化后的产物。

1. 性状

纯净的高岭土为白色粉末，一般含有杂质，呈灰色或淡黄色，质软，易分散于水或其他液体中，有滑腻感，并有土味，熔点约为1785℃。不溶于水、乙醇、稀酸和稀碱。

2. 毒性

高岭土使用量FAO/WHO规定，ADI未作规定。

3. 使用

高岭土使用与硅藻土基本一样，高岭土不仅有助滤、脱色作用，还可以作为抗结剂、沉降剂等。

为了促进葡萄酒的澄清，亦有用高岭土作为沉淀剂者。每 100 L 葡萄酒，用高岭土 500 g，加水 1L，打成极均匀的泥浆，加入葡萄酒充分搅匀，使其自然澄清。其缺点是澄清很慢，需 3 ~ 4 周；且高岭土若含有微量铁时，有使酒变黑的缺点，必须使用品质纯净的高岭土。

◆知识拓展

葡萄酒的澄清

葡萄酒的澄清就是人为促进可使葡萄酒变浑或将使葡萄酒变浑的悬浮在葡萄酒中和附在容器壁上的带负电的聚合单宁、色素物质、酵母、细菌等胶体物质絮凝沉淀，并将之除去，以保证葡萄酒现在和将来的澄清度和稳定性。

四、凹凸棒黏土(Attapul gite clay)

凹凸棒黏土是一种富镁黏土矿物。

1. 性状

凹凸棒黏土呈青灰、灰白或鹅蛋清色纤维状、棒状，集合体呈束状、交织状。纤维长约 5 nm，平行消光，有滑感。湿时具黏性与可塑性，浸入水中崩散成黏状。有较强的吸附能力和脱色能力，并有吸毒作用，能除去食用油中黄曲霉毒素、农药等有害成分。

2. 毒性

本产品是天然无毒物，但在成品中应除去。

3. 使用

我国规定该产品用作助滤剂、吸附剂，主要用于油脂的加工，添加量按生产需要适量使用。此外，我国列为加工助剂的一些产品如纤维素粉、珍珠岩也可作为助滤剂，如用于啤酒的净化等。

◆知识拓展

黄曲霉毒素

黄曲霉毒素是一类化学结构类似的化合物，均为二氢呋喃香豆素的衍生物。黄曲霉毒素是主要由黄曲霉、寄生曲霉产生的次生代谢产物。黄曲霉毒素是致癌物质，对人体健康的危害可以说是永久性的。因为黄曲霉毒素一旦嵌合到人体的染色体里面，细胞分裂的时候，就可以导致畸变。花生和玉米是最容易被黄曲霉污染的粮食，在湿热地区食品和饲料中出现黄曲霉毒素的概率最高。

五、纤维素粉

由木浆或棉花浆制成的纤维素，经漂白处理和机械分散后精制而成。

1. 性状

葡萄糖基线状聚合体。白色无臭无味物质，含有纤维素的特点，可由自身黏合作用而被压缩成在水中能迅速分散的片剂。有各种等级，从密实的、自由流动的粉状至粗糙的、绒毛状的、不流动的物质。不溶于水、稀酸和几乎所有的有机溶剂。微溶于氢氧化钠溶液。具有亲水亲油性，能在水中膨胀，并带有负电，可吸附溶液中的金属离子和阳离子。

2. 毒性

使用量 FAO/WHO 规定，ADI 未作规定。

3. 使用

欧盟规定用于啤酒净化，还可以用于水处理，但不得用于婴幼儿食品。

六、珍珠岩

一种天然酸性玻璃质火山熔岩非金属矿产，由于在1000℃～1300℃高温条件下其体积迅速膨胀4～30倍，故称为膨胀珍珠岩。一般要求膨胀倍数＞7～10倍，二氧化硅70%左右。可压缩的饼状体，其空间体积可占80%～90%，

1. 性状

天然珍珠岩为致密的灰色至棕色玻璃状，主要成分为块状、多孔状、浮石状珍珠岩，含少量透长石、石英的斑晶、微晶及各种形态的雏晶、隐晶质矿物、角闪石等，圆弧形裂纹，断口呈参差状，珍珠光泽，风化后为油脂光泽，条痕白色。其分子结构呈蜂窝状，无味、无毒、无菌，不含有机物，是一种惰性材料。珍珠岩开始收缩温度为1025℃，软化温度为870℃～1100℃，熔融温度大于1200℃。经膨化后为易断裂的白色无吸水性粉末，质轻，难溶于水，微溶于稀酸和碱。

2. 毒性

使用量FAO/WHO规定，ADI未作规定。

3. 使用

用于助滤剂，一般食品中的最大残留量为0.5%。通过其间，可使液体得到过滤，那些处于悬浮状态的，即便极细的固体粒子，也能被截留下来，从而达到较高的滤速和澄清度，即便是1微米以下的微小粒子也可捕捉到。

任务2　消泡剂

在食品生产过程中，有时会产生大量泡沫，若不及时消泡，则会从容器中溢出，妨碍操作的进行，因此有使用消泡剂的必要。消泡剂是指以消除或抑制在食品加工过程中产生的泡沫为目的而添加的一类食品添加剂。泡沫的产生大多是在外力作用下，溶液中所含表面活性物质在溶液和空气交界处形成泡沫并上浮，或者由如明胶、蛋白质等胶体物质成膜、成泡所致。在食品加工中，如发酵、搅拌、煮沸、浓缩等过程可产生大量气泡，影响正常操作，必须及时将其消除或使其不致产生历来一直使用植物油与其油脚来消除泡沫。

有效的化学消泡剂必须具备几个条件。

1. 具有比被加液体更大的表面张力。
2. 易于分散在被加液体中。
3. 在被加液体中的溶解度很差。
4. 具有不活泼的化学性质。
5. 无残留物或气体。
6. 符合食品安全要求。

一、乳化硅油(Emulsing silicon oil)

乳化硅油是以甲基聚硅氧烷为主体组成的有机硅消泡剂。将硅油90份与气相二氧化硅10份捏和辊碾成硅脂，再于160℃一定压强下处理3小时，趁热辊辗，在硅脂中加入余量的硅油，配入聚乙烯醇与水。先粗乳化二遍，再精乳化一遍即得成品。

1. 性状

硅油为无色透明的油状液体。它的黏度在高温和低温时的变化都很小。硅油不燃烧，对

金属没有腐蚀性，其化学性质稳定，暴露在空气中也不发生胶化。几乎无臭，溶于苯、甲苯、汽油，但不溶于水、乙醇。乳化硅油是经加分散辅助剂乳化的乳白色液体，可分散在水中。乳化硅油为亲油性表面活性剂，表面张力小，消泡能力很强，是良好的食品消泡剂。

2. 毒性

FAO/WHO 规定，ADI 值为 0 ~ 1.5mg/kg。

3. 使用

乳化硅油用于发酵工艺，最大使用量为 0.2g/kg。在谷氨酸发酵过程中用以消除泡沫，按发酵液计，乳化硅油的用量为 0.2g/kg。

二、高碳醇脂肪酸酯复合物(Higher alcohol fatty acid ester complex)

高碳醇脂肪酸酯复合物别名 DSA－5 消泡剂，是由十八醇硬脂酸酯、液体石蜡、硬脂酸三乙醇胺和硬脂酸氯组成的复配物。

1. 性状

白色至淡黄色黏稠状液体，几乎无臭，化学性质稳定；不易燃，不易爆，不挥发，无腐蚀性；黏度高，流动性差。冬季温度在 －30℃ ~ －25℃时，黏度进一步增大。在室温下放置或稍加热，黏度变小，易于流动。相对密度为 0.78 ~ 0.88，其水溶液的 pH 为 8 ~ 9。

2. 毒性

大鼠经口服为 LD_{50} 大于 15g/kg。

3. 使用

DSA－5 消泡剂的主要成分为表面活性剂，消泡效果好，消泡效率可达 96% ~ 98%。高碳醇脂肪酸酯复合物用于酿造工艺，最大使用量为 1.0g/kg，用于豆制品工艺，最大使用量为 1.6g/kg，用于制糖工艺及发酵工艺，最大使用量为 3.0g/kg。

三、聚氧丙烯甘油醚(Polyoxypropylene glycol)

聚氧丙烯甘油醚别名 GP 型消泡剂。

1. 性状

无色或黄色非挥发性油状液体，溶于苯及其他芳烃溶剂，也溶于乙醚、乙醇、丙酮、四氯化碳等溶剂，难溶于热水，热稳定性好。

2. 毒性

小鼠经口服为 LD_{50} 大于 10g/kg。

3. 使用

按生产需要适量用于发酵工艺。

四、聚氧乙烯聚氧丙烯胺醚(Polyoxyethylene polyoxypropylen)

聚氧乙烯聚氧丙烯胺醚别名含氮聚醚或 BAPE。

1. 性状

无色或微黄色的挥发性油状液体。溶于苯及其他芳香族溶剂，亦溶于乙醚、乙醇、两酮、四氯化碳等溶剂。

2. 毒性

致突变试验 Ames 试验、小鼠骨髓微核试验、小鼠睾丸染色体畸变试验无致突变作用。小鼠经口服为 LD_{50} 大于 12g/kg。

3. 使用

本品用于发酵工艺可按生产需要适量使用。在味精生产中使用，具有产酸高、生物素减少、转化率提高等优点。

五、聚氧丙烯氧化乙烯甘油醚(Polyoxypropylene oxyethylene glycol ether)

聚氧丙烯氧化乙烯甘油醚别名为 GPE 消泡剂。

1. 性状

无色或黄色非挥发性油状液体，溶于苯及其他芳烃溶剂，亦溶于乙醚、乙醇、丙酮、四氯化碳等溶剂。在冷水中溶解较热水中容易。

2. 毒性

致突变试验 Ames 试验、小鼠骨髓微核试验、小鼠睾丸染色体畸变试验无致突变作用。小鼠经口服为 LD_{50}大于 379. 40mg/kg。

3. 使用

本品具有一定的亲水性和伸延性，适用于比较稠厚的发酵液。在较高温度下，加热及多次循环加热，对消泡活性均无影响。本品用水稀释后，继续冷却到其浊点以下，用以滴加。必须使其全部溶解后，溶液温度再回升到浊点以上，使其形成极细微乳状粒子，能够显著提高消泡能力，反之，液温在浊点以下使用，效果明显降低。生产味精时用量为 0. 02% ~ 0. 03%。用于发酵工艺，按生产需要适量使用。

六、癸酸(Decanoic acid)

为月桂油、椰子油或山苍子油水解制取月桂酸时的副产物，分馏而得。

1. 性状

白色具难闻气味的结晶。不溶于水，溶于醇、醚、苯、氯仿和二硫化碳等多数有机溶剂中，也溶于稀硝酸。熔点 31. 5℃，沸点 270℃。

2. 毒性

天然脂肪酸，无毒，可安全用于食品。

3. 使用

可作为安全的食品消泡剂，也用于制取癸酸酯类产品，其酯类用作香料、湿润剂、增塑剂和食品添加剂等。

七、月桂酸(Lauric acid)

月桂酸别名为十二烷酸，是一种饱和脂肪酸，相对分子质量为 200. 32。由椰子油或其它植物油水解后分离精制而成。

1. 性状

白色或稍带黄色的结晶固体或粉末，有光泽和特殊气味。溶于甲醇,微溶于丙酮和石油醚。不溶于水。与浓硫酸起硫酸化作用,遇强碱无化学作用。以甘油酯形式天然存在于椰子油、山苍子核仁油、棕榈核仁油及胡椒仁油等中。

2. 毒性

天然脂肪酸，无毒，可安全用于食品。急性毒性:大鼠经口 LD_{50} 为 12g/kg;小鼠静脉 LD_{50} 为 131mg/kg。

3. 使用

典型的双亲分子，头尾两端的亲和性截然不同。分子头部是极性亲水基，尾部是亲油性碳氢链。可作为安全的食品消泡剂，其酯类用作香料，或作为配制其它食品级添加剂的组分。

八、肉豆蔻酸(Myristic acid)

又称为十四烷酸，是一种饱和脂肪酸，相对分子质量为228.38。从椰子油、棕榈仁油所得的混合脂肪酸或混合脂肪酸的甲酯真空分馏可得。

1. 性状

为白色至带黄白色硬质固体，偶为有光泽的结晶状固体，或者为白色至带黄白色粉末，无气味。不溶于水，溶于无水乙醇、甲醇、乙醚、石油醚、苯、氯仿。

2. 毒性

天然脂肪酸，无毒，可安全用于食品。急性毒性：大鼠经口 LD_{50} 为10g/kg；小鼠静脉 LD_{50} 为43mg/kg。

3. 使用

可作为安全的食品消泡剂或增香剂，美国规定加入量，软饮料5.3mg/kg，糖果4.1mg/kg。

九、油酸(Oleic acid)

是一种单不饱和脂肪酸，存在于动植物体内，相对分子质量为282.46。用含有一定油酸的油脂为原料，使分解出脂肪酸，用溶剂使脂肪酸溶解并冷却，除去固体脂肪酸而得粗油酸。再用溶剂溶解，低温下使油酸结晶而出。

1. 性状

纯油酸为无色油状液体，有动物油或植物油气味，久置空气中颜色逐渐变深，工业品为黄色到红色油状液体，有猪油气味。易溶于乙醇、乙醚、氯仿等有机溶剂中，不溶于水。易燃。遇碱易皂化，凝固后生成白色柔软固体。在高热下极易氧化、聚合或分解。无毒。

2. 毒性

天然脂肪酸，无毒，可安全用于食品。急性毒性：大鼠经口 LD_{50} 为74g/kg。

3. 使用

可作为安全的食品消泡剂、润滑剂、香料。

任务3 被膜剂

被膜剂在食品保鲜和加工过程中有保水、防潮、防腐、抗氧化、上光、脱模等多种用途。为了长期贮藏水果，往往在果皮表面涂以薄膜，以抑制水分蒸发，从而达到保持新鲜度的目的，这类用以涂膜的物质就是被膜剂；水果表面涂膜并形成气调层，还有调节呼吸、防止细菌侵袭的作用。要求防潮的食品，如有些糖果，特别是价格较高的巧克力，表面涂膜上光后，不仅有利于保持质量稳定，而且形成光亮美观的外观，防止粘连。被膜剂中添加防腐剂、抗氧化剂等成分，制成复配型被膜剂，还会有抑制或杀灭微生物、抗氧化等保鲜效果。虫胶、桃胶、蜂蜡等都是天然的被膜剂；常见的被膜剂还有石蜡、松香季戊四醇酯、二甲基聚硅氧烷等。需脱模的食品加工中使用被膜剂，不仅可保持产品完整的形状、花纹等，还可保证生产的正常进行，提高生产效率。

一、虫胶片(shenac)

虫胶片别名紫胶，为紫胶虫的分泌物紫梗经加工制得的工业产品。虫胶的化学成分比较复杂，是一些羟基羧酸的内酯和交脂的混合物，主要成分有油酮酸、紫胶酸、虫蜡酸以及少量的棕榈酸、肉豆蔻酸等。各组分的相对分子质量的变化在300～3000之间，平均相对分子质量为1000左右。

1. 性状

(1)紫胶，为暗褐色透明薄片或粉末，脆而坚，无味，稍有特殊气味，熔点为115℃～120℃，软化点为70℃～80℃。溶于乙醇、乙醚，不溶于水，溶于碱性水溶液。

(2)漂白紫胶，为白色无定形颗粒状树脂，微溶于醇，不溶于水，易溶于丙酮及乙醚。

2. 毒性

原料紫梗为天然的动物性树脂，具有清热凉血、解毒之功效，未发现有害的作用。只要未被污染，其使用量是比较安全的。普通紫胶、漂白紫胶 LD_{50} 大于15g/kg。

3. 使用

目前我国食品工业上主要用于防潮的糖果的外膜涂层，以防止糖果因受潮而发黏，并赋予糖果以明亮的光泽。经涂膜的酥糖包装时可以不用糯米纸，包装简单，成本降低。可用于巧克力、威化饼干，最大使用量为0.2g/kg。涂于水果表面有抑制水分蒸发、调节果实呼吸的作用，还能防止细菌入侵，起保鲜作用。将紫胶溶解于酒精中配制成10%浓度溶液喷淋或浸渍，作为水果的被膜剂。

二、石蜡(Paraffin)

石蜡又称固体石蜡、矿蜡、微晶蜡，化学结构为石蜡碳氢化合物的混合物。

1. 性状

无色或白色蜡状物，无臭、无味，有滑腻感。可燃，不溶于水，易溶于芳香烃类，微溶于酮、醚和醇类。在紫外线照射下会逐渐变黄。石蜡的化学性质稳定，具有很好的隔离性能。

2. 毒性

石蜡不被机体消化吸收，少量的石蜡几乎是无毒的，大量长期服用会造成食欲减退并影响脂溶性维生素的吸收，发生消化器官及肝脏的障碍，应控制其使用量和残留量。另外其品质不纯时，所残留的微量杂质如硫化物、多环芳烃等是有碍健康的，应严格控制其质量。FAO/WHO规定，ADI值为0～20mg/kg。

3. 使用

石蜡可用作被膜剂、消泡剂、胶姆糖基础剂。用于胶姆糖基础剂，最大使用量为50g/kg。食品包装用白石蜡适于作为直接与食品接触的包装材料浸渍，也可用于柑橘类等水果的涂膜上光。

三、液体石蜡(Liquid petrolatum)

液体石蜡别名白矿物油、白油。由饱和链烷烃和环烷烃组成，含硫量一般在16%～24%之间。

1. 性状

无色透明油状液体，无臭，无味，加热时稍有石油气味。不溶于水和乙醇，溶于乙醚、石油醚及挥发油中，并可与多数非挥发油混溶，长时间接触光和热会慢慢氧化生成过氧化物。具有良好的脱模性能及消泡、润滑和抑菌作用。不被细菌污染，易乳化，有渗透性、软化性和可塑性，在肠内不易吸收。

2. 毒性

本品无急性毒性，在消化道内不能消化吸收，无吸收毒性，但大量摄入时会引起容积性腹泻，影响维生素的吸收。FDA 将其列入公认的一般安全物质，按 FAO/WHO 规定，ADI 不需特殊规定。

3. 使用

目前，我国食品工业主要用液体石蜡作保鲜、消泡和脱模，用于软糖、鸡蛋保鲜，最大使用量为 5.0 g/kg，还可按生产需要适量使用于面包脱膜。在日本，只允许涂布于生产面包的模具和盖板上，不许在面包上喷雾抛光，在面包里的残留量规定为≤0.1%。此外，白油还可用于食品上光、防黏、消泡、密封和食品机械的润滑等。

食品工业用液体石蜡作脱模剂与润滑剂的优点包括：在生产过程中产生的气泡少，对机械、烤盘等器械腐蚀性小；因本品不易氧化酸败，所以不会使食品产生不愉快的气味。

四、吗啉脂肪酸盐（果蜡）（Morpholine salts of fatty acids）

吗啉脂肪酸盐别名 CFW 型果蜡，含 10% ~12% 的天然棕榈蜡、2.5% ~3% 的吗啉脂肪酸盐。

1. 性状

淡黄色至黄褐色油状或蜡状物质，微有氨臭，混溶于丙酮、苯和乙醇，可溶于水，在水中溶解量多时呈凝胶状。

2. 毒性

大鼠经口 LD_{50} 为 1600 mg/kg。美国 FDA 将吗啉脂肪酸盐列入公认的一般安全物质。无蓄积、致畸、致突变作用。

3. 使用

本品主要用于水果保鲜，用量可根据生产需要适量添加，常用量为 lg/kg。

五、松香季戊四醇酯（pentaerythritol ester of gumrosin）

1. 性状

硬质浅琥珀色树脂，溶于丙酮、苯，不溶于水及乙醇。

2. 毒性

大鼠摄入含有 1% 松香季戊四醇酯的饲料，经 90d 喂养未见毒性作用。美国 FDA 将松香季戊四醇酯列为公认的一般安全物质。

3. 使用

松香季戊四醇酯可作为被膜剂和胶姆糖基础剂。松香季戊四醇酯具有良好的成膜性能，在果蔬表面形成半透膜，抑制果蔬的呼吸作用，推迟衰老；还能防止细菌侵入和水分蒸发，降低腐烂，从而起到保鲜作用。用于果蔬保鲜，最大使用量为 0.09g/kg。也可用于胶姆糖配料。

◆知识拓展

果蔬的呼吸作用

呼吸作用的实质是在一系列专门酶的参与下，经过许多中间反应所进行的一个缓慢的生物氧化—还原过程。呼吸作用就是把细胞组织中复杂的有机物质逐步氧化分解成为简单物。果蔬的呼吸作用是采后果蔬的一个最基本的生理过程，它与果蔬的成熟、品质的变化以及贮藏寿命有密切的关系。

六、二甲基聚硅氧烷(Dimethyl polysiloxane)

二甲基聚硅氧烷别名聚二甲基硅醚、二甲基硅油。化学结构是完全甲基化的线性硅氧烷聚合物。

1. 性状

无色透明黏稠液体，无臭，无味，不溶于水，溶于多数脂肪族和芳香族有机溶剂。

2. 毒性

按 FAO/WHO 规定，ADI 值为 0～1.5 mg/kg(限于聚合度为 200～300)。

3. 二甲基聚硅氧烷可作为被膜剂、消泡剂、抗结剂使用。用于果蔬保鲜，最大使用量为 0.9mg/kg。本品难以单独使用，均要与其他种类食品添加剂配合使用，如与脂肪酸酯类混合。作为消泡剂，本品与二氧化硅非离子乳化剂、增稠剂以及防腐剂配制成各种硅油乳化剂使用。

七、巴西棕榈蜡(Carnauba wax)

1. 性状

浅棕色至黄色硬质脆性蜡，具有树脂状断面，微有气味，熔点为 80℃～86℃，碘值 13.5。不溶于水，部分溶于乙醇，溶于氯仿、乙醚及 40℃以上的脂肪，溶于碱性溶液。

2. 毒性

FAO/WHO 规定，ADI 值为 0～7 mg/kg。美国 FDA 将巴西棕榈蜡列为公认的一般安全物质。

3. 使用

用于巧克力糖豆，最大使用量为 0.18 g/kg，还可用于焙烤食品、胶姆糖、软糖、粮食制品、糖霜、果汁、肉汤沙司的抗结剂、上光剂，也用于增加其他食用蜡的硬度和上光度。

◈知识拓展

碘值

碘值表示有机化合物中不饱和程度的一种指标。指 100g 物质中所能吸收(加成)碘的克数。主要用于油脂、脂肪酸、蜡及聚酯类等物质的测定。不饱和程度越大，碘值越高。干性油的碘值大于非干性油的碘值。

任务 4　润滑剂和脱膜剂

脱膜、润滑有相似的要求和作用。脱模是使各种材质的容器中的食品能顺利取出。包括金属的、纸质的或塑料的容器或模具。理想的脱模剂应具备以下性能：

1. 使用方便；
2. 有良好的润滑性；
3. 容易脱模；
4. 高温稳定性；
5. 低挥发性；
6. 化学不活泼性；
7. 浓度低；
8. 可分散于水中。

一、蓖麻油(Castor oil)

蓖麻油主要成分为蓖麻酸三甘油酯或12-羟基油酸三甘油酯。由一年生高大草本蓖麻种子去壳后冷榨而得，籽含油45%~60%。

1. 性状

非挥发性、非干性油。淡黄或几乎无色，半透明，黏性，略有好闻气味和温和的特殊滋味。凝固点-10℃~-18℃，沸点313℃，乙酰值144~154。溶于乙醇，混溶于无水乙醇、冰醋酸、氯仿和乙醚，仅部分溶于已烷。

2. 毒性

FAO/WHO规定，ADI值为0~0.7mg/kg。用作维生素和无机盐片剂的涂层用剂。

3. 使用

用于防粘剂和脱模剂，硬糖用量为500mg/kg。

二、硬脂酸(Steari acid)

硬脂酸即十八烷酸，相对分子质量为284.29。由油脂水解生产，主要用于生产硬脂酸盐。

1. 性状

硬脂酸为白色至淡黄白色硬质固体，或为表面有光泽的块状结晶，或为白色至略带淡黄白色的粉末。有微弱的特殊香气和牛脂似的滋味。不溶于水，在氯仿或乙醚中易溶，在乙醇中溶解。实际上常为硬脂酸和棕榈酸的混合物。

2. 毒性

硬脂酸是天然脂肪酸，无毒。

3. 使用

硬脂酸可用于被膜剂、润滑剂、抗结剂、胶姆糖基础剂、消泡剂及其他食品添加剂(硬脂酸甘油酯、硬脂酸山梨糖醇酐酯等)的制造原料。用于糖果，按生产需要适量使用。

任务5　溶剂和助溶剂

溶剂又称溶媒。能溶解其他物质的物质就称为溶剂。溶剂主要用于各种非水溶性物质的萃取，如油脂、香辛料；也常用于各种非水溶性物质的稀释，如油溶性色素、维生素、虫胶等。尽管原则上采用溶剂或助溶剂后，在最终成品中均应将溶剂或助溶剂除去，但是完全除去往往是有困难的。食品工业常用的溶剂有丙二醇、甘油和丙酮等。

一、1,2-丙二醇(Propylene glycol)

1,2-丙二醇由1,2-环氧丙烷经水合制得，相对分子质量为76.10。

1. 性状

1,2-丙二醇为无色透明、无臭的黏稠液体，有极微量的辛辣味，沸点188.2℃。能与水、醇及多数有机溶剂任意混合。有吸湿性。对光、热稳定，有可燃性。色素、精油、树脂及其他难溶于水的有机物，可用丙二醇充分溶解。

2. 毒性

大白鼠经口LD_{50}为21.0~33.5mg/kg。按FAO/WHO规定，ADI值为0~125mg/kg。

3. 使用

防腐剂、色素、抗氧化剂等食品添加剂中难溶于水的物质，可先用少量丙二醇将其溶解，然后再添加到食品中去。食用香精除使用乙醇作香精原料的溶剂外，有时也配合使用丙二醇。丙二醇的水溶液不易冻结，40%的丙二醇水溶液到-20℃仍不冻结，对食品有抗冻作用。

二、甘油(Glycerin)

甘油学名丙三醇，相对分子质量为92.08。用水解脂肪法，即制肥皂时从副产物得到的方法；也有用糖类在亚硫酸钠存在下经发酵制取的方法。得到的粗制甘油经真空蒸馏精制即可得成品。

1. 性状

无色透明或微黄色的糖浆状液体，无臭，有甜味。沸点290℃，纯粹的甘油冷却至0℃时，可以慢慢地结晶出来，此晶体熔点为17.8℃。可与水、乙醇混溶，但不溶于乙醚、氯仿、己烷、油脂等非极性有机溶剂中。具有吸湿性，易吸收空气中的水分，其水溶液呈中性。与强氧化剂接触能爆炸。

2. 毒性

小白鼠经口LD_{50}为3.2g/kg。

3. 使用

难溶于水的防腐剂、抗氧化剂、色素等在添加于食品中之前，可使用甘油作为溶剂。食用香精，除用乙醇作香精原料的溶剂外，有时也配合使用甘油，如在有些食用水溶性香精中约配用5%的甘油。

三、乙醇(Ethanol)

淀粉质原料（一般有薯类、谷类和野生植物等含淀粉质的原料）在微生物作用下将淀粉水解为葡萄糖，再进一步由酵母发酵生成酒精；糖蜜原料经过稀释杀菌并添加部分营养盐，借酵母的作用发酵生成酒精。相对分子质量为46.08。

1. 性状

易燃、易挥发的无色透明液体，它的水溶液具有酒香的气味，并略带刺激性。有酒的气味和刺激的辛辣滋味，微甘。能与水以任意比互溶。能与水、氯仿、乙醚、甲醇、丙酮和其他多数有机溶剂混溶。

2. 毒性

ADI未作规定，以工艺需要为限。

3. 使用

国内多以95%乙醇作为提取溶剂。乙醇可以溶解大多数生物碱，不会导致生物碱分子质子化，乙醇易挥发，比酸的水溶液更好，便于提纯。乙醇还可作为载色剂、香料溶剂。

四、丙酮(acetone)

丙酮又名二甲基酮，为最简单的饱和酮，相对分子质量为50.08。丙酮在工业上主要作为提取剂用于油脂等行业中，在赛璐珞、醋酸纤维等工业中用作溶剂，也可作为合成烯酮、醋酐、碘仿的重要原料。目前我国用粮食发酵生产的丙酮仍占较大比重，由含淀粉的农副产品发酵制得丙酮、丁醇和乙醇的混合物。

1. 性状

是一种无色透明挥发液体，有特殊的辛辣气味。易溶于水和甲醇、乙醇、乙醚等有机溶剂。易燃、易挥发，化学性质较活泼。

2. 毒性

小白鼠经口 LD_{50} 为3g/kg。

3. 使用

主要作为提取溶剂，用于香辛料及可可豆等，香辛料油树脂中的限量为30mg/kg。在日本限用于浸出古柯豆的成分以制造古柯豆饮料。还可以用作色素稀释剂。

任务6　各种气体

近年来，一些流体食品，如软干酪、掼奶油、蛋糕的泡沫状顶端物料、调味番茄酱和糖浆之类可装入加压密封气溶胶的容器中，使用时依靠气体的压力将流体食品压出。由于它们的溶解性，故在使用时可因膨胀而形成喷雾和泡沫的形式并能有效地乳化，故用于掼奶油、蛋糕的泡沫状顶端料，所产生的泡沫特别好；如为非溶解性的氮气则用于不需泡沫的番茄酱之类。所用气体的压力都需加以控制，使之不会液化。

一、二氧化碳(Carbon dioNide)

一般由糖类发酵制造酒精时所产生的气体经水洗、净化、干燥、冷却，并压缩成液体。相对分子质量为44.01。

1. 性状

无色无臭气体，略有酸味。无助燃及可燃性。亦可压缩冷却成白色固体，称干冰。在水中生成碳酸，饱和水溶液的pH值为4.5。溶于4.30容积的乙醇。

2. 毒性

ADI值不需要特殊规定。

3. 使用

可作为食品加工助剂，碳酸化剂，包装用气体等。

二、氮气(Nitrogen)

工业上用液态空气分馏法制得，相对分子质量为28.01。

1. 性状

在正常况下是一种无色无味的气体，且通常无毒。氮气占空气总量的78.12%(体积分数)，在标准情况下的气体密度是1.25g/L，氮气难溶于水，在常温常压下，1体积水中大约只溶解0.02体积的氮气。氮气是难液化的气体。氮气在极低温下会液化成无色液体，进一步降低温度时，更会形成白色晶状固体。

2. 毒性

ADI值不需要特殊规定。

3. 使用

可作为食品加工助剂，制冷剂，包装用气体等。

任务7　澄清剂

一、单宁酸(Tannicacid)

单宁不是单一化合物，化学成分比较复杂，大致可分为两种。一种是缩合单宁，是黄烷醇衍生物；另一种是可水解的单宁，分子中具有酯键，是葡萄糖的没食子酸酯。

1. 性状

单宁为黄色或棕黄色无定形松散粉末，在空气中颜色逐渐变深，有强吸湿性。不溶于乙醚、苯、氯仿，易溶于水、乙醇、丙酮，水溶液有涩味。

2. 毒性

ADI 值不需要特殊规定。

3. 使用

作为澄清剂，用于清酒等除去混合状态的蛋白质等悬浮物质。

二、膨润土(Bentonite)

以蒙脱石矿物为主要成分的黏土矿。通过采矿、破碎、磨粉、干燥而成。

1. 性状

成分除水合硅酸铝之外，商品中还含有氧化镁、氧化钙、铁、碱及碱土属元素。由于所取土层深度的不同，可由白至灰、黄、青或蓝色以至粉红、砖红、灰黑等各种色调。蒙脱石含量高的，具蜡状光泽，皂状断面。具有良好的吸收膨胀性、黏结性、吸附性、催化活性、悬浮性、可塑性和阳离子交换性等。熔点 1330℃ ~1430℃。因其所含交换性阳离子的种类和含量，可分为钙基、钠基、镁基、铝基等型。

2. 毒性

ADI 值不需要特殊规定。

3. 使用

主要用于葡萄酒的澄清；生啤酒中悬浮酵母的助滤剂。不作限制性规定，最后食品中不残存。也用于果汁澄清助凝剂用。

项目二　其他加工助剂

任务1　发酵剂和催化剂

一、磷酸二氢铵

由磷酸和氨进行酸、碱反应制得，相对分子质量为 115.03。

1. 性状

白色结晶性粉末。在空气中稳定。微溶于乙醇，不溶于丙酮。水溶液呈酸性，pH 值为 4.3。常温下(20℃)在水中的溶解度为 37.4g。相对密度 1.80。熔点 190℃。

2. 毒性

对皮肤和黏膜有轻度刺激，吸入或食入体内会引起严重腹泻。

3. 使用

在食品工业中用作发酵剂、营养剂。

二、甲醇钠

由固体氢氧化钠和甲醇反应而得，相对分子质量为54.02。

1. 性状

白色无定形易流动粉末，无臭，溶于乙醇和甲醇。对空气与湿气敏感，遇水迅速分解成甲醇和氢氧化钠，在126.6℃以上的空气中分解。商品形态有溶液化合物的形式，也有溶剂化合物的形态。

2. 毒性

口服可腐蚀消化道，引起腹痛、恶心、呕吐；大量口服可致失明和死亡。慢性影响有中枢神经系统抑制作用。

3. 使用

用作脂肪酯交换催化剂，以改变脂肪结构，使适用于人造奶油等，在最终食品中必须除去。也用作处理食用脂肪和食用油（特别是处理猪油）的催化剂。还用作分析试剂；广泛用于香料、染料等工业中。用作有机合成的缩合剂。

任务2　絮凝剂和吸附剂

一、聚丙烯酰胺（Polyacrylamide solution）

1. 性状

白色粉末或者小颗粒状物，玻璃化温度为188℃，软化温度近于210℃，一般方法干燥时含有少量的水，干时又会很快从环境中吸取水分，用冷冻干燥法分离的聚合物是白色松软的非结晶固体，但是当从溶液中沉淀并干燥后则为玻璃状部分透明的固体，完全干燥的聚丙烯酰胺是脆性的白色固体。水溶性线性高分子聚合物，不溶于大多数有机溶剂，具有良好的絮凝性。

2. 毒性

聚丙烯酰胺本身及其水解体没有毒性，聚丙烯酰胺的毒性来自其残留单体丙烯酰胺。

3. 使用

食品级聚丙烯酰胺中的残余单体丙烯酰胺含量有其严格要求，一般要求低于0.05%，应用的最大剂量也是有限制的。大部分城市污水处理厂将会采用PAM作絮凝剂。

二、硅胶（Silica gel）

将水玻璃的水溶液与稀硫酸混合，在一定的pH值下，于20℃~30℃下凝胶成型。

1. 性状

硬玻璃状透明或半透明颗粒，平均粒度5mm左右。具有多孔、大表面积等特性。在较低相对湿度下，对水蒸气有强的吸附作用。对介质中的某些有害物质有选择吸附性，因呈球形，表面光滑而机械强度高，不易破碎，阻力小。不溶于水和无机酸，溶于苛性碱溶液。

2. 毒性

聚丙烯酰胺本身及其水解体没有毒性，聚丙烯酰胺的毒性来自其残留单体丙烯酰胺。

3. 使用

作为防潮吸附剂，用于食品的防潮；工业发酵过程中吸附发酵品中的高分子蛋白质；各种工业气体的干燥和净化剂。由于外形、大小、用途等不同而有许多品种，如活化硅胶、空分耐水硅胶、变色硅胶、柱层析硅胶、薄层层析硅胶,等等。

三、甲壳素(Chitin)

甲壳素别名为甲壳质、几丁质，分子量约40万。甲壳类虾、蟹、昆虫等动物的外骨骼的主要成分，将蟹、虾壳洗净风干，用盐酸浸渍以溶解除去无机盐，离心分离并水洗后制得。

1. 性状

含氮多糖类物质，黏多糖类之一，含氮约7%，化学结构与纤维素相似。白色无定形粉末。不溶于水、有机溶剂和碱，溶于盐酸、硝酸、硫酸等强酸，可在酸溶液中加水分解成壳聚糖和醋酸。对单宁等多酚氧化类有吸咐作用，故有去除单宁的能力，并以pH 3 ~7之间的去除能力为最强，食盐有促进作用。蔗糖和乙醇有阻碍作用，甲壳质的加入量与单宁的去除率不成正比。

2. 毒性

属于天然产物，没有毒性。

3. 使用

鞣质去除剂，主要用于果汁、果酒等,以防变色和除涩之用。亦可用作黏结剂、上光剂、填充剂、增稠剂、稳定剂和乳化剂。

四、离子交换树脂(Ion exchange resin)

离子交换树脂有多种类型，制法不同。由苯乙烯和二乙烯共聚后用浓硫酸或发烟硫酸、氯磺酸等磺化共聚球体而得;由酚类、磺酸和聚醛缩合而得。由甲基丙烯酸或丙烯酸与二乙烯、由多价酚和单宁与聚甲醛缩聚而得。

1. 性状

白色、浅棕色、褐色以至黑色球状、块状、粒状或粉末，几乎无臭。不溶于水和其他溶剂。阳离子交换树脂较耐热，而阴离子交换树脂则不耐热。

2. 毒性

用0.5%、2%和20%饲养大鼠一个月，生长、尿、血液均无异常化。饲以20%者对生长略有延滞影响。但生理组织全无异常变化

3. 使用

水质软化和除铁;葡萄糖、蔗糖、饴糖等脱色;甘油等的精制;牛奶脱盐(钠、钙离子);葡萄酒的净化(用氢离子取代铁离子);氨基酸、蛋白质、化学调味料等的提纯精制。需在食品最终制成之前除去。

思考题

1. 简述食品加工助剂的概念和类别。
2. 食品加工助剂的使用原则是什么?
3. 简述消泡剂的概念和使用。
4. 简述被膜剂的概念和使用。
5. 简述溶剂的概念和使用。
6. 简述发酵剂和催化剂的概念和使用。
7. 简述絮凝剂和吸附剂的概念和使用。

模块十三

其他食品添加剂

基础理论和知识

1. 掌握食品碱性剂和酸剂的概念；
2. 掌握食品膨松剂的概念；
3. 掌握食品凝固剂的概念；
4. 掌握食品水分保持剂的概念；
5. 掌握食品抗结剂的概念；
6. 掌握面粉添加剂的概念；
7. 掌握胶姆糖基础剂的概念。

基本技能及要求

1. 掌握食品碱性剂和酸剂的使用；
2. 掌握食品膨松剂的使用；
3. 掌握食品凝固剂的使用；
4. 掌握食品水分保持剂的使用；
5. 掌握食品抗结剂的使用；
6. 掌握面粉添加剂的使用；
7. 掌握胶姆糖基础剂的使用。

◆学习重点

1. 掌握食品膨松剂的概念；
2. 掌握食品凝固剂的概念。

◆学习难点

1. 掌握面粉添加剂的使用；

2. 掌握胶姆糖基础剂的使用。

◆导入案例

赛百味美国被曝光面包制品中含有一种名为偶氮甲酰胺的工业发泡剂，引发媒体关注，该成分同样添加于鞋底当中。赛百味中国声明称，中国市场食品中并不含有这一成分。之后星巴克中国承认，在华出售面包制品中含有偶氮甲酰胺成分，但表示这一食品添加剂符合中国食品添加剂使用标准。偶氮甲酰胺是否有毒害，能否添加到食品中，我们目前平时食用的食品中是否含有这一成分？国家粮食局标准质量中心原高级工程师谢华民告诉记者，虽然“偶氮甲酰胺”的毒性目前无法精确测定，但偶氮类化学物质都具有一定的致癌性。国家虽定有安全剂量标准，但偶氮甲酰胺在使用中无法检测具体用量；此外，化学物质对人体健康的影响其实具有累积效应。

目前，偶氮甲酰胺作为面粉处理剂，允许被作为食品添加剂使用。国内多款面粉的配料表中，就标明含有这一成分。国内最新修订版的《食品添加剂使用标准》里，其中标注“偶氮甲酰胺”的功能是面粉处理剂，允许作为食品添加剂在中国使用，使用范围是小麦粉。记者在中粮我买网随机查询其在线出售的二十款面包粉中，配料表中标明含有这一成分的共有五款；在北京一家大型超市里，记者看到，货架上出售的十余款面粉中，标明含有偶氮甲酰胺成分的有三种。一位商家表示：“偶氮甲酰胺主要用作面粉改良剂和面包口感的改良剂，可以提高面粉的筋度，目前使用得很广泛，很好用。”资料显示，偶氮甲酰胺最初的用途是添加在塑料制品之中以增强其韧性。在致癌物质溴酸钾被禁止使用之后，作为其替代品添加到面粉之中。在欧盟，偶氮甲酰胺因怀疑其对人体致癌而被禁止用于食品添加，2005 年进一步禁止偶氮甲酰胺在食品包装中使用，“即使是儿童使用的塑料地垫里，法国等国也不允许生产商添加这一成分，而我们却可以随意添加到每天食用的主食里。”国家粮食局标准质量中心原高级工程师谢华民说。现在世界多国不允许食品中使用偶氮甲酰胺，美国虽未强制禁用，但其有相应的检测标准，在面粉中添加这一成分时会在成分表中标示该物质含有可能致癌成分。

讨论

1. 是否应重视食品添加剂的安全风险？
2. 你认为如何才能推动我国食品添加剂使用安全？

项目一　一般其他食品添加剂

任务 1　碱性剂和酸剂

碱性剂指在食品加工过程中，所用的具有碱性的物质，它不一定是化学药品的碱类。常用的多是显碱性的盐类。因在食品加工中利用其碱性，故称为碱性剂。碱性剂大体可分作面条品质改良剂配合原料的碱性剂，以及作为提高食品 pH 及中和用的碱性剂两大类。有的碱性剂还具有提高果蔬制品的硬度和保持其脆性的作用。酸剂是指除去作为调味用的酸味剂以外的酸类。食品加工在水解或中和的操作中，常需使用酸剂。常用碱性剂和酸剂有无水碳酸钠、一水合碳酸钠、氢氧化钙、氢氧化钠和盐酸。

一、无水碳酸钠(Sodium carbonate)

无水碳酸钠别名为食用碱面，即纯碱，相对分子质量为105.99。通氨气入饱和食盐水中，再通入二氧化碳气，生成碳酸钠沉淀。将其沉淀过滤、洗涤并煅烧，即得纯碱。

1. 性状

白色粉末或细粒，无臭，具碱味。相对密度2.53，熔点851℃。在400℃时就开始放出二氧化碳。易溶于水，溶解时放出溶解热，不溶于乙醇。有潮解性，能因吸湿而结成硬块，并能从潮湿空气中逐渐吸收二氧化碳，形成碳酸氢钠。水溶液呈强碱性，遇酸则分解放出二氧化碳。

2. 毒性

在正常生产需要量的条件下，认为无毒。浓度大时具腐蚀性，腐蚀皮肤，但不似氢氧化钠强烈。ADI值不需要特殊规定。

3. 使用

碳酸钠可用于面食制品与糕点类，可按"正常生产需要"使用。我国广泛用于做馒头等的发酵面团中，中和其酸性。也用于做面条。在面粉中(小麦粉)加入碱面，可使面条增加弹性和延展性，易煮熟，吃时爽口(滑润)。可抑制面条发酸，且具独特风味。所以碳酸钠又有面条品质改良剂的作用。在面食制品中一般用量0.5%～1%。

二、一水合碳酸钠(Sodium Carbonate Monohydrate)

一水合碳酸钠别名为食用碱，相对分子质量为124.01，是一类有结晶水的碳酸钠。碳酸钠的饱和水溶液在35.27℃以上，则析出一水碳酸钠。

1. 性状

白色块状，无臭，具碱味。相对密度1.55，1g能溶于3g 25℃的水、1.8g沸水、7g甘油中，不溶于乙醇。水溶液呈碱性，遇酸则分解放出二氧化碳，在空气中吸收二氧化碳形成碳酸氢钠。

2. 毒性

同无水碳酸钠，在正常生产需要量的条件下，认为无毒。浓度大时具腐蚀性，腐蚀皮肤，但不似氢氧化钠强烈。ADI值不需要特殊规定。

3. 使用

同无水碳酸钠，有面条品质改良剂的作用，可用于面食制品与糕点类，可按"正常生产需要"使用。

三、氢氧化钙(Calcium hydroxide)

氢氧化钙别名为消石灰或熟石灰，相对分子质量为74 .09，由氧化钙加水消化而得。

1. 性状

白色粉末，无臭、碱味，相对密度2.24，在580℃时失去水。易潮解，难溶于水，20℃时溶解度为0.161%。不溶于乙醇，但溶于甘油。水溶液呈碱性，露置空气中能渐渐吸收二氧化碳而成碳酸钙。氢氧化钙的澄清水溶液称为石灰水，氢氧化钙与水组成的乳状悬浮液称作石灰乳。

2. 毒性

本品有腐蚀性，但因其难溶于水，其水溶液腐蚀皮肤组织的作用也较弱。ADI值不需要特殊规定。

3. 使用

我国果蔬加工，常用石灰水浸泡果蔬，以达到保持脆性的目的。这是因为石灰水中的钙离子和果蔬中的果胶，形成果胶酸钙。这种凝胶凝聚在果蔬细胞的间隙中，可使细胞互相黏结。防止细胞解体，这样就使得果蔬的组织不致变软，达到保脆的目的。此外石灰在蔬菜腌渍中，还有保绿的作用。制造糖衣果脯类白糖冬瓜时，也用石灰水浸渍。在生产传统蜜饯类的蜜李片、蜜桃片等产品时，也都用石灰水浸泡。

我国传统蛋制品的皮蛋加工时也需用石灰。用石灰水浸泡鲜蛋也为鲜蛋保藏的一个常用方法。在精制蔗糖时，也加石灰乳，再通入二氧化碳，使生成碳酸钙沉淀以吸附杂质。用这种方法可减少活性炭的用量，也可节约硅藻土。

四、氢氧化钠(Sodium hydroxide)

氢氧化钠别名为苛性钠、烧碱，相对分子质量为40。电解净制的食盐饱和溶液，在阴极处可得烧碱溶液，经浓缩制得。

1. 性状

纯品是无色透明的晶体，无臭，相对密度2.13。熔点318.4℃，沸点1390℃，潮解性很强，极易溶于水，溶解时放出强热，并溶于乙醇和甘油。有强碱性，易从空气中吸收二氧化碳而变成碳酸钠。

2. 毒性

属于剧毒，1.95g可使人致死。腐蚀性极强，可严重腐蚀动物或植物的组织，故有苛性钠之称。ADI值不需要特殊规定。

3. 使用

在食品加工中，作为酸的中和剂。也用于水果加工的去皮(碱液去皮)。去皮所用氢氧化钠溶液浓度，因水果而异，例如生产糖水桃时，碱液浓度为13%～16%，温度80～85℃，时间约1 min。桃片反扣于碱液去皮机的不锈钢链条上，经碱液喷淋后，再进入擦皮机，将皮洗净，然后进入中和槽，以盐酸中和残留的碱液。在生产全去囊衣糖水橘子罐头时，将去皮去络后的橘囊先投入浓度为0.8%左右的稀盐酸(30～35℃)中浸40min，以水解果胶等物质。取出后用流水漂洗，再用浓度0.8%的氢氧化钠(35～40℃)漂洗20 min左右，除去囊衣。再用流水漂洗以除尽碱液及囊面果胶物质。可用作洗涤剂，洗涤食品用的瓶和空罐等。也用作消毒药品。配成1%或2%的烧碱水溶液，用作食品工业的消毒药品，可对被油垢或浓糖液沾污的工具、机械、及车间等进行消毒。本剂因腐蚀性极强，所以在使用时必须注意，不要伤及皮肤和衣物，特别是不要溅到眼内，否则有失明的危险。

五、盐酸(Hydrochloric acid)

盐酸别名为氢氯酸，相对分子质量为36.46。本品只限于隔膜法生产的盐酸，水银法和其他任何化工副产品一律不得用于食品工业。

1. 性状

无色或微黄色发烟的澄明液体，有强烈的刺激臭，用大量水稀释后仍呈酸性反应。易溶于水、乙醇、乙醚、甘油等。商品浓盐酸为含38%的氯化氢的水溶液。在0.1MPa下，盐酸能形成恒沸点水溶液，其恒沸点为109℃、组成为20.24%的氯化氢。盐酸为一种强酸，呈强酸性，遇碱则中和而生成水和盐类。

2. 毒性

1%的氯化氢水溶液，对兔经口投予1g/kg于12～15min死亡。服用浓溶液呈现胃痛、口渴、灼热等症状。多量摄入会导致死亡。盐酸为体内正常成分，如其浓度接近于消化液中的盐酸浓度，可以认为是无害的。ADI值不需要特殊规定。

3. 使用

盐酸在淀粉糖浆的加工过程中可按"正常生产需要"使用，最终应中和除去。盐酸可水解淀粉制成淀粉糖浆。糖果工业为了防止砂糖在糖果中重结晶，常在砂糖中混以淀粉糖浆。其制法为淀粉加水使成淀粉乳，加盐酸使成pH 1.9～2.0的酸性淀粉乳，然后加入稀酸，加热煮沸使淀粉水解。待水解液以20%碘液鉴定呈酱油色时，即为糖化终点。这时在糖液中加5%碳酸钠进行中和，再经过滤、脱色、浓缩，即得淀粉糖浆。

在制造橘子罐头时，橘子去橘络、囊衣也使用盐酸(见氢氧化钠的使用部分)。过去盐酸曾用于生产化学酱油。但若使用纯度不高的盐酸，含有超过限量的砷等有害物质，会影响人体健康。另外生产化学酱油时对环境卫生也有影响，因此我国已禁止生产化学酱油。使用时应注意，不可触及皮肤和衣物。食品加工中若使用盐酸，必须除去残存的盐酸。

任务2　膨松剂

口感柔软或松脆的食物之所以能够拥有美妙的口感，其实全在于其中的膨松剂作用。膨松剂是在食品加工过程中加入的，能使面胚发起形成致密多孔组织，从而使制品具有膨松、柔软或酥脆的物质。在和面工序中加入膨松剂，通过酵母发酵产气或在焙烤或油炸过程中化学膨松剂受热分解产生气体，从而使面胚起发，体积胀大，内部形成均匀致密海棉状多孔组织，使食品具有酥脆、疏松或柔软等特征。

一、碳酸氢钠(Sodium bicarbonate)

酸氢钠别名为小苏打，重碱。相对分子质量为84。将碳酸钠溶液，在碳化塔中通过二氧化碳碳化后，再经分离干燥，即得成品。

1. 性状：

碳酸氢钠为白色晶体，或不透明单斜晶，系细微结晶，无臭、味碱。比重2.15，易溶于水，微溶于乙醇，其水溶液因水解而呈微碱性。常温中性质稳定，受热易分解，在50℃以上逐渐分解，在440℃时完全失去二氧化碳，在干燥空气中无变化，在潮湿空气中缓慢分解。

2. 毒性

钠离子是人体内正常成分，一般长期摄入碳酸氢钠对身体无害。此外。碳酸氢钠与碳酸在体内形成 $NaHCO_3/H_2CO_3$ 缓冲体系，对多量酸或碱性物进入体内起缓冲作用，使pH无显著变化。一次服用大量碳酸氢钠，可引起胃膨胀，甚至胃破裂。ADI值不需要特殊规定。

3. 使用

用于生产饼干、糕点，常与碳酸氢铵复配使用，配合比视原料性质、成品形态和操作条件而异，其使用量按面粉剂比例为0.3%，应先溶于水，分散均匀，免生黄斑。用于羊奶提高蛋白持水性，促进细胞软化，使膻味溶出。用作苏打汽水和盐汽水的二氧化碳发生剂，在苏打汽水中使用量为0.1%，在盐汽水中使用量为0.6%。用作果蔬的护色剂，如洗涤果蔬时添加0.1% ~0.2%的碳酸氢钠，可使绿色稳定。在果蔬加工中用作处理剂，如用于食品烫漂、去涩味等。碳酸氢钠能使pH升高，可提高蛋白质的持水性，促使食品组织细胞软化，促进涩味成分溶出。对羊奶有去膻作用，用量为0.001% ~0.002%。

二、碳酸氢铵(Ammonium bicarbonate)

碳酸氢铵俗称食臭粉、臭碱等，相对分子质量为79.06。

1. 性状

白色晶体粉末，有氨臭，相对密度1.586。性质不稳定，在36℃以上分解为二氧化碳、氨和水，60℃可完全分解，而在室外温下相当稳定。在空气中易风化，有吸湿性，潮解后分解加快。易溶于水，水溶性呈碱性，0.08%水的溶液的pH为7.8。溶于甘油，不溶于乙醇。

2. 毒性

碳酸氢铵的分解产物二氧化碳和氨均为人体代谢物，适量摄入对人体健康无害。为一般公认安全物质。

3. 使用

通常与碳酸氢钠复配使用，可以减弱各自的缺点。作为饼干和糕点的疏松剂，添加在糕点中，用量为0.2% ~0.3%。可与发酵粉复配使用。

三、轻质碳酸钙(Light calcium carbonate)

轻质碳酸钙别名为沉淀碳酸钙，相对分子质量为100.09。

1. 性状

白色微细轻质粉末，无臭，无味，相对密度2.5 ~2.7。在空气中稳定，不发生化学变化，强热至82.5 ~89.6℃时发生分解，释出二氧化碳，变为氧化钙。几乎不溶于水和乙醇，如有铵盐或二氧化碳存在可提高溶解度。在含有二氧化碳的水溶液中，生成溶解性重碳酸钙。溶于稀酸，产生二氧化碳。

2. 毒性

钙为人体的正常成分，需经常由食物补充。内服无毒性反应。为一般公认安全物质。

3. 使用

配置发酵粉和罐头，用作疏松剂，一般食品中用量为1%。还可以作为营养强化剂、碱性剂。

四、硫酸铝钾(Aluminium potassium sulfate)

硫酸铝钾别名为钾明矾、明矾，相对分子质量为474.39。由明矾石经煅烧、萃取、结晶而制得。

1. 性状

无色透明结晶，或白色晶体粉末，无臭，味微甜带涩。加热至200℃以上失去全部结晶水而成为白色粉末，称为烧明矾，可溶于水，18%水溶液的pH为3.3，1%水溶液的pH为1.0。钾明矾在水中水解成氢氧化铝胶体沉淀；不溶于乙醇；缓慢地溶于甘油。

2. 毒性

狗经口的致死量为35 ~50g，猫经口的致死量为5 ~10g。其稀溶液有收敛作用，浓溶液有腐蚀性，2g明矾可引起胃痛、恶心和呕吐，多量内服可因局部腐蚀而发生炎症，大量服用时甚至能引起致死性腐蚀现象。成人每日极量为3g。ADI延期做出评价。本品是我国传统使用的食品添加剂，在正常使用量的范围内，虽未显示出明显的毒性影响，但对其腐蚀作用等问题亦应加以注意。

3. 使用

钾明矾使用范围为油炸食品、水产品、豆制品、发酵粉，可按“正常生产需要”使用。

作为膨松剂，用于油炸食品。如有的地区在虾片中使用6g/kg，广东省在油条中使用10～15g/kg，上海市、江苏省在油条中约使用30g/kg。本品使用量过多会带来发涩的后味，应予控制。本品为配制发酵粉的重要原料之一，在有些发酵粉配方中，钾明矾或烧明矾要占50%上下。作为净水剂使用，用以凝聚水中的杂质，用量约为0.01%。

本品又是我国果蔬加工中传统使用的剂。如作为保脆剂可添加0.1%左右。又如加工京糕时，用山楂果泥量2%的明矾，在浓糖浆中加热溶解，趁热倒入山楂果泥中搅拌均匀，再倒入成型容器，冷凝后即成为京糕。本品对防止果蔬变色亦有效。如加工白糖藕片时，将藕切片后浸于明矾溶液中可以防止氧化变黑，浸渍后随即在沸水中烫煮，烫煮过程中先后加入约占鲜藕量0.8%的明矾与3%的碳酸钠，可有利于品质的改进。

五、硫酸铝铵(Aluminum ammonium sulfate)

硫酸铝铵别名为铝铵矾或铵矾、铵明矾，相对分子质量为453.33，由硫酸铵和硫酸铝的混合溶液结晶而制得。

1. 性状

本品为无色结晶性粉末或透明坚硬的块状物。无臭、味涩，具有较强的收敛性。溶于水及甘油，不溶于乙醇，在水中溶解5g/100mL(常温)；66g/100mL(66℃)。在120℃时失去10个结晶水，250℃时变为无水物，280℃以上分解。相对密度1.645，熔点94.5℃。

2. 毒性

参照钾明矾。

3. 使用

用作疏松剂，在面包、糕点中用量为小麦粉的0.15%～0.5%。例如在威夫饼干中用量为0.45%以上。本品代替钾明矾使用，可参考钾明矾项。由于本品是硫酸铝与硫酸铵的复盐，故不能用于兼铵离子的食品。

六、复合膨松剂

为了减少或克服单一膨松剂的缺点，可用不同配方配制成多种复合膨松剂。复合膨松剂一般是由碳酸盐类、酸性盐类、淀粉和脂肪酸等三种成分组成。

复合膨松剂的主要成分之一是碳酸盐类，常用的是碳酸氢钠，其用量占20%～40%，它的作用是与酸反应产生二氧化碳。复合膨松剂的另一个主要成分是酸性物质。它和碳酸盐发生中和反应或复分解反应而产生气体。其用量占35%～50%。它的作用还在于分解碳酸盐产气而降低成品的碱性。若使用恰当的酸性盐类则可以充分提高膨松剂的效力。复合膨松剂中尚需有淀粉、脂肪酸等一些其他成分，其用量占10%～40%。这些成分的作用在于提高膨松剂的保存性，防止吸潮结块和失效，也有调节气体产生速度或使气泡均匀产生等作用。

(一)有铝发酵粉

发酵粉别名为焙粉，本品多系碳酸氢钠与酸性物质等成分的混合物，习惯上称为“发酵粉”的多是化学膨松剂。我国现在生产的发酵粉多使用碳酸氢钠、明矾、烧明矾及淀粉等混合配制而成。

1. 性状

白色的粉末，遇水混合加热即产生二氧化碳产品含二氧化碳不少于20%，其2%水溶液在气体产生后，pH值为6.5～7.0。

2. 毒性

配制发酵粉的原料应该是符合规定的食品添加剂。发酵粉的毒性取决于其原料成分，在正常使用量的条件下，应该对健康无影响。

3. 使用

作为膨松剂使用，各地使用量不同，这也与发酵粉的原料组成与性质有关。一般糕点类以面粉计使用1%～3%，馒头、包子等面食品以面粉计使用0.7%～2%。

◙知识拓展

膨化食品的膨松香脆是大多数人喜欢它的主要原因，尤其是孩子们更是它忠实的消费者。但是最近我国一家权威研究机构的实验结果令人震惊，部分膨化食品里面金属铝含量超标。中国农业大学食品学院最近组织了一次膨化食品专项教学实验，没想到这次常规的教学研究实验，却发现了一个以前从未遇到过的问题：为数不少的膨化食品中含有对人体有害的物质——铝。超标的产品包括虾条、芝士条、龙卷果和豌豆脆等市场上主流的膨化食品。产品铝含量最高的超过国家标准近9倍。

（二）无铝发酵粉

复合无铝发酵粉酸性物质成分用有机酸可，可使用柠檬酸、酒石酸、延胡索酸及乳酸等等，它们的反应都是速效性的，遇水立即溶解，发生反应而产气，因此在和面时，就开始产生气体，到烘烤时，已释放出不少气体，使膨松效力降低。其成本较高，但成品的口味好，有柔软而膨松的组织，加工性能也好。为了改进直接加酸的缺点，可以使用酸性盐类，如酒石酸氢钾、延胡索酸一钠等。酸性盐类的性质较稳定，反应速度较慢些。这样可以较充分地发挥气体的膨松作用。

此外，还有一种葡萄糖酸内酯，它本身不是酸，但加热水解呈酸的作用。用它来配制膨松剂，制品口味良好，可制成组织非常细致的成品。它尚有抗氧化作用，更适用于油炸类制品。其缺点是价格较高。

1. 性状

与有铝发酵粉类似为白色的粉末，遇水混合加热即产生二氧化碳产品含二氧化碳不少于20%，其2%水溶液在气体产生后，pH值为6.5～7.0。

2. 毒性

与有铝发酵粉类似，安全性明显高于有铝发酵粉，配制发酵粉的原料应该是符合规定的食品添加剂。发酵粉的毒性取决于其原料成分，在正常使用量的条件下，应该对健康无影响。

3. 使用

与有铝发酵粉类似，作为膨松剂使用各地使用量不同。一般以面粉计使用2%～3%。

七、生物膨松剂

利用酵母的发酵作用产生气体，最主要的是酵母，包括鲜酵母、干酵母和活性干酵母，主要用于面制品。鲜酵母是酵母菌种经扩大培养后，用离心分离或压榨方法除去大部分游离水得到的干物质，含水71%～73%。特点是使用方便，发酵能力强，但需在低温0～4℃保藏。干酵母（dry yeast）：由鲜酵母经低温脱水后制得，含水量7.0%～8.5%。特点是易保存，便于运输，但发酵力有所减弱，使用时需经活化处理。活性干酵母是干酵母混合酵母生长必需营养物质，含水量5.0%～6.0%。特点是使用时不需活化，可直接使用，常温下可保存1～2年。

任务3　凝固剂

使食品结构稳定或使食品组织结构不变，使蛋白质凝固或防止新鲜果蔬软化的一类添加剂。

一、氯化钙(Calcium chloride)

以碳酸钙和盐酸为原料制得，相对分子质量为147.02。

1. 性状

白色坚硬的碎块或颗粒，无臭，味微苦。露置空气中潮解性极强，易溶于水，可溶于乙醇。本品1g能溶于1.2ml 25℃水中、0.7ml沸水中、10ml 25℃乙醇中、2ml沸乙醇中。

2. 毒性

对大白鼠经口投入时，最小致死量为4000mg/kg。ADI值不需要特殊规定。

3. 使用

氯化钙可做豆食品的凝固剂，例如可用于做豆腐，1L大豆的使用量为20～25g。氯化钙凝固豆浆快，但制品持水性差且易破，过量时苦味重，一般不用作豆腐凝固剂，可用作低甲氧基果胶和海藻酸钠的凝固剂。另外可用于制作乳酪，可使牛乳凝固，用量可达0.02%。我国《食品添加剂使用卫生标准》规定氯化钙在豆制食品、罐头中可按“正常生产需要”使用。

在食品加工中用作组织凝结剂，可保持果蔬的脆性。用1%氯化钙溶液在35～40℃下，浸渍苹果2h，苹果罐头经杀菌后，罐内苹果的外表和内部硬度都好，清脆可口，同时还起护色作用。整番茄罐头生产中，把去皮后的番茄立即投入0.3%的氯化钙水溶液中，每隔5min收集一次，装罐前再浸入氯化钙水溶液中保持10min，经清水漂洗一次后装罐，再加入番茄汁即可密封。番茄汁中含有0.1%的氯化钙，配制时要加热到95℃以上备用。什锦蔬菜罐头生产中亦需要用氯化钙进行硬化处理，其最大使用量为0.26g/kg。用于冬瓜硬化处理，可将冬瓜去皮，泡在0.1%氯化钙溶液中，抽真空，使钙离子渗入组织内部，渗透20～25分钟，经水煮、漂洗后备用。

二、硫酸钙(Calcium sulphate)

硫酸钙俗称石膏($CaSO_4 \cdot 2H_2O$)，又称生石膏，相对分子质量为172.18。将其加热到100℃，($CaSO_4 \cdot 0.5H_2O$)，又称烧石膏、熟石膏。加热到194℃以上，成为无水硫酸钙。有天然产品，也可由可溶性钙盐的水溶液加稀硫酸或加碱金属的硫酸盐制造。或由氧化钙加三氧化硫制成。作为凝固剂使用时，实际多用煅石膏或称烧石膏。石膏经煅烧即得煅石膏。

1. 性状

白色结晶，无臭，具涩味，相对密度232。微溶于水，溶解度在0℃时为0.241%，90℃时为0.222%，因温度升高而降低。加热到100℃以上，则失水而成，即为煅石膏。水溶液呈中性。

2. 毒性

钙和硫酸根都是人体正常成分，所以硫酸钙被认为是无害的。ADI值不需要特殊规定。

3. 使用

我国《食品添加剂使用卫生标准》规定：硫酸钙在豆制食品罐头中可按“正常生产需要”使

用。石膏广泛地作为豆制食品的凝固剂使用，实际使用时一般先经煅烧为煅石膏，并经磨细后再用。若经存放4～5d后再用则更好。石膏加入量多按经验掌握，一般加入量多少取决于气温、浆温及原料的新鲜程度等因素。例如夏季使用量少于冬天，陈豆的使用量少于新豆。此外点浆温度高的使用量则较少。石膏一般适用于制造豆腐和百叶。

做豆腐时石膏冲浆的温度宜在80℃左右，夏季用石膏约为原料的2.25%，冬季用石膏约为原料的4.1%。做百叶时，石膏点浆的温度在60℃～70℃，石膏的使用量夏季约为原料的2%，冬季约为原料的4.3%。用豆腐粉做豆腐时，也需要用石膏做凝固剂，其凝固剂的处理也是将生石膏烧成煅石膏，选除杂质，经超微粉样机粉碎，按豆粉量的7.5%分别包装，各种水源需用凝固剂的量时有出入，该分量的凝固剂基本上可适用全国范围内的水源。

三、氯化镁(magnesium chloride)

氯化镁可以由镁矿精制后得到氧化镁或碳酸镁，与盐酸作用而制得，相对分子质量为95.21。

1. 性状

无色至白色结晶或粉末，无臭，味苦，极易溶于水和乙醇，常温下为六水合物，加热到100℃失去2分子结晶水，极易吸潮。

2. 毒性

大白鼠经口投入LD_{50}为2.8 g/kg，人经口服4～15g，能引起腹泻，属低毒物质，ADI不需特殊规定。

3. 使用

豆浆凝固快，硬度较强，含水量低，具有独特的甜味和香味；但制品持水性差、易破，制作较难，产量低。适合豆干、油炸豆腐的生产。氯化镁盐凝固剂主要是指含氯化镁为主的2种物质：盐卤和卤片。盐卤，又称卤水，为淡黄色液体，味涩、苦。盐卤豆腐具有独特的豆腐风味，用盐卤点浆时，盐卤相对豆浆的最适用量为0.7%～1.2%，以纯氯化镁计，其最适用量为0.13%～0.22%。盐卤一般用来制作老豆腐、豆腐干，难以制作嫩豆腐。

四、葡萄糖酸－δ－内酯(Glucono－δ－lactone)

又称1，5－葡萄糖酸内酯、葡萄糖酸内酯，简称GDL，相对分子质量为178.14。

1. 性状

一般是白色晶体或结晶粉末，几乎无臭，味先甜后酸。易溶于水，在水溶液中缓慢水解形成葡萄糖酸及内酯的平衡状态。新配制1%水溶液的pH值为3.5，2小时后变为2.5。稍溶于乙醇，不溶于乙醚。本品热稳定性低，约于153℃时分解。由于葡萄糖酸内酯有一定的吸水性，温度太高会使其发生“糖化”。

2. 毒性

ADI不需特殊规定。

3. 使用

本品适合机械化生产，但有微酸味和涩味，不适合豆干、油炸豆腐的生产。相对豆浆的最适用量为0.25%～0.26%。其生产方法是将煮沸的豆浆冷却到40℃以下，然后加入内酯，用封口机装盒密封，隔水加热至80℃，保持15分钟，即可凝固成豆腐。内酯的特点是在水溶液中能缓慢水解，具有特殊的迟效作用，使pH值降低，豆腐凝乳是在进入模具后产生的。内酯盒装豆腐因之成为当今唯一能连续化生产的豆腐，且有质地细腻、滑嫩可口、保水性好、防腐性好、保存期长等优点，一般在夏季放置 2 ~ 3 天不变质。缺点，豆腐稍带酸味。

任务 4　水分保持剂

有助于维持食品中水分稳定而加入的物质，常指用于肉类和水产品加工中增强水分稳定和有较高持水性的磷酸盐。肉在冻结、冷藏解冻和加热等加工过程中会失去一定的水分，而致肉质变硬，并因失水而失去一些可溶性蛋白质等营养成分。因此肉对水分的保持能力这一性质，在肉制品工业中很受重视。当在肉中加入磷酸盐时，能提高肉的持水能力，使肉在加工过程中仍能保持其水分，使肉的营养成分损失少，也保存了肉的柔嫩性等。

酸性磷酸盐性质较有机酸稳定，虽在加水和面时也开始产生气体，但反应速度较慢些。使用酸性磷酸盐其成品的口味与光泽均好，此外磷酸氢钙等还兼具营养强化的作用。磷酸盐能提高肉的持水性的机理归纳出下述几点：

1. 提高肉的 pH 的作用

在肉中加入焦磷酸钠或三聚磷酸钠后，肉的 pH 向碱性一侧偏移，即 pH 增大。

2. 对肉中的金属离子有螯合作用

聚磷酸盐有与金属离子螯合的作用。加入聚磷酸盐后，则原与肌肉的结构蛋白质结合的钙、镁离子，被聚磷酸盐螯合，肌肉蛋白质的网状结构被破坏，包在结构中的可与水结合的极性基被释放出来，因此持水性提高。

3. 有增加肉的离子强度的作用

肉在一定的离子强度范围内，肉的肌球蛋白的溶解性增加而成溶胶状态。由于加入聚磷酸盐而增加了肌肉的离子强度，有利于肌球蛋白转变为溶胶状态，因而提高了持水性。

4. 有解离肌肉蛋白质中肌动球蛋白的作用

焦磷酸盐和三聚磷酸盐有解离肌肉蛋白质中肌动球蛋白的特异作用。它们有将肌动球蛋白解离为肌动蛋白和肌球蛋白的作用。而肌球蛋白的持水能力强，因而提高了肉的持水能力。

一、磷酸二氢钠(Sodium dihydrogen phosphate anhydrous)

磷酸二氢钠别名为酸性磷酸钠，由浓磷酸加氢氧化钠或碳酸钠制得，相对分子质量为 156.01。

1. 性状

白色结晶或粉末，无臭，微具潮解性，加热到 100℃，就失去结晶水。易溶于水，25℃时在水中的溶解度为 12.14%，几乎不溶于乙醇，水溶液呈酸性。在 100℃失去结晶水后继续加热，则分解成酸性焦磷酸钠。

2. 毒性

大白鼠腹腔注射 250 mg/kg。ADI 为 0 ~ 70mg/kg(食品和食品添加剂中总磷摄入量以磷计)。

3. 使用

我国《食品添加剂使用卫生标准》规定磷酸氢二钠在淡炼乳中最大使用量为 0.5g/kg。淡炼乳生产，有时由于季节的变动及地区不同等原因，在加热灭菌时，会呈现不稳定的情况。为了提高其热稳定性，防止制品的凝固，可添加稳定剂。虽然影响淡炼乳的热稳定性原因很多，很复杂，但热稳定性低一般是因为游离钙离子多，磷酸及柠檬酸少。添加磷酸盐及柠檬酸盐，使盐类平衡保持正常时，往往可改善其热稳定性。稳定剂的添加量，普遍是按照小样加热处理的结果来决定的。但乳品厂掌握了一年四季原料乳的变动规律后，可在预热时先按最低量添加，最后在装罐前再以浓缩乳做小样，来决定最后添加量。其不足部分可添加于浓缩乳中。

二、焦磷酸钠(Sodium pyrophosphate)

焦磷酸钠别名为焦磷酸四钠，磷酸氢二钠在200℃～300℃下加热后，生成无水焦磷酸钠，将其溶于温水，滤除不溶物，浓缩结晶制得。相对分子质量为265.90。

1. 性状

无色或白色结晶，溶于水，不溶于乙醇。在水中的溶解度约为11%，水温升高溶解度增大。

2. 毒性

大白鼠经口 LD_{50} 为250 mg/kg。ADI为0～70mg/kg(食品和食品添加剂中总磷摄入量以磷计)。

3. 使用

焦磷酸钠使用于猪肉香肠、午餐肉、鸭四宝、香菇鸭翅及香菇炖鸭等肉、禽类罐头，最大使用量为0.5g/Kg。猪肉香肠罐头，在绞肉斩拌时1kg绞肉添加复合磷酸盐2 g。复合磷酸盐用焦磷酸钠60%，三聚磷酸钠40%，混匀备用。

鸭四宝罐头，每100kg装罐鸭汤中含有10%复合磷酸盐溶液1000g。香菇炖鸭罐头，每100kg装罐鸭汤中含有复合磷酸盐溶液500g。10%复合磷酸盐溶液的配方是：三聚磷酸钠85g，六偏磷酸钠12g，焦磷酸钠3g，加水调整到1000g，溶解后过滤备用。

三、三聚磷酸钠(Sodium Tripolyphosphate)

由磷酸二氢钠和磷酸氢二钠充分混合后，加热到540℃～580℃而制得，相对分子质量367.86。

1. 性状

白色颗粒或粉末，有潮解性。25℃水中的溶解度为13%，水溶液呈碱性，1%水溶液的pH为9.5左右。三聚磷酸钠于水溶液中水解，其水解速率因温度和溶液的pH等而异。1%的水溶液，在100%时加热6h，水解约为50%。水解产物为焦磷酸盐和正磷酸盐。本品能和过渡元素金属如铜、镍、铁离子形成极稳定的水溶性络合物。也可和碱土金属形成相当稳定的水溶性络合物，对碱金属仅能形成弱的络合物。

2. 毒性

小白鼠经口 LD_{50} 为320mg/kg，大白鼠腹腔注射 LD_{50} 为134mg/kg。ADI为0～70mg/kg(食品和食品添加剂中总磷摄入量以磷计)。大白鼠每组雌、雄各50只，以含三聚磷酸钠0.05%，0.5%，5%的饲料，饲养2年，仅5%组生长停滞，其中雄鼠较雌鼠明显，残存数5%组也较其他组少，5%组有的出现轻度贫血。0.05%组与0.5%组未出现病理学改变，对照组与0.5%组做了三代繁殖试验，繁殖与其子孙均正常。

3. 使用

我国《食品添加剂使用卫生标准》规定，三聚磷酸盐在罐头中最大使用量为2g/kg。

四、六偏磷酸钠(Sodium hexametaphosphate)

六偏磷酸钠别名为偏磷酸钠玻璃体，或称格兰汉姆盐等。是链状聚磷酸钠及少量环状偏磷酸钠的混合物。加热磷酸二氢钠到620℃以上，使成熔融状，然后倒在不锈钢板上成一薄层，使急速冷却即得。

1. 性状

玻璃状无定形固体，成片状、纤维状或粉末，无色或白色。溶于水，不溶于乙醇或乙醚等有机溶剂中，水溶液可与金属离子形成络合物，二价金属离子的络合物较一价的稳定。

2. 毒性

大白鼠经口 LD_{50} 为100 mg/kg。ADI为0～70mg/kg（食品和食品添加剂中总磷摄入量以磷计）。

3. 使用

我国《食品添加剂使用卫生标准》规定六偏磷酸钠罐头最大使用量为1g/kg。

任务5 抗结剂

抗结剂用于防止颗粒或粉状类食品聚集结块，保持其松散或自由流动的物质。抗结剂有以下特点：

1. 颗粒细，表面积大，比容高。
2. 呈微小多孔，具有极高的吸附能力，易吸附水分和其他物质。
3. 比较蓬松、产品流动性好。

一、亚铁氰化钾（Potassium hexacyanoferrate）

亚铁氰化钾别名为黄血盐，又称黄血盐钾或黄山奶钾。用氰化物与硫酸亚铁、氯化钾等反应，或直接用亚铁氰化钠与氯化钾反应即可制得，相对分子质量为422.38。

1. 性状

浅黄色单斜晶颗粒或结晶粉末，无臭、味咸，在空气中稳定，加热到70℃时失去结晶水并变成白色，100℃时生成白色粉末无水物，强烈灼烧分解，放出氮气并生成氰化钾和碳化铁。遇酸生成氢氰酸，遇碱生成氰化钠。因其氰根与铁结合牢固，属低毒性。可溶于水，不溶于乙醇、乙醚、乙酸甲酯和液氨。

2. 毒性

ADI为0～0.025mg/kg。

3. 使用

我国《食品添加剂使用卫生标准》中规定，加于食盐中作抗结剂使用，其最大使用量为0.005g/kg。

二、微晶纤维素（Microcrystalline cellulose）

用纤维植物原料与无机酸捣成浆状，经处理使纤维素部分解聚，然后除去非结晶部分并提纯而得。直链式多糖类，聚合度为3000～10000个葡萄糖分子。

1. 性状

白色或几乎白色的细小粉末，大小一般在20～80μm；无毒、无味，可压成自身黏合的小片，在水中迅速分解，并吸水胀润形成一种类似脂肪的球形颗粒。不溶于水、稀酸、稀碱溶液和大多数有机溶剂。

2. 毒性

大白鼠经口 LD_{50} 为 21.5g/kg，ADI 未作规定。

3. 使用

抗结、乳化、分散、黏合剂以及用于特殊低热低脂肪营养食品。在冰淇淋中用 40g/kg。可提高乳化作用、防止冰碴形成改善口感。

三、二氧化硅(Silicon dioxide)

干法制为在铁硅合金中通入氯化氢制成四氯化硅，然后在氢氧焰中加热分解而得；湿法制为由硅酸钠溶于硫酸或盐酸中成为溶胶，调节成胶体状凝胶，用水洗涤除去其中酸和盐等杂质，再通过各种严格条件建立起胶的物性，然后经洗涤、干燥和筛分，用特殊的研磨技术，控制粒径分布，生产出满足各种需求的成品。相对分子质量为 60.08。

1. 性状

为无定形物质，不同制备方法的产品不尽相同。由干法制得的胶体硅为白色、蓬松、无砂、吸湿、粒度非常微小的粉末；湿法制为白色蓬松粉末或微孔颗粒，吸湿或易从空气中吸收水分，无臭、无味，不溶于水、酸和有机溶剂，溶于氢氟酸和热浓碱液。

2. 毒性

大白鼠经口 LD_{50} 大于 5g/kg，ADI 无须规定。

3. 使用

可作为抗结剂、消泡剂、澄清剂、助滤剂和载体。蛋粉、奶粉、可可粉、可可脂、糖粉、植脂性粉末、速溶咖啡、粉状汤料可用 15g/kg；粉末香精可用 80g/kg。在面粉品质改良剂中添加，可增加产品流动性，使其产生干燥触感的效果。

四、硅铝酸钠(Sodium aluminium silicate)

由火山熔岩与氢氧化钠等制成，相对分子质量为 202.14。

1. 性状

硅铝酸钠主要成分是含水的硅铝酸钠，白色无定形细粉或小珠，无臭、无味，不溶于水、乙醇和其他有机溶剂。在 80℃ ~100℃时，部分溶于强酸及氢氧化钠溶液。用二氧化碳水制备的 20% 浆液 pH 值为 6.5 ~10.5。

2. 毒性

一般公认安全物质，ADI 无需规定。

3. 使用

用于可可粉、含糖可可粉、奶粉，为 10g/kg；奶油粉，为 1g/kg；可用于植脂性粉末，最大使用量为 5.0g/kg。

五、磷酸三钙(Tricalcium phosphate)

将氯化钙溶液与三磷酸钠，在过量的氨存在下反应，或由熟石灰与磷酸反应而得。相对分子质量为 310.18。

1. 性状

磷酸三钙为不同磷酸钙组成的混合物。白色无定形粉末，无臭、无味，在空气中稳定，熔点 1670℃，几乎不溶于水，不溶于乙醇和丙酮，易溶于稀酸和硝酸。

2. 毒性

ADI 无需规定。

3. 使用

在葡萄糖粉和甘蔗粉中，最大用量为 1.5%；奶粉最大用量为 0.5%；可可粉最大用量为 1%。

项目二　专项添加剂

任务 1　面粉添加剂

面粉添加剂是能使面粉增白和提高烘焙质量的一类食品添加剂。面粉中加入面粉添加剂，即可抑制小麦粉中蛋白质分解酶的作用，避免蛋白质分解，以增强面团弹性、延伸性、持气性，改善面团结构，从而提高焙烤制品的质量，还可使面粉中的 - SH 基氧化成 - S - S - 基，有利于蛋白质网状结构的形成。我国使用的面粉添加剂有过氧化苯甲酰、偶氮甲酰胺、L - 半胱氨酸盐酸盐、碳酸镁、碳酸钙、过氧化钙等。值得注意的是溴酸钾尽管有良好的效果，但因近年来发现其安全性有问题（有一定的致癌作用），不少国家相继禁用，我国也于 2005 年 7 月禁止使用。目前国内外使用的其他面粉添加剂还有三偏磷酸钠、过硫酸铵、过硫酸钾、碘酸钙、碘酸钾、磷酸铵、氯化铵、小麦面筋等。

一、偶氮甲酰胺（Azodi earbon amide）

由水合肼与硫酸反应生成硫酸肼，硫酸肼再与尿素反应生成联二脲，在溴的催化作用下，用氯气对联二脲进行氧化生成。相对分子质量为 116.08。

1. 性状

偶氮甲酰胺为黄色至橙红色结晶性粉末；无臭，熔点约为 180℃（分解），几乎不溶于水和大多数有机溶剂，微溶于二甲基亚砜，在 180℃时溶化并分解。

2. 毒性

小鼠经口服 LD_{50} 大于 10g/kg。美国 FDA 将偶氮甲酰胺列为公认的一般安全物质。FAO/WHO 规定其 ADI 为 0 ~ 45mg/kg。骨髓微核试验无致突变作用。

3. 使用

偶氮甲酰胺用于面粉处理剂，具有使谷粉类早熟和漂白的性能，并能改进烘烤面包的面团品质。我国《食品添加剂使用卫生标准》（GB 2760 - 1996）规定，偶氮甲酰胺可在小麦粉中使用，最大使用量为 0.045g/kg。用于谷类粉的老熟和增白及烘烤面包的面团品质改良剂，用量均不超过 0.045g/kg，且在最后食品中不得检出。

二、过氧化苯甲酰（Benzyl peroxide）

由苯甲酰氯与过氧化氢和碱反应而得，相对分子质量为 242.24。

1. 性状

无色至白色结晶或结晶性粉末，无臭或略带苯甲醛气，无味，于 103℃ ~ 106℃熔化并分解。可溶于苯、乙醚、丙酮、氯仿，难溶于乙醇，不溶于水。有强氧化性，可被还原为苯甲酸，易着火并迅速燃烧，可因加热、撞击而爆炸。

2. 毒性

小鼠经口服 LD_{50} 为 3.95g/kg，美国 FDA 将过氧化苯甲酰列为公认的一般安全物质。FAO/WHO 规定其 ADI 为 0～40μg/kg。

3. 使用

过氧化苯甲酰可用作面粉处理剂、漂白剂。我国《食品添加剂使用卫生标准》(GB 2760－1996)规定，在小麦粉中的最大用量为 0.06g/kg。

使用注意事项：

(1)使用时通常将本品以一定的物质如磷酸钙等稀释至含量为 20% 后，加入面粉中混匀，或在和面时加入。

(2)使用时要混匀，否则加热时产生的苯基易与氢氧根、酸根、金属离子结合，可生成苯酚等，使某些制品带有褐斑，影响产品质量。

(3)本品有较好的防腐作用，但对面粉中的胡萝卜素、维生素 B 族有较强的破坏作用，亦能破坏维生素 E 和维生素 K 等，故不可过量使用。

◆知识拓展

过氧化苯甲酰

到 20 世纪初被国际认可作为小麦粉增白剂，再到现在刚 100 年左右，应用于面粉的增白剂几乎全是过氧化苯甲酰。这种添加剂一般在制粉工艺的尾路加入，经过混合，就打包出厂了。存在的问题是，这种十万分之几的添加比例，经过有限的搅拌，很难达到均质的程度。其增白的效果自然大打折扣。增白效果不满意便增加使用量，直至超标。中国有面粉厂家近 4 万家，其中有不少是中小型粉厂，过氧化苯甲酰的使用大大缩短了面粉的后熟期，加快了资金的流动，增加了小型面粉厂的竞争优势，致使一些较大规模的面粉厂资金设备优势减弱，因此一些人士和一些大型面粉企业试图利用国家标准禁用过氧化苯甲酰来打击小型的面粉加工企业，干预正常的市场竞争。

三、L－半胱氨酸盐酸盐(L－Cysteine monohydric chloride)

将头发用盐酸水解，减压蒸馏，馏出盐酸后经脱色、过滤、取滤液加氨中和得 L－胱氨酸粗结晶，再用氨水溶解中和，重结晶后，用盐酸再溶解并电解还原、浓缩、冷却、结晶、干燥制得。相对分子质量为 175.64。

1. 性状

无色至白色结晶或结晶性粉末，有轻微特异的酸味，熔点为 175～180℃。溶于水，水溶液呈酸性，1% 溶液的 pH 约为 1.7，0.1% 时 pH 约为 2.4，亦可溶于醇、氨水和乙酸，不溶于乙醚、丙酮、苯、二硫化碳和氯仿。具有还原性，有抗氧化和防止非酶褐变作用。无水物在约 175℃熔化并分解。

2. 毒性

小鼠经口服 LD_{50} 为 3.46 g/kg。美国 FDA 将 L－半胱氨酸盐酸盐列为公认的一般安全物质。L－半胱氨酸盐酸盐进入体内，最终分解为硫酸盐和丙酸而排出，无蓄积作用，为无毒物质。

3. 使用

L－半胱氨酸盐酸盐作面粉处理剂，主要用作面包发酵促进剂，可加速谷蛋白的形成，防止老化。L－半胱氨酸盐酸盐为非必需氨基酸，具有营养增补作用。

使用范围及使用量：我国《食品添加剂使用卫生标准》（GB 2760－1996）规定，用于发酵的面制品，最大允许用量为0.06g/kg。通常用于面包的添加量为0.02～0.045g/kg；除用于面制品外，还可用于天然果汁防止维生素C被氧化和褐变，用量为0.2～0.8g/kg。

四、碳酸镁（Magnesium earbonate）

由菱镁矿与焦炭混合后焙烧得氧化镁，加入水后，通二氧化碳再加热制得。

1. 性状

碳酸镁易带结晶水，常因结晶条件不同而有轻质和重质之分，一般情况下为轻质。

轻质的有 $MgCO_3 \cdot H_2O$；重质的有 $5MgCO_3 \cdot Mg(OH)_2 \cdot 3H_2O$，$5MgCO \cdot 2Mg(OH)_2 \cdot 7H_2O$ 等。轻质碳酸镁为白色松散粉末或易碎块状，无臭，熔点为350℃。在空气中稳定，加热至700℃产生二氧化碳，生成氧化镁，几乎不溶于水，但在水中引起轻微碱性反应。不溶于乙醇，可被稀酸溶解并放出气泡。

2. 毒性

美国FDA将碳酸镁列为公认的一般安全物质。按FAO/WHO规定，ADI无须规定。

3. 使用

碳酸镁可作为面粉处理剂、抗结剂、膨松剂使用。我国《食品添加剂使用卫生标准》（GB 2760－1996）规定，可用于小麦粉，最大用量为1.5g/kg。FAO/WHO规定，碳酸镁作为抗结剂可用于稀奶油粉，最大用量1.5g/kg（单用或与其他抗结剂并用）；用于粉状葡萄糖、糖粉，最大用量为15g/kg（单用或与其他抗结剂并用，不得有淀粉）。此外还可用于巧克力、可可粉等。

五、过氧化钙（Calcium peroxide）

氯化钙在碱性条件下与过氧化氢反应制得，相对分子质量为72.08。

1. 性状

过氧化钙为白色或微黄色粉末或颗粒，无臭，几乎无味，在约20℃分解，在湿空气中缓慢分解。不溶于乙醇、乙醚，几乎不溶于水，溶于酸生成过氧化氢。1%水浑浊液的pH约为12。

2. 毒性

小鼠经口 LD_{50} 大于5g/kg。按FAO/WHO规定，ADI无特殊规定。

3. 使用

过氧化钙可作为面粉处理剂、氧化剂。我国《食品添加剂使用卫生标准》（GB 2760－1996）规定，可用于面粉，最大使用量为0.5g/kg。

使用注意事项：

（1）本品与水作用放出氧，有氧化作用，并形成熟石灰，应密闭保存，以防潮解失效。

（2）本品与可燃物混合易着火；若与易氧化物质混合研磨，则有爆炸危险。

（3）浓缩物有刺激性。

六、过硫酸铵（Ammonium Persulfate）

过硫酸铵别名为过二硫酸铵，过氧二硫酸铵。相对分子质量为228.20。

1. 性状

过硫酸铵为无色单斜系结晶或白色晶体粉末。易潮解，易溶于水，水溶液呈酸性，并逐步水解成硫酸铵和过氧化氢，故有很强的氧化作用。于制品稳定。

2. 毒性

小鼠经口 LD_{50} 为 820mg/kg。按 FAO/WHO 规定，ADI 无特殊规定。

使用：过硫酸铵对小麦粉具有良好的改质性能，对啤酒酵母有防霉作用。用作小麦粉改良剂，最大限量为 0.3g/kg。过硫酸铵用作啤酒酵母防霉剂，最高用量为 0.1%。

七、氯化铵(Ammonium Chloride)

由氨气与氯化氢进行化学反应所得，相对分子质量为 53.49。

1. 性状

氯化铵为无色结晶或白色晶体粉末、晶体颗粒，无臭，味咸，有清凉感，略有潮湿性。熔点为 337.8℃，沸点为 520℃，在 340℃升华。不溶于丙酮和乙醚，微溶于乙醇，溶于甘油、液氨和水。水溶液在常温下接近中性，加热煮沸后，呈微酸性，5% 水溶液 pH 为 4.5~6.0。

2. 毒性

大鼠经口 LD_{50} 为 1650mg/kg。美国 FDA 将氯化铵列为公认的一般安全物质。按 FAO/WHO 规定，ADI 不作特殊规定。

3. 使用

氯化铵可为酵母的生长提供养料，也可调节面粉的 pH。一般都与碳酸氢钠混合后使用，用量约为碳酸氢钠的 25%。氯化铵用于面包和饼干加工中，用量一般为小麦粉的 1%~2%。

八、小麦面筋(Wheat Gluten)

小麦粉水洗提取淀粉后的副产物，充分洗去可溶性蛋白干燥而得。

1. 性状

小麦面筋为灰白色粉末。遇水溶胀，有弹性，但不溶于水，溶于碱，部分溶于乙醇和稀酸。

2. 毒性

小麦面筋无毒，美国 FDA 将小麦面筋列为公认的一般安全物质。

3. 使用

小麦面筋本身为蛋白质，可起增补蛋白质的作用。同时，因其具有弹性，可作面粉的强筋剂、增稠剂和稳定剂。小麦面筋可用于食品加工，用量无限量规定。

任务 2　胶姆糖基础剂(Chewing gum bases)

胶姆糖基础剂是赋予胶姆糖起泡、增塑、耐咀嚼等作用的物质。一般以高分子胶状物质如天然橡胶、合成橡胶为主，加上软化剂、填充剂、抗氧化剂和增塑剂等组成。胶姆糖(香口胶、泡泡糖)是由胶基、糖、香精等制成，胶基占胶姆糖的 20%~30%。21 世纪初，胶基几乎都是从糖胶树胶的天然树木胶乳而得，随着胶姆糖日益流行，这种物质供不应求，便使用其他相似的乳胶。以后，则开始使用合成物质。胶基必须是惰性不溶物，不易溶于唾液。目前，各发达国家几乎都采用合成的胶基，各种胶基极少单独使用，都是相互配合使用，取长补短。

一、聚乙酸乙烯酯(Polyvinyl acetate)

由醋酸乙烯在醋酸存在下聚合而成。

1. 性状

聚乙酸乙烯酯为白色黏稠液体或淡黄色细粉或玻璃块状，无臭，透明，韧性强。不溶于水、脂肪，溶于乙醇、乙酸乙酯等醇类或酯类。遇光、热不易变色，不易老化。熔点为100℃～250℃，吸水性为2%～3%（25℃，24h）。软化点随聚合度而异，约为38℃。对酸、碱比较稳定。

2. 毒性

小鼠口服 LD_{50}为10g/kg，FAO/WHO 规定，ADI 为0～20mg/kg。大鼠饲以分别含聚乙酸乙烯0%、5%、10%、20%的饲料，喂养6个月，在生长发育、食量、食物利用率、血相、生化检查、体重变化、精子检查、病理等，与对照组比较，均无异常，只有20%剂量组的体重略减轻。

3. 使用

聚乙酸乙烯酯用于胶姆糖基础剂、果实被膜剂、乳化剂。以 GMP 为限（FDA）。用于胶姆糖和乳化香精，最大使用量为60.0g/kg。

二、丁苯橡胶（Butadiene styrene rubber）

丁苯橡胶又称聚苯乙烯丁二烯共聚物，以丁基锂为催化剂，在非极性溶剂中合成的丁苯橡胶。

1. 性状

不完全溶于汽油、苯、氯仿。极性小，黏附性差，耐磨性及耐老化性较优，耐酸碱。

2. 毒性

美国 FDA 将丁苯橡胶列为公认的一般安全物质。丁二烯、苯乙烯蒸气有刺激性，共聚体橡胶无刺激性。

3. 使用

丁苯橡胶主要用于胶姆糖基础剂，用量可按生产需要。

三、松香甘油酯（Ester gum）

松香甘油酯俗称酯胶，由松香与甘油酯化合而成，通过真空处理后制成不规则透明块状、片状或粒状固体。相对分子质量为945.41。

1. 性状

松香甘油酯为透明液体、片状或浅黄色粒状固体，颜色越浅质量越好。溶于芳香族和脂肪族烃类溶剂（石油汽油，矿物的精神，苯，乙酸乙酯，丙酮），酯，酮和氯代烃。不溶于水和低分子量醇。

2. 毒性

大鼠口服 LD_{50}为21.5g/kg，美国 FDA 将松香甘油酯列为公认的一般安全物质，用于胶姆糖基础剂，最大用量为100g/kg。

3. 使用

松香类甘油酯具有优良的乳化性能、增黏性能，作为胶姆糖基础剂，赋予胶姆糖成泡、增型、耐咀嚼性、有较好的口感。其在咀嚼后略带苦味，因此往往通过歧化、聚合等手段进行改性，再与甘油酯化而成氢化（或部分氢化）松香甘油酯、歧化松香甘油酯、聚合松香甘油酯，可使品质得到明显改善。尤以氢化松香甘油酯的质量最好。氢化松香甘油酯具有良好的口感和抗氧化性，用作胶基可延长成品保质期，并保持柔软、细腻的口感。食品级松香甘油酯和氢化松香甘油酯是以特级或一级的脂松香、氢化松香为原料，经与食品级甘油酯化反应，再经蒸汽除嗅处理而得。在饮料中作乳化稳定剂，还可作食用热熔胶的基础黏合剂。

思考题

1. 简述面粉添加剂的概念和使用。
2. 简述胶姆糖基础剂的概念和使用。

模块十四

食品添加剂的安全使用

基础理论和知识

1. 了解食品添加剂安全性评价程序；
2. 了解食品添加剂毒理学评价程序的选择对象；
3. 近年来发生与食品添加剂有关的食品安全问题的基本情况。

基本技能及要求

1. 掌握食品添加剂使用量计算方法；
2. 掌握食品添加剂安全性评价及毒理学评价的流程；
3. 食品添加剂使用标准制定的基本方法。

◈学习重点

了解食品添加剂安全性评价程序。

◈学习难点

食品添加剂安全性评价及毒理学评价的流程。

◈导入案例

2011年春，上海盛禄食品有限公司分公司生产“染色馒头”事件轰动全国，事件主角有“高庄”牌白馒头、黑米馒头和玉米馒头三个品种。该事件暴露的问题有：①在馒头中超范围使用甜蜜素、山梨酸钾、柠檬黄等食品添加剂，而且随意添加；②生产日期不符合实际，或者是馒头早产；③产品配料表与实际不吻合；④过期馒头回料加工；⑤生产场所管理不符合食品安全法。

曾经，部分食品外包装上显著标识“本品不含任何添加剂”“本品绝不含防腐剂”等极具歧视性的宣传用语，令消费者误认为“加了食品添加剂就是不安全的”，“加了防腐剂就是不安全的”。另外，在食品安全事件频发的当今社会，几乎每一次食品安全事件的媒体解读都跟食品添加剂挂钩，食品添加剂不安全吗？“染色馒头”事件中的甜蜜素、山梨酸钾、柠檬黄不安全？其实食品添加剂本身并没有问题，关键是如何应用食品添加剂。食品添加剂产品标准和使用标准所涉及的理化指标和使用量的制定需要就每一种食品添加剂生产、使用、消费等环节进行综合评估，确定其安全性。本模块主要就食品添加剂的安全评价和使用标准制定方面的基础理论进行介绍。

讨论

1. 怎样科学地使用食品添加剂？
2. 在日常生活中，怎样正确认识食品添加剂？怎样正确使用食品添加剂？

项目一　食品添加剂的安全性评价

理想的食品添加剂应当是对食品生产、食品产品和消费者有益无害的物质。一种物质在成为食品添加剂之前必须经过安全性评价，其评价结果也是制定食品添加剂质量标准和使用标准的重要依据。食品添加剂安全性评价主要包括化学评价和毒理学评价。

食品添加剂安全性评价是对食品添加剂进行安全性或毒性鉴定，以确定该食品添加剂在食品中无害的最大限量，对有害物质提出禁用或放弃的理由。

化学评价关注食品添加剂的纯度、杂质及其毒性、生产工艺以及成分分析方法，并对食品添加剂在食品中发生的化学作用进行评估。毒理学评价是识别添加剂危害的主要数据来源，又分为体外毒理学评价和动物毒理学评价。体外毒理学研究指的是用培养的微生物或来自动物或人类的细胞、组织进行的毒性研究。体外系统主要用于毒性筛选以及积累更全面的毒理学资料，也可用于局部组织或靶器官的特异毒性效应研究，研究细胞毒性、细胞反应、毒物代谢动力学模型等。体外毒理学评价无法获得 ADI 数据，但其对于分析毒性作用的机制有重要意义。我国《食品安全性毒理学评价程序和方法》系列标准(GB 15193.1－2003～GB 15193.21－2003)所规定的程序和方法适用于食品添加剂、新资源食品等的安全性评价。

任务 1　毒性、毒害与安全性

一、毒性

毒性指某种物质对机体造成损害的能力。毒性大表示用较小的剂量即可造成损害，毒性小则用较大的剂量才能造成损害。总之，凡具有毒性的物质有可能对机体造成毒害，可以说食品添加剂大都具有一定毒性。

二、毒害

毒害指在预定数量和方式下，使用某种物质而引起机体损害的可能性。

毒性与毒害不仅与物质的化学结构、理化性质有关，而且也与其有效浓度或剂量、作用时间及次数、接触部位与途径，甚至物质的相互作用与机体的机能状态等条件有关，但构成毒害的基本因素是物质本身的毒性及剂量。某种物质不论其毒性强弱或剂量大小，对人体都有一个“剂量—效应”关系或“剂量—反应”关系，也就是一种物质只有达到一定的浓度或剂量水平，才能显示其毒害作用。因此，毒性是相对的，有毒与无毒之间并无截然不同的界限。即使毒性较大的物质若用量极微，也不至于造成中毒，例如氰化物有剧毒，但用量极微时并不致中毒。相反日常生活的必需品如食盐、维生素 A、维生素 D 等，若摄食过量也可以对机体造成危害，实际上几乎没有绝对无害的化合物。

三、安全性

安全性指使用某种物质不会产生毒害的实际必然性。如前所述，食品添加剂若大量使用可能产生毒害作用，但这未必意味着在适当应用时会给人类带来危险。也就是说一种物质只要剂量合适，使用得当则不致造成中毒。这就必须进行试验研究，在确定该物质毒性的基础上，考虑其在食品中安全无害的最大使用量，并采取法律措施(如食品安全法)，保护消费者免遭危害。

当然，在评价一种物质的安全性时，应全面考虑其来源、化学结构、理化性质、质量标准、代谢变化、动物毒性试验，甚至人体可能的摄入量等，最后还应考虑到受试物可能对人体健康造成的危害，和其在食品中应用对食品生产和消费者所带来的益处进行全面的利害权衡，从而确保该物质发挥最大的效益和对环境与人体不造成危害或造成的危害最小。

随着科学技术的不断发展以及人们对食品添加剂安全性的关注，只要严格按照有关规定，正确使用食品添加剂，就不会对人体健康带来威胁。据报告，食品(包括食品添加剂)危害人体健康最大的问题，第一是因微生物污染所引起的食物中毒，第二是营养缺乏、营养过剩所带来营养问题，第三是环境污染，第四是误食某些天然物如毒蘑菇等所引起的问题，第五才是食品和食品添加剂(主要是着色剂)的问题，由此可见食品添加剂产生的问题很少。

对已经证明有一定危害的食品添加剂(如亚硝酸钠等)，应在充分了解其毒性的基础上权衡利弊，决定是否许可使用。尽管亚硝酸钠在一定条件下可以转变为强致癌物亚硝胺，但它却可以防止肉毒梭状芽孢杆菌所引起的肉毒中毒，而且它还可以给腌肉带来良好的色泽和风味，至于它是否有可能因转变为亚硝胺而威胁人体健康，还有一个“剂量—效应”问题，目前亚硝酸钠在国际上仍被广泛应用。

任务 2　安全性评价的内容和方法

如前所述，在进行食品添加剂安全性评价时，主要进行各种不同的毒理学实验。但是，是否每一种食品添加剂都需要进行这些试验，特别是为了加速此安全评价的进程，完全有必要提供一个统一的评价程序。为制定食品添加剂的使用限量标准，以及食品中的污染物和其他有害物质的允许含量标准，提供毒理学的依据。

一、毒理学评价内容

食品添加剂的毒理学评价在我国主要是由认可的食品卫生监督检验机构、营养与食品卫生研究所的教学机构中从事食品毒理学工作的单位和部门按照毒理学评价程序进行毒理学实验，出具试验报告，经卫生部门卫生监督检验所审查，报卫生部卫生监督司认可和备案。国际上则是由 FAO/WHO 联合食品添加剂专家委员会进行。其主要内容大致为：化学结构、理化性质、人的可能摄入量、人体资料、动物毒性试验和体外试验资料、代谢试验资料，以及对上述资料等的综合评价。

毒理学评价主要包括人体观察和实验研究两方面。出于人道的考虑，不应有意识地对人体进行试验观察，但如遇治疗、嗜好及其他偶发事件，造成人体摄食该物质的情况，则应尽可能收集人体的观察资料。此外，通过流行病学调查亦可取得部分人体资料。

实验研究亦即进行动物毒性试验，是取得毒理学评价的重要方法。动物毒性试验通常包括急性毒性试验、蓄积毒性试验、致突变性试验、代谢试验、亚慢性毒性试验、慢性毒性试验、繁殖试验、致畸试验、致癌试验以及致敏试验等。

二、实验动物与给予方式

在进行食品添加剂的毒性试验时，通常采用小鼠或大鼠，这是因为它们是哺乳类动物，杂食，易于繁殖、饲养。但是为了减少动物种属之间的差异，通常应该用两种以上的试验动物，其中一种应当是非啮齿类动物，如猫、狗或猴等，以验证对啮齿类动物的试验结果。试验动物本身最好采用健康的“纯种动物”，以减少因遗传特性所带来的差异。此外，为了取得可靠的试验数据，对于试验动物的饲料、饲养管理以及对受试验动物的体重、个数等有一定的规定。

观察受试验动物机体的影响，必须经过一定的途径给予。由于食品添加剂是经口摄入，故对受试验物的给予途径经口摄食为好(另有腹腔注射、静脉注射等)。对于急性毒性试验多采用灌胃的方法，而对于亚慢性或慢性毒性试验，则多掺入饲料或饮水中给予。

三、毒理学评价程序

由我国卫生部提出并归口，由中国疾病预防控制中心营养与食品安全所起草的国家标准《(GB/T 15193.1－2003)食品安全性毒理学评价程序》，共分为如下四个阶段：

1.第一阶段:急性毒性试验

急性毒性试验试一次给予较大剂量的受试物后，观察动物多产生的毒性反应。观察时间一般为一周，范围可为1～14d，重点是24～28h。通过此试验可以确定受试物的毒性反应、中毒剂量或致死剂量。致死剂量通常用半数致死量 LD_{50} 表示，这是指一组受试动物死亡一般(50%)的剂量，单位为mg/kg体重。通过急性毒性试验，除了可初步了解受试物的毒性强度、性质外，还可以蓄积毒性试验和亚慢性毒性试验的剂量选择提供依据。

不同动物对受试物的 LD_{50} 可有不同。给予方式不同，LD_{50} 也不相同。至于对同种动物，同样的给予方式，由于动物的种系、性别、年龄和实验条件等的差异，也会对 LD_{50} 有所影响，但相对来说这种影响小，其数值比较稳定，有一定的代表性。

进行动物毒性试验的目的是为人类服务，尽管人与动物不同，但是一般来说，对于多种动物毒性很低的物质，对人的毒性往往也很低，而对动物的 LD_{50} 很小的物质，对人的毒性也很大。为了便于比较，通常将各类物质按其对大鼠经口半数致死量的大小分为极毒、剧毒、中等毒、低毒、实际无毒和无毒六大类，如表14－1所示。

表 14-1 急性毒性剂量分级

级别（mg/kg 体重）	LD_{50}（大鼠，经口）（mg/kg 体重）	相当于人的致死剂量（mg/kg 体重）	相当于人的致死剂量（g/人，50kg 体重）
极毒	<1	稍尝	0.05
剧毒	1~50	500~4000	0.5
中等毒	51~500	4000~30000	5
低毒	501~5000	30000~250000	50
实际无毒	5001~15000	250000~500000	500
无毒	>15000	>500000	2500

对于一般的食品添加剂来说，其 LD_{50} 大多属低毒或实际无毒级，只有少数如亚硝酸钠等属中等毒级。

2. 第二阶段：遗传毒性试验，传统致畸试验，30 天喂养试验

遗传毒性试验主要以受试物的遗传毒性以及是否具有潜在致癌作用进行筛选。致畸试验是为了了解受试物是否具有致畸作用。30 天喂养试验的目的在于：对只需进行第一、二阶段毒性试验的受试物，在急性毒性试验的基础上，通过 30 天喂养试验，进一步了解其毒性作用，观察其对有机体生长发育的影响，并可初步估计最大未观察到有害作用的剂量。

此阶段主要了解受试物在机体内的蓄积情况。遗传毒性试验的组合应该考虑原核细胞与真核细胞、体内试验与体外试验相结合的原则。试验项目：①鼠伤寒沙门氏菌/哺乳动物微粒体酶试验（Ames 试验）或 V79/HGPRT 基因突变试验；②骨髓细胞微核试验或哺乳动物骨髓细胞染色体畸变试验；③TK 基因突变试验或小鼠精子畸形分析或睾丸染色体畸变分析；④其他备选遗传毒性试验：显性致死试验、果蝇伴性隐性致死试验、非程序性 DNA 合成试验；⑤传统致畸试验；⑥30 天喂养试验。

上述试验中以 Ames 试验简便、灵敏、经济，比较实用，故在我国毒理学评价程序中，规定其为致突变检验中的必检项目。

3. 第三阶段：亚慢性毒性试验，90 天喂养试验、繁殖试验、代谢试验

本试验过去称亚急性毒性试验，其研究内容包括 90 天喂养试验、繁殖试验和致畸试验等，就此试验的性质和目的来说，可属于慢性毒性试验范畴，因其观察内容等与慢性毒性试验基本相似，仅试验期稍短。

亚慢性毒性试验的目的大致如下：

(1)观察受试物以不同剂量水平较长期喂养，对动物的毒性性质和靶器官的影响，并确定其最大无作用剂量。

(2)了解受试物对动物繁殖及对后代的致畸作用。

(3)为慢性毒性试验和致癌实验的剂量选择提供依据。

(4)为评价受试动物能否应用于（或存在于）食品中提供依据。

4. 第四阶段：慢性毒性试验（包括致癌试验）

慢性毒性试验是观察试验动物长期少量摄入受试物所产生的反应。所谓长期，在这里可包括试验动物终生的毒性试验情况，有时还包括若干代（如三代）的试验情况。试验的目的是了解短期试验所不能测得的反应，尤其是进行性或不可逆的毒性作用和致畸作用。与此同

时，确定受试物的最大无作用量，为制定人体日容许摄入量（ADI）提供依据，也为最终摄食该受试物能否用于食品提供依据。

最大无作用量（MNL）是长期摄食该受试物无任何中毒表现的每日最大摄入剂量，单位是mg/kg体重，它是提供食品添加剂长期（终生）摄食对动物本代健康无害，并对下一代生长无影响的重要指标。

当前对食品添加剂的毒理学评价，重要的是低剂量的长期试验，包括终生的毒性试验和致癌性试验。这是因为随着科学技术的进步，人们陆续发现不少致癌物，人们担心致癌物对人类健康造成威胁，然而致癌物又很难从动物身上找出无作用量，同时也比较难确定其危害（致癌作用）的程度。例如，3,4－苯并芘是一种强致癌物，据报告，对小鼠作用的最小剂量为4mg/kg体重。出现肿瘤的时间为420d；又如亚硝胺的致癌作用，据报告，在饮水中给予50～100mg/kg体重，喂养动物160～200d，全部动物致癌，以如此低的剂量又是在如此长的时间，才能肯定其致癌作用，这也就使人们很难确定其无作用和危害程度了。

致癌试验是检验受试物或其代谢产物是否具有致癌作用的慢性试验方法，故有时可与慢性试验同时进行，必要时亦可单独进行。

致癌试验的重点是观察动物出现肿瘤的情况，主要包括肿瘤的发生率，出现肿瘤的时间等。此外，除观察试验动物本身外，还应注意对其后代的影响，因有些致癌物可以通过胎盘或乳汁转移给下一代，一般认为致癌试验应观察三代。

当前，对于一些与食品添加剂有关的致癌物，已受到严格控制或禁止使用，如与亚硝胺有关的亚硝酸盐的用量已严格限制。对于某些致癌的芳胺类化合物、合成色素和黄樟素等已禁止使用。至于对一些砷、铅、镉、汞等污染物，有的在质量指标中严格控制，有的也已开始注意控制。

关于致癌性试验的方法，目前争论甚大。主要是针对试验剂量而言，要试验就希望得到肯定的结果，因而往往把试验剂量增大（剂量小看不出作用），最后要把这种动物的高剂量外推到市场上预期合理的低剂量，这将引入一个误差。此外，还要将动物资料外推到人，这又要引入一个误差，此中有不同的统计学方法，但方法的选择还不清楚。方法不同，结果差别很大。根据报告，在单项慢性试验中发现，以20%的山梨醇和20%的蔗糖喂饲动物，与对照组比，其肿瘤发生率明显增加，显然我们并不能认为它们是致癌物，而是喂饲剂量太大了。

实际上，在致癌性试验中，还有很多重要的技术问题。例如，争论了十多年的苋菜红的致癌性试验，自从1968年有人报告它有致癌、致畸作用以后，世界各国都非常重视，人们相继对其进行试验。美国1976年宣布禁止使用苋菜红。在此期间，各种结果均有报告，有的认为有致癌性，有的则认为没有致癌性。JECFA 1992年将其ADI值从0～1.5mg/kg体重，改为暂定0～0.75mg/kg体重，1975年又提出希望在国际上用标准品进行试验研究，以说明其报告不同的原因。1978年收到的几个实验室的报告均未发现致癌，但又认为试验技术不当，无法评价。从化学结构分析，口服苋菜红似乎不会有致癌性，直到1984年该委员会才根据所掌握的资料制定出ADI 0～0.5mg/kg体重，前后争论达16年之久。

慢性试验（致癌性试验）既费时，又费钱。在进行研究时，要发现某物质千分之一的致癌性，已很不容易，而人们感兴趣的是十万分之一或更少的致癌可能性。即使像美国这样的国家，一年也只能安排少数这种慢性试验。正是因为上述种种问题，人们正在寻求短期快速的方法，如致突变试验等，对实验物质是否具有致癌作用进行筛选，这在某种程度上来说是很有意义的。

5. 第五阶段:致突变实验

致突变实验是检验受试物有无致突变作用的试验。

突变是细胞遗传物质发生改变所引起的一种生物学现象，它也是生物进化过程中的一种自然现象。发生改变的遗传物质在细胞分裂过程中被传送到后代细胞中，并使新细胞具有新的遗传特性。

突变本身并非有害。但是不管突变对动物体有益，还是有害，在毒性试验中，如果食物中某种物质引起某些动物或人体细胞发生突变，不论其性质如何，均认为是一种毒性表现。这种可引起生物细胞发生突变的物质称为致变物或诱发物，应在食品中严格限制。

目前，通过动物实验已知的致突变物有亚硝酸盐、亚硝胺、黄曲霉毒素、多环芳烃、甲醛和过氧化氢等。

致突变实验的基本原理是使受试物与一种生物系统相接触，然后观察该生物系统是否出现突变。用于致突变试验的方法有：

(1)Ames 试验；

(2)微核试验；

(3)骨髓细胞染色体畸变实验；

(4)显性致死突变实验；

(5)小鼠睾丸染色体畸变试验；

(6)大鼠尾血淋巴细胞染色体畸变试验；

(7)DNA 修复合成试验；

(8)DNA 合成抑制试验；

(9)姊妹染色单体互换试验。

上述试验中以 Ames 试验简便、灵敏、经济，比较实用，故在我国毒理学评价程序中，规定为致突变试验中的必检项目。

Ames 试验是 1975 年美国加利福尼亚大学伯克利分校生化系 Ames 教授提出的“鼠伤寒沙门氏菌回复突变试验”。试验研究证明：凡属致癌性的化学物质，其中 80～90% Ames 试验为阳性；非致癌性物质的 70～80% 经 Ames 试验为阴性。1981 年 Ames 本人估算了致癌性与致突变性之间的相关性约为 83%。

鼠伤寒沙门氏菌的突变型(即组氨酸缺陷型)菌株在无组氨酸的培养基上不能生长，而在有组氨酸的培养基上可以正常生长。但是若在无组氨酸的培养基中有致突变物存在，则沙门氏菌突变型菌株发生回复突变，回变为沙门氏菌野生型，即可在无组氨酸的培养基上生长。故可利用该菌的生长与否，检查受试物是否为致突变物。某些致突变剂需要激活后，才能引起沙门氏菌突变型回复突变。这可从大鼠等的肝匀浆中制备一种微粒体活性混合液(S－9)，该物质为激活这类物质所需。其原理可简述如下：

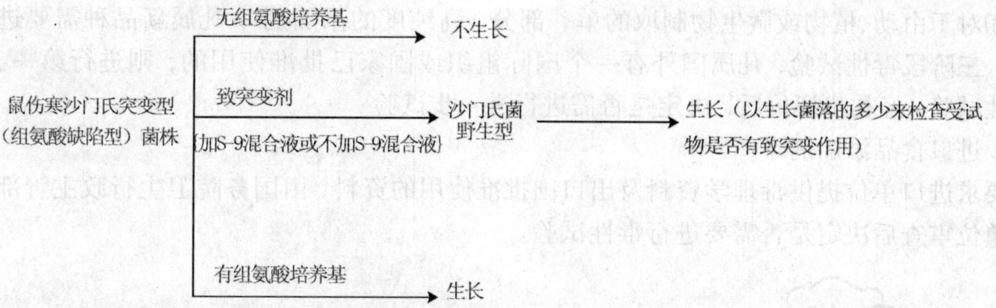

致突变试验是遗传毒理学试验的主要内容，它反映了近年来毒理学安全评价的新进展。如前述，传统的致癌试验时间长，费用高，远不能满足检查众多待测物的需要。尽管致突变试验还不是可靠的方法(即不能把具有致突变性的物质简单判定为致癌物)，但是，作为致癌物的筛选试验，选出必须优先考虑的物质，还是有意义的。特别是近期出现不少致突变试验的测试系统，每一系统均包括多项突变试验，从而可以取长补短，使其与致癌试验的符合率更高。可以预料，随着遗传毒理学的发展，最终有可能找出替代动物终生的致癌试验的简便方法。

四、毒理学评价程序的选择

如前所述，在进行食品添加剂安全性评价时，有各种不同的毒理学试验方法，但是，是否每一种食品添加剂都需要进行这些试验，特别是为了加速此安全评价的进程，完全有必要提供一个统一的评价程序。为制定食品添加剂的使用限量标准，以及食品中的污染物和其他有害物质的允许含量标准，提供毒理学的依据。

1. 香料

鉴于食品中使用的香料品种很多，化学结构很不相同，而且用量很少，在评价时可参考国际组织和国外资料的规定，分别决定需要进行的试验。

⑴凡属世界卫生组织(WHO)已建议批准使用的或已制定日容许量者，以及香料生产协会(FEMA)，欧洲理事会(COE)和国际香料工业组织(IOFI)四个国际组织的两个或两个以上允许使用的，参照国外资料或规定进行评价。

⑵凡属资料不全或只有一个国际组织批准的先进行毒性试验和本程序所规定的致突变试验中一项，经初步评价后，再决定是否需进行进一步试验。

⑶凡属尚无资料可查，国际组织为允许使用的，先进行第一、二阶段毒性试验，经初步评价后，决定是否进行进一步试验。

⑷凡属用动、植物可食部分提取的单一高纯度的天然香料，如其化学结构及有关资料并未提示具有不安全性的，一般不要求进行毒性试验。

2. 其他食品添加剂

⑴凡属毒理学资料比较完整，世界卫生组织已公布日容许量或不需规定日容许量者，要求进行急性毒性试验和两项致突变试验，首选 Ames 试验和骨髓细胞微核试验。但生产工艺、成品的纯度和杂质来源不同者，进行第一、二阶段毒性试验后，根据试验结果考虑是否进行下一阶段试验。

⑵凡属有一个国际组织或国家批准使用，但世界卫生组织未公布日容许量，或资料不完整者，在进行第一、二阶段毒性试验后作初步评价，以决定是否进行进一步的毒性试验。

(3)对于由动、植物或微生物制取的单一部分，高纯度的添加剂，凡属新品种需要进行第一、二、三阶段毒性试验，凡属国外有一个国际组织或国家已批准使用的，则进行第一、二阶段毒性试验，经初步评价后，决定是否需进行进一步试验。

3. 进口食品添加剂

要求进口单位提供毒理学资料及出口国批准使用的资料，由国务院卫生行政主管部门指定的单位审查后决定是否需要进行毒性试验。

项目二　食品添加剂的使用标准

任务1　日容许摄入量(ADI)

日容许摄入量(ADI)又称为每次允许摄入量，指人类每日摄入某物质直至终生，而不产生可检测到的对健康产生危害的量。以每千克体重可摄入的量表示，即 mg/(kg 体重·d)。

ADI 可以由动物的最大无作用量(MNL)或无作用量(NL)而来，前已述及，MNL 是指动物长期摄入该受试物，仍无任何中毒表现的每日最大摄入剂量，单位也是 mg/kg 体重。这可通过以不同受试物的剂量喂饲动物测得。此量对动物是安全的，对人来说，由于考虑到人和动物敏感性的差异，以及其他方面的不同，不应将此数据直接应用于人，而必须有一个安全系数。

安全系数一般定位 100。这是根据种间毒性相差约 10 倍，而同种动物敏感程度不同的个体，也相差约 10 倍所定出来的(10×10)。这是一种粗略的估计值，故应用时，还应根据具体情况决定。例如当受试物资料完整，且有人体观察资料，证明受试物可参与人体正常代谢过程时，此安全系数可以缩小。反之，如动物毒性试验期较短，毒理学资料不全，便须知大安全系数。

通常将动物的最大无作用量除以安全系数(100)，即可求得人体每日允许摄入量。前述 JECFA 1984 年第 28 次会议的技术报告指出，苋菜红在大鼠的长期喂养研究中，无作用量是 50mg/kg 体重，将其除以 100 得 0.5mg/kg 体重，则其 ADI 为 0～0.5mg/kg 体重。

由于动物试验和计算方法的不同，所制订的 ADI 标准亦可有不同，目前各国多以 JECFA 和 CCFA 所制定的标准为准。

任务2　食品中的最大使用量

ADI 是以体重为基础来表示的每人每日允许摄入量，则成人的每日允许摄入量就可以用 ADI 乘以平均体重求得。如成人的平均体重为 60kg，则苋菜红的每日允许摄入总量为 30mg。

必须注意，此 ADI 是指某种或某组物质从外界进入人体的总量。例如对多种磷酸盐如 $Ca_3(PO_4)_2$、$CaHPO_4$，以及其他聚合磷酸盐等，其 ADI 为 0～70mg/kg 体重，这是以磷计，并包括从食品中与食品添加剂摄入的总磷。若某物质除食品外还有其他途径进入人体的情况，则需确定该物质在食品中所占摄入量的比例，再根据 SDI 确定食品中最大允许量。若该物质除食品外并无其他途径进入人体，则该物质的每日允许摄入总量就应该相当于各种食品中该物质的每日摄入总量，大多数食品添加剂属于此种情况。

确定某物质的每日摄入总量，就需要进行人群的膳食调查，根据膳食中含有该物质的各种食品的每日摄取量，分别计算每种食品含有该物质的最高允许量。至于各种食品中的最大使用量是使用标准中的主要内容，通常是根据上述各种食品中的最高允许量并略低于它制定的，目的还是为了人体的安全。具体某种食品的最大允许作用量，还要按照该物质的毒性及在食品中使用的实际需要而定。

总之，使用标准是安全使用食品添加剂的重要指标，食品添加剂的使用标准包括允许使用的食品添加剂品种、用途(目的)、使用范围以及最大使用量(或残留量)，有的还注明使用方法。

关于食品添加剂使用标准的制定程序大致概括如下：

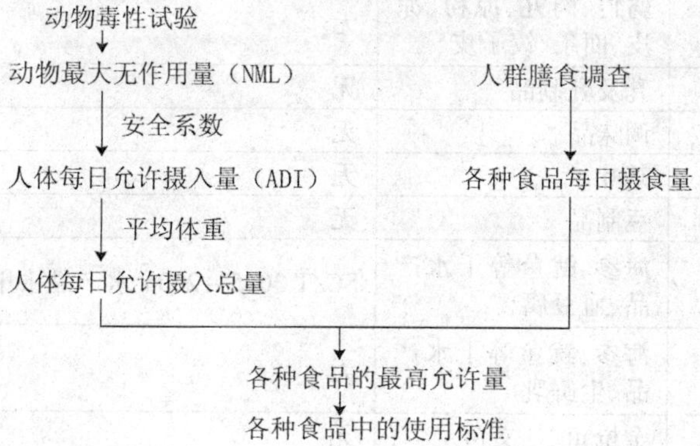

项目三　食品安全事件剖析

披露曝光的重大食品安全事件，既含有非食用物质所致，如苏丹红、三聚氰胺、瘦肉精等，也有超范围、超量滥用食品添加剂所致，如染色馒头事件。通过对重大食品安全事件的梳理，添加非食用物质的案例超过90%，有些还屡次发生。滥用食品添加剂所导致的食品安全事件也层出不穷。为打击在食品生产、流通、餐饮服务中违法添加非食用物质和滥用食品添加剂的行为，保障消费者健康，全国打击违法添加非食用物质和滥用食品添加剂专项整治领导小组自 2008 ~2011 年以来陆续发布了六批《食品中可能违法添加的非食用物质和易滥用的食品添加剂名单》(见表 14 -2，表 14 -3)。

表 14-2　　食品中可能违法添加的非食用物质名单

序号	名称	可能添加的食品品种	检测方法
1	吊白块	腐竹、粉丝、面粉、竹笋	GB/T 21126-2007 小麦粉与大米粉及其制品中甲醛次硫酸氢钠含量的测定；卫生部《关于印发面粉、油脂中过氧化苯甲酰测定等检验方法的通知》（卫监发〔2001〕159 号）附件 2 食品中甲醛次硫酸氢钠的测定方法
2	苏丹红	辣椒粉、含辣椒类的食品（辣椒酱、辣味调味品）	GB/T 19681-2005 食品中苏丹红染料的检测方法高效液相色谱法
3	王金黄、块黄	腐皮	无
4	蛋白精、三聚氰胺	乳及乳制品	GB/T 22388-2008 原料乳与乳制品中三聚氰胺检测方法 GB/T 22400-2008 原料乳中三聚氰胺快速检测液相色谱法
5	硼酸与硼砂	腐竹、肉丸、凉粉、凉皮、面条、饺子皮	无
6	硫氰酸钠	乳及乳制品	无
7	玫瑰红 B	调味品	无
8	美术绿	茶叶	无
9	碱性嫩黄	豆制品	无
10	工业用甲醛	海参、鱿鱼等干水产品、血豆腐	SC/T 3025-2006 水产品中甲醛的测定
11	工业用火碱	海参、鱿鱼等干水产品、生鲜乳	无
12	一氧化碳	金枪鱼、三文鱼	无
13	硫化钠	味精	无
14	工业硫磺	白砂糖、辣椒、蜜饯、银耳、龙眼、胡萝卜、姜等	无
15	工业染料	小米、玉米粉、熟肉制品等	无
16	罂粟壳	火锅底料及小吃类	参照上海市食品药品检验所自建方法
17	革皮水解物	乳与乳制品、含乳饮料	乳与乳制品中动物水解蛋白鉴定-L(-)-羟脯氨酸含量测定（检测方法由中国检验检疫科学院食品安全所提供）。该方法仅适应于生鲜乳、纯牛奶、奶粉
18	溴酸钾	小麦粉	GB/T 20188-2006 小麦粉中溴酸盐的测定—离子色谱法
19	β-内酰胺酶（金玉兰酶制剂）	乳与乳制品	液相色谱法（检测方法由中国检验检疫科学院食品安全所提供）
20	富马酸二甲酯	糕点	气相色谱法（检测方法由中国疾病预防控制中心营养与食品安全所提供）
21	废弃食用油脂	食用油脂	无
22	工业用矿物油	陈化大米	无

续表

23	工业明胶	冰淇淋、肉皮冻等	无
24	工业酒精	勾兑假酒	无
25	敌敌畏	火腿、鱼干、咸鱼等制品	GB T5009.20－2003 食品中有机磷农药残留的测定
26	毛发水	酱油等	无
27	工业用乙酸	勾兑食醋	GB/T 5009.41－2003 食醋卫生标准的分析方法
28	肾上腺素受体激动剂类药物(盐酸克伦特罗，莱克多巴胺等)	猪肉、牛羊肉及肝脏等	GB/T 22286－2008 动物源性食品中多种 β－受体激动剂残留量的测定，液相色谱串联质谱法
29	硝基呋喃类药物	猪肉、禽肉、动物性水产品	GB/T 21311－2007 动物源性食品中硝基呋喃类药物代谢物残留量检测方法，高效液相色谱——串联质谱法
30	玉米赤霉醇	牛羊肉及肝脏、牛奶	GB/T 21982－2008 动物源食品中玉米赤霉醇、β－玉米赤霉醇、α－玉米赤霉烯醇、β－玉米赤霉烯醇、玉米赤霉酮和赤霉烯酮残留量检测方法，液相色谱——质谱/质谱法
31	抗生素残渣	猪肉	无，需要研制动物性食品中测定万古霉素的液相色谱——串联质谱法
32	镇静剂	猪肉	参考 GB/T 20763－2006 猪肾和肌肉组织中乙酰丙嗪、氯丙嗪、氟哌啶醇、丙酰二甲氨基丙吩噻嗪、甲苯噻嗪、阿扎哌垄阿扎哌醇、咔唑心安残留量的测定，液相色谱——串联质谱法 无，需要研制动物性食品中测定安定的液相色谱——串联质谱法
33	荧光增白物质	双孢蘑菇、金针菇、白灵菇、面粉	蘑菇样品可通过照射进行定性检测 面粉样品无检测方法
34	工业氯化镁	木耳	无
35	磷化铝	木耳	无
36	馅料原料漂白剂	焙烤食品	无，需要研制馅料原料中二氧化硫脲的测定方法
37	酸性橙Ⅱ	黄鱼、鲍汁、腌卤肉制品、红壳瓜子、辣椒面和豆瓣酱	无，需要研制食品中酸性橙 II 的测定方法。参照江苏省疾控创建的鲍汁中酸性橙 II 的高效液相色谱——串联质谱法 (说明：水洗方法可作为补充，如果脱色，可怀疑是违法添加了色素)
38	氯霉素	生食水产品、肉制品、猪肠衣、蜂蜜	GB/T 22338－2008 动物源性食品中氯霉素类药物残留量测定
39	喹诺酮类	麻辣烫类食品	无，需要研制麻辣烫类食品中喹诺酮类抗生素的测定方法
40	水玻璃	面制品	无
41	孔雀石绿	鱼类	GB 20361－2006 水产品中孔雀石绿和结晶紫残留量的测定，高效液相色谱荧光检测法(建议研制水产品中孔雀石绿和结晶紫残留量测定的液相色谱——串联质谱法)

续表

42	乌洛托品	腐竹、米线等	无，需要研制食品中六亚甲基四胺的测定方法
43	五氯酚钠	河蟹	SC/T 3030－2006 水产品中五氯苯酚及其钠盐残留量的测定——气相色谱法
44	喹乙醇	水产养殖饲料	水产品中喹乙醇代谢物残留量的测定——高效液相色谱法（农业部 1077 号公告－5－2008）；水产品中喹乙醇残留量的测定——液相色谱法（SC/T 3019－2004）
45	碱性黄	大黄鱼	无
46	磺胺二甲嘧啶	叉烧肉类	GB 20759－2006 畜禽肉中十六种磺胺类药物残留量的测定：液相色谱——串联质谱法
47	敌百虫	腌制食品	GB/T 5009.20－2003 食品中有机磷农药残留量的测定

表 14－3　**食品中可能滥用的食品添加剂品种名单**

序号	食品品种	可能易滥用的添加剂品种	检测方法
1	渍菜（泡菜等）、葡萄酒	着色剂（胭脂红、柠檬黄、诱惑红、日落黄）等	GB/T 5009.35－2003 食品中合成着色剂的测定 GB/T 5009.141－2003 食品中诱惑红的测定
2	水果冻、蛋白冻类	着色剂、防腐剂、酸度调节剂（己二酸等）	无
3	腌菜	着色剂 、防腐剂、甜味剂（糖精钠、甜蜜素等）	无
4	面点、月饼	乳化剂（蔗糖脂肪酸酯等、乙酰化单甘脂肪酸酯等）、防腐剂、着色剂、甜味剂	无
5	面条、饺子皮	面粉处理剂	无
6	糕点	膨松剂（硫酸铝钾、硫酸铝铵等）、水分保持剂磷酸盐类（磷酸钙、焦磷酸二氢二钠等）、增稠剂（黄原胶、黄蜀葵胶等）、甜味剂（糖精钠、甜蜜素等）	GB/T 5009.182－2003 面制食品中铝的测定
7	馒头	漂白剂（硫磺）	无
8	油条	膨松剂（硫酸铝钾、硫酸铝铵）	无
9	肉制品和卤制熟食、腌肉料和嫩肉粉类产品	护色剂（硝酸盐、亚硝酸盐）	GB/T 5009.33－2003 食品中亚硝酸盐、硝酸盐的测定
10	小麦粉	二氧化钛、硫酸铝钾	无
11	小麦粉	滑石粉	GB 21913－2008 食品中滑石粉的测定
12	臭豆腐	硫酸亚铁	无

续表

13	乳制品（除干酪外）	山梨酸	GB/T 21703－2008《乳与乳制品中苯甲酸和山梨酸的测定方法》
14	乳制品（除干酪外）	纳他霉素	参照 GB/T 21915－2008《食品中纳他霉素的测定方法》
15	蔬菜干制品	硫酸铜	无
16	“酒类”（配制酒除外）	甜蜜素	无
17	“酒类”	安塞蜜	无
18	面制品和膨化食品	硫酸铝钾、硫酸铝铵	无
19	鲜瘦肉	胭脂红	GB/T 5009.35－2003 食品中合成着色剂的测定
20	大黄鱼、小黄鱼	柠檬黄	GB/T 5009.35－2003 食品中合成着色剂的测定
21	陈粮、米粉等	焦亚硫酸钠	GB 5009.34－2003 食品中亚硫酸盐的测定
22	烤鱼片、冷冻虾、烤虾、鱼干、鱿鱼丝、蟹肉、鱼糜等	亚硫酸钠	GB/T 5009.34－2003 食品中亚硫酸盐的测定
23	邻苯二甲酸酯类物质，主要包括： 邻苯二甲酸二（2－乙基）己酯（DEHP）、 邻苯二甲酸二异壬酯（DINP）、 邻苯二甲酸二苯酯、 邻苯二甲酸二甲酯（DMP）、 邻苯二甲酸二乙酯（DEP）、 邻苯二甲酸二丁酯（DBP）、 邻苯二甲酸二戊酯（DPP）、 邻苯二甲酸二己酯（DHXP）、 邻苯二甲酸二壬酯（DNP）、 邻苯二甲酸二异丁酯（DIBP）、 邻苯二甲酸二环己酯（DCHP）、 邻苯二甲酸二正辛酯（DNOP）、 邻苯二甲酸丁基苄基酯（BBP）、 邻苯二甲酸二（2－甲氧基）乙酯（DMEP）、 邻苯二甲酸二（2－乙氧基）乙酯（DEEP）、 邻苯二甲酸二（2－丁氧基）乙酯（DBEP）、 邻苯二甲酸二（4－甲基－2－戊基）酯（BMPP）等。	乳化剂类食品添加剂、使用乳化剂的其他类食品添加剂或食品等。	GB/T 21911 食品中邻苯二甲酸酯的测定

从近十年的食品安全事件可见，中国食品安全事件的特点有：①非法使用非食用物质，如三聚氰胺、苏丹红Ⅰ和苏丹红Ⅳ、瘦肉精、增塑剂、敌敌畏；②超量或超范围滥用食品添加剂，如糖精钠、柠檬黄等食品添加剂；③假冒伪劣追求高额利润，如阜阳大头娃娃事件、牛肉膏事件；④类似食品安全事件重复出现，如2001年、2006年、2009年出现的瘦肉精事件。

如前所述，食品添加剂引发的食品安全事件，更多的是超量、超范围使用食品添加剂，但其对消费者的危害与故意制假售假及非食用物质非法添加的危害不可相提并论，比如“染色馒头”与“三聚氰胺”、“瘦肉精”、“阜阳大头娃娃”事件的影响明显不同。媒体舆论在监督、讨论“染色馒头”违法事件的同时，未见与“三聚氰胺”、“瘦肉精”及“阜阳大头娃娃”事件类似的善后处理报道，这从另一方面间接佐证了食品添加剂在合理的使用范围和使用量的前提下，其安全性可以得到充分保证。

思考题

1.中国的食品安全事件表现为几大特征，请举例说明。

2.简述杜绝食品安全事件的举措。

3.简述中国食品添加剂安全性评价的具体步骤，并分析与WHO的区别。

附录

附录 1

(卫生部第 26 号令, 2002-04-25)

第一章 总 则

第一条 为加强食品添加剂卫生管理,防止食品污染,保护消费者身体健康,根据《中华人民共和国食品卫生法》制定本办法。

第二条 本办法适用于食品添加剂的生产经营和使用。

第三条 食品添加剂必须符合国家卫生标准和卫生要求。

第四条 卫生部主管全国食品添加剂的卫生监督管理工作。

第二章 审 批

第五条 下列食品添加剂必须获得卫生部批准后方可生产经营或者使用:

(一)未列入《食品添加剂使用卫生标准》或卫生部公告名单中的食品添加剂新品种;

(二)列入《食品添加剂使用卫生标准》或卫生部公告名单中的品种需要扩大使用范围或使用量的。

第六条 申请生产或者使用食品添加剂新品种的,应当提交下列资料:

(一)申请表;

(二)原料名称及其来源;

(三)化学结构及理化特性;

(四)生产工艺;

(五)省级以上卫生行政部门认定的检验机构出具的毒理学安全性评价报告、连续三批产品的卫生学检验报告;

(六)使用微生物生产食品添加剂时,必须提供卫生部认可机构出具的菌种鉴定报告及安全性评价资料;

(七)使用范围及使用量;

(八)试验性使用效果报告;

(九)食品中该种食品添加剂的检验方法;

(十)产品质量标准或规范;

(十一)产品样品;

(十二)标签(含说明书);

(十三)国内外有关安全性资料及其他国家允许使用的证明文件或资料;

(十四)卫生部规定的其他资料。

第七条 申请食品添加剂扩大使用范围或使用量的,应当提交下列资料:

(一)申请表;

（二）拟添加食品的种类、使用量与生产工艺；

（三）试验性使用效果报告；

（四）食品中该食品添加剂的检验方法；

（五）产品样品；

（六）标签（含说明书）；

（七）国内外有关安全性资料及其他国家允许使用的证明文件或资料；

（八）卫生部规定的其他资料。

第八条 食品添加剂审批程序：

（一）申请者应当向所在地省级卫生行政部门提出申请，并按第六条或第七条的规定提供资料；

（二）省级卫生行政部门应在30天内完成对申报资料的完整性、合法性和规范性的初审，并提出初审意见后，报卫生部审批；

（三）卫生部定期召开专家评审会，对申报资料进行技术评审，并根据专家评审会技术评审意见作出是否批准的决定。

第九条 进口食品添加剂新品种和进口扩大使用范围或使用量的食品添加剂，生产企业或者进口代理商应当直接向卫生部提出申请。申请时，除应当提供本办法第六条、第七条规定的资料外，还应当提供下列资料：

（一）生产国（地区）政府或其认定的机构出具的允许生产和销售的证明文件。

（二）生产企业所在国（地区）有关机构或者组织出具的对生产者审查或认证的证明材料。

进口食品中的食品添加剂必须符合《食品添加剂使用卫生标准》。不符合的，按本办法的有关规定获得卫生部批准后方可进口。

第三章　生产经营和使用

第十条 食品添加剂生产企业必须取得省级卫生行政部门发放的卫生许可证后方可从事食品添加剂生产。

第十一条 生产企业申请食品添加剂卫生许可证时，应当向省级卫生行政部门提交下列资料：

（一）申请表；

（二）生产食品添加剂的品种名单；

（三）生产条件、设备和质量保证体系的情况；

（四）生产工艺；

（五）质量标准或规范；

（六）连续三批产品的卫生学检验报告；

（七）标签（含说明书）。

第十二条 食品添加剂生产企业应当具备与产品类型、数量相适应的厂房、设备和设施，按照产品质量标准组织生产，并建立企业生产记录和产品留样制度。

食品添加剂生产企业应当加强生产过程的卫生管理，防止食品添加剂受到污染和不同品种间的混杂。

第十三条 生产复合食品添加剂的，各单一品种添加剂的使用范围和使用量应当符合《食品添加剂使用卫生标准》或卫生部公告名单规定的品种及其使用范围、使用量。不得将没有同一个使用范围的各单一品种添加剂用于复合食品添加剂的生产，不得使用超出《食品添加剂使用卫生标准》的非食用物质生产复合食品添加剂。

第十四条 企业生产食品添加剂时，应当对产品进行质量检验。检验合格的，应当出具产品检验合格证明；无产品检验合格证明的不得销售。

第十五条 食品添加剂经营者必须有与经营品种、数量相适应的贮存和营业场所。销售和存放食品添加剂，必须做到专柜、专架，定位存放，不得与非食用产品或有毒有害物品混放。

第十六条 食品添加剂经营者购入食品添加剂时，应当索取卫生许可证复印件和产品检验合格证明。禁止经营无卫生许可证、无产品检验合格证明的食品添加剂。

第十七条 食品添加剂的使用必须符合《食品添加剂使用卫生标准》或卫生部公告名单规定的品种及其使用范围、使用量。禁止以掩盖食品腐败变质或以掺杂、掺假、伪造为目的而使用食品添加剂。

第四章 标识、说明书

第十八条 食品添加剂必须有包装标识和产品说明书，标识内容包括：品名、产地、厂名、卫生许可证号、规格、配方或者主要成分、生产日期、批号或者代号、保质期限、使用范围与使用量、使用方法等，并在标识上明确标示"食品添加剂"字样。食品添加剂有适用禁忌与安全注意事项的，应当在标识上给予警示性标示。

第十九条 复合食品添加剂，除应当按本办法第十八条规定标识外，还应当同时标示出各单一品种的名称，并按含量由大到小排列；各单一品种必须使用与《食品添加剂使用卫生标准》相一致的名称。

第二十条 食品添加剂的包装标识和产品说明书，不得有扩大使用范围或夸大使用效果的宣传内容。

第五章 卫生监督

第二十一条 卫生部对可能存在安全卫生问题的食品添加剂，可以重新进行安全性评价，修订使用范围和使用量或做出禁止使用的决定，并予以公布。

第二十二条 县级以上地方人民政府卫生行政部门应当组织对食品添加剂的生产经营和使用情况进行监督抽查，并向社会公布监督抽查结果。

第二十三条 食品卫生检验单位应当按照卫生部制定的标准、规范和要求对食品添加剂进行检验，作出的检验和评价报告应当客观、真实，符合有关标准、规范和要求。

第二十四条 食品添加剂生产经营的一般卫生监督管理，按照《食品卫生法》及有关规定执行。

第六章 罚则

第二十五条 生产经营或者使用不符合食品添加剂使用卫生标准或本办法有关规定的食品添加剂的，按照《食品卫生法》第四十四条的规定，予以处罚。

第二十六条 食品添加剂的包装标识或者产品说明书上不标明或者虚假标注生产日期、保质期限等规定事项的，或者不标注中文标识的，按照《食品卫生法》第四十六条的规定，予以处罚。

第二十七条 违反《食品卫生法》或其他有关卫生要求的，依照相应规定进行处罚。

第七章 附则

第二十八条 本办法下列用语的含义：食品添加剂是指为改善食品品质和色、香、味，以及为防腐和加工工艺的需要而加入食品中的化学合成或天然物质。复合食品添加剂是指由两种以上单一品种的食品添加剂经物理混匀而成的食品添加剂。

第二十九条 本办法由卫生部负责解释。

第三十条 本办法自2002年7月1日起施行。1993年3月15日卫生部发布的《食品添加剂卫生管理办法》同时废止。

附录2 卫生部食品添加剂申报与受理规定

第一条 为规范食品添加剂申报与受理工作，保证审批工作的公平、公正、公开的原则，制定本规定。

第二条 本规定所称食品添加剂是根据《中华人民共和国食品卫生法》和《食品添加剂卫生管理办法》，由卫生部审批的国产和进口食品添加剂。

第三条 凡向卫生部申报的食品添加剂须按国家有关法规和标准的规定进行检验。

第四条 食品添加剂的检验和申报应当按照“卫生部健康相关产品审批工作程序”的规定进行。

第五条 送检食品添加剂新品种样品时，申报单位应同时向检验机构提交食品添加剂的生产工艺及与检验有关的技术资料。

第六条 申报单位应按下列要求向审评机构提交申报资料及样品。申报资料应按下列顺序排列，使用明显的标志区分，并装订成册。

(一)申报食品添加剂新品种时，需提供下列资料(原件1份，复印件10份)：

1. 申请表；
2. 原料名称及其来源；
3. 化学结构及理化特性；
4. 生产工艺；
5. 省级以上卫生行政部门认定的检验机构出具的毒理学安全性评价报告、三批产品的质量和卫生学检验报告；
6. 使用微生物生产食品添加剂时，必须提供卫生部认可机构出具的菌种鉴定报告及安全性评价资料；
7. 使用范围及使用量；
8. 试验性使用效果报告；
9. 食品中该种食品添加剂的检验方法及3批食品中该种添加剂的检验报告，如不能提供须说明情况；
10. 产品质量标准及编制说明；
11. 标签(含说明书)；
12. 国内外有关安全性资料及其他国家允许使用的证明文件或资料；
13. 根据产品特性卫生部认为应提交的其他资料。

(二)申报食品添加剂扩大使用范围或使用量的，需提供下列资料(原件1份，复印件10份)：

1. 申请表；
2. 拟添加食品的种类、使用量与生产工艺；

3. 试验性使用效果报告(考虑营养强化剂的特点，对此不加要求)；

4. 食品中该食品添加剂的检验方法及3批食品中该种添加剂的检验报告，如不能提供须说明情况；

5. 标签(含说明书)；

6. 国内外有关安全性资料及其他国家允许使用的证明文件或资料；

7. 根据产品特性卫生部认为应提交的其他资料。

第七条 申请进口食品添加剂新品种和进口扩大使用范围或使用量的食品添加剂时，除提供第六条规定的资料外，还应当提供下列资料：

(一)生产国(地区)政府或其认定的机构出具的允许生产和销售的证明文件；

(二)生产企业所在国(地区)有关机构或者组织出具的对生产者审查或认证的证明材料。

第八条 申报资料中的检验报告应按下列顺序排列：

毒理学安全性评价报告；

卫生学检验报告；

质量检验报告；

食品中食品添加剂的检验报告；

试验性使用效果报告；

其他所需检验报告。

第九条 同一申报单位同时申报多种食品添加剂时，应按品种逐一申报。

第十条 申报资料中除申请表及检验机构出具的检验报告外，所有资料应逐页加盖申报单位印章(可以是骑缝章)。

第十一条 申报资料均应使用A4规格纸张打印(建议中文使用宋体小4号字，英文使用12号字)。申报的各项内容应完整、清楚，不得涂改。

第十二条 申报资料的复印件应由原件复制，复印件应当清晰并与原件完全一致。

第十三条 申报资料中同一项目的填写应当一致，不得前后矛盾。

第十四条 外文技术性资料均应译为规范的中文，并将译文附在相应的外文资料之后。

第十五条 标签(含说明书)要使用简体中文字、法定计量单位，样稿需加盖法定申请单位公章并注明日期，标签上明确标识“食品添加剂”字样，同时标明下列内容并符合有关要求：

1. 产品名称；

2. 规格、装量与形态；

3. 卫生许可证号；

4. 配方或主要成分，配方按原料的含量多少依次排序；

5. 生产日期和生产批号或者代号；

6. 保质期和使用方法；

7. 使用范围与使用量；

8. 警示性标示，食品添加剂有使用禁忌与安全注意事项的，需警示标出；

9. 生产单位、生产地址、邮政编码、联系电话；

10. 进口食品添加剂应标明生产国和企业名称、经销商及经销商地址、联系电话等。

第十六条 凡经过省级卫生行政部门初审的食品添加剂，申报时应提供省级卫生行政部门的初审意见，加盖省级卫生行政部门公章(其他印章无效)。

第十七条 审评机构受理申报之后，申报单位提交的补充资料，均应写明出具资料的日期，并加盖与原申报单位一致的公章。

第十八条 已受理的食品添加剂，在卫生部做出审批结论之前，申报资料及样品一律不退申报单位。

第十九条 评审时，申报单位代表应准时到会答辩，其代表在评审会上解答技术性问题或作补充说明。申报单位代表可以回答评委提问和做必要的说明，但不参加评议。

申请食品添加剂新品种的还应携带30 g食品添加剂样品及食品样品各2件，申请扩大使用范围或使用量的应携带食品样品2件。

对应到会答辩而缺席者，评审会可不对其申报资料进行评审。

第二十条 根据专家评审意见，如需补充材料，须在两个月内送至审评机构，不能按时送达的应提交情况说明。

第二十一条 未获批准的食品添加剂，申报单位可书面申请退回提交的在生产国（地区）允许生产销售的证明文件，其他申报资料一律不退申报单位，由审评机构存档备查。

第二十二条 在评审过程中，对卫生部审评机构出具的评审意见有异议者，可直接以书面形式提出申诉，也可以要求进行口头申诉。卫生部将于10个工作日内针对申诉内容给予答复。

第二十三条 本规定由卫生部负责解释。

第二十四条 本规定自发布之日起实施，以往卫生部发布的有关文件与本规定不一致的，以本规定为准。

附录3 食品添加剂生产企业卫生规范

第一章 总 则

第一条 为加强食品添加剂生产企业的卫生监督管理，保证食品添加剂的卫生安全，特制定本卫生规范。

第二条 本规范依据《中华人民共和国食品卫生法》和《食品添加剂卫生管理办法》的有关规定制定。

第三条 本规范规定了食品添加剂生产企业选址、设计与设施、原料采购、生产过程、贮存、运输和从业人员的基本卫生要求和管理原则。

第四条 凡从事食品添加剂生产的企业，包括食品香精、香料和食品工业用加工助剂的生产企业都必须遵守本规范。

第五条 各级人民政府卫生行政部门监督本规范的实施。

第二章 选址、设计与设施卫生要求

第六条 凡新建、改建、扩建的食品添加剂生产企业，生产场所的选址、设计和施工除了执行国家有关建设项目管理规定外，还应符合本规范的要求，应经省、自治区、直辖市卫生行政部门审查，并进行竣工验收。

第七条 食品添加剂生产企业应选择地势干燥、水源充足、交通便利的区域。厂区道路应硬化，防止尘土飞扬和积水。厂区周围环境应当绿化，厂区周围25 m内不得有粉尘、有害气体、放射性物质和其他扩散性污染源，不得有昆虫大量滋生的潜在场所。

第八条 生产过程中应具有相应卫生安全设施，可能产生有害气体、粉尘、噪声和污水等污染源的生产场所必须单独设置，并与居民区有适当的卫生防护距离和措施。

第九条 建筑物、设备布局与工艺流程三者衔接合理，防止交叉污染和不同品种间的混杂。

第十条 生产企业应根据生产产品特点和工艺要求设置原料库、产品加工场所、产品包装场所库、检验室、危险品仓库等生产用房。

第十一条 动力、供暖、空调机房、给排水系统和废水、废气、废渣处理系统及其他辅助建筑和设施的设置应不影响生产场所卫生，不对周围环境造成污染。

第十二条 应有与产品类型、生产规模相适应的生产用房，其净高不得低于3m，使用面积不小于200m^2。

第十三条 食品添加剂的产品包装场所和复合食品添加剂的生产场所，其墙壁和屋顶应采用浅色、防潮、防腐蚀、防毒、防渗和不易脱落的无毒材料，地面应平整防滑、耐磨、无毒、耐腐蚀、不渗水、便于清洗。需要清洗的工作区地面应有坡度1°～2°，内设窗台或不设窗台，在最低处应设有地漏，地面不得积水。

第十四条 生产车间、仓库应有良好通风，采用自然通风时，通风面积与地面面积之比不应小于1∶16；采用机械通风时换气量不得小于每小时换气三次。

第十五条 生产车间或工作场所应有充足的自然采光或人工照明。车间采光系数不应低于标准4级，检验场所工作面混合照度不应低于540 1x，加工场所工作面不应低于220 lx，其他场所一般不应低于110 lx。需要避光生产的食品添加剂除外。

第十六条 食品添加剂的生产用设备、工具、管道、容器必须专用并符合相应的卫生要求，采用无毒、无异味、耐腐蚀、不渗水、不变形的材料制作。

第十七条 建筑物及各项设施应根据生产工艺卫生要求和产品生产的特点，相应设置有效的防尘、防鼠、防蚊蝇设施。

第十八条 在生产、使用、贮存强酸、强碱等腐蚀性化学物质的场所，应设置事故警示标识并配有应急处理设施。

第十九条 食品加工助剂以外的食品添加剂生产车间从业人员入口处设更衣室，配备相应的更衣设施，有微生物指标的还应设流水洗手及手消毒设施。

第二十条 产品质量标准中有微生物指标的，应设有专用包装场所，其包装场所应具备空气消毒和净化设施。采用紫外线消毒者，应按每10～15 m^2 30 w设置，高于地面2m吊装。

第三章　生产过程卫生要求

第二十一条 食品添加剂生产企业应建立健全卫生安全保证体系，根据生产工艺制定各工序的岗位操作规程和卫生管理制度并配备卫生管理人员，严格按照规程操作。

第二十二条 食品添加剂生产企业应建立健全检验制度，设立与产品特点相适应的卫生质量检验室，配备相应检验仪器设备。具有经过专业培训，考核合格的检验人员。

第二十三条 采购的原材料必须符合有关标准和规定。进口食品添加剂应索取口岸食品卫生监督检验机构出具的卫生证明。生产复合食品添加剂的各种原料，采购时应向供货方索取该产品的卫生许可证和同批产品的检验合格证明，入库时应进行验收。

第二十四条 生产过程应有各关键控制环节的原始记录，产品应有批批检验原始记录及产品检验报告单，并妥善保管至相应产品的保质期限后六个月。

第二十五条 包装容器和材料符合相应的食品包装材料和容器的国家卫生标准。

第二十六条 产品标签和使用说明书应符合《中华人民共和国食品卫生法》和《食品添加

剂卫生管理办法》的规定。

第二十七条 每批产品必须进行检验，合格后方可出厂。

第二十八条 生产设备、工具、管道、容器、场地等在使用前后均应清洗、维修，检查设备时，不应污染产品。

第二十九条 对生产过程中产生的有害气体、强酸、强碱等化学腐蚀性物质，粉尘、噪声及其他可能影响工人健康的有害因素应进行治理，达到相应卫生标准。

第四章 贮存与运输的卫生要求

第三十条 原料、包装材料和产品必须分库存放，原材料、成品和危险品仓库应与生产规模、产品特点相适应并有专人管理。

第三十一条 原材料应按品种分类验收登记，并分类分区贮存。

第三十二条 产品经检验合格后，按品种、批次分类贮存，应按照《食品添加剂卫生管理办法》要求加贴标签标识，防止相互混杂。贮存条件应根据产品特点，符合相应的卫生要求。

第三十三条 化学腐蚀性、易燃易爆物品应专库贮存，按危险品仓库有关要求管理。

第三十四条 原料和成品运输应根据产品特点，选择适当的运输工具，符合有关卫生要求。运输工具必须清洁、无毒。运输过程中应有防尘、防雨淋、防晒措施，保证产品卫生安全。

第五章 从业人员卫生要求

第三十五条 从业人员上岗前，应经过卫生知识培训、考核合格后方可上岗。

第三十六条 从事食品添加剂的生产人员(包括临时工)应每年进行一次健康检查，取得预防性健康体检合格证明后方可上岗。

凡患有活动性肺结核、病毒性肝炎、肠道传染病及病源携带者、化脓性或慢性渗出性皮肤病等传染病患者不得从事食品添加剂的生产。

第三十七条 生产场所禁止吸烟、进食及进行其他有碍食品添加剂卫生的活动。不得将个人用品带人生产场所，从业人员在生产过程中不得戴戒指、耳环、喷香水等。

第三十八条 从事食品添加剂的包装和复合食品添加剂生产加工的人员，进入生产场所前必须洗净双手，须穿戴清洁的工作衣、帽，头发不得露于帽外。

第六章 附则

第三十九条 本规范由卫生部负责解释。

第四十条 本规范自发布之日起实施。

参考文献

1. 刘钟栋. 食品添加剂[M]. 东南大学出版社, 2006.
2. 胡国华. 复合食品添加剂. 化学工业出版社, 2006.
3. 胡国华. 食品添加剂应用基础. 化学工业出版社, 2005.
4. 胡国华. 食品添加剂在粮油制品中的. 化学工业出版社, 2005.
5. 潘道东. 功能性食品添加剂. 中国轻工业出版社, 2006.
6. 江建军. 食品添加剂应用技术. 科学出版社, 2006.
7. 刘钟栋. 食品添加剂分析方法. 中国轻工业出版社, 2007.
8. U. S. FDA/CFSAN: Food Additive Database. 2001.
9. 郝利平, 陈永泉, 廖小军. 食品添加剂. 中国农业大学出版社
10. 刘志皋, 高彦祥. 食品添加剂基础. 中国轻工业出版社, 1994.
11. 刘钟栋. 食品添加剂原理剂应用技术. 中国轻工业出版社, 2000.
12. 陈正行, 狄济乐. 食品添加剂新产品与新技术. 江苏科学技术出版社, 2002.
13. 刘志皋. 食品添加剂手册 . 中国轻工业出版社, 2001.
14. 郝利平, 陈永泉, 廖小军. 食品添加剂. 中国农业大学出版社
15. 刘志皋, 高彦祥. 食品添加剂基础. 中国轻工业出版社, 1994.
16. 刘钟栋. 食品添加剂原理剂应用技术. 中国轻工业出版社, 2000.
17. 陈正行, 狄济乐. 食品添加剂新产品与新技术. 江苏科学技术出版社, 2002.
18. 刘志皋. 食品添加剂手册. 中国轻工业出版社, 2001.
19. 刘钟栋. 食品添加剂. 东南大学出版社, 2006.
20. 潘道东. 功能性食品添加剂. 中国轻工业出版社, 2006.
21. 江建军. 食品添加剂应用技术. 科学出版社, 2006.
22. 刘志皋, 高彦祥. 食品添加剂基础. 中国轻工业出版社, 1994.
23. 刘钟栋. 食品添加剂原理剂应用技术. 中国轻工业出版社, 2000.
24. 陈正行, 狄济乐. 食品添加剂新产品与新技术. 江苏科学技术出版社, 2002.
25. 黄景荣, 王迪, 李全宏. 香料香精工业的现状及发展趋势. 2008, (7). 28 – 30
26. 孙宝国, 田红玉, 刘玉平. 食品香料香精对食品安全的影响. 现在科学仪器, 2006(1): 49 – 50
27. 孙灵霞, 赵改明, 高晓平. 使用香精香料的功能特性及在食品工业中的应用. 肉类研究, 2010(9): 65 – 68.
28. 杨荣华, 张国农. 香辛料的香气成分及其在食品中的利用. 中国调味品, 2000(10): 26 – 28.
29. 陈明爱. 香精香料在糖果工业中的应用. 中国食品添加剂, 2003(1): 70 – 72.

30. 朱晓明. 胶基糖中的香精应用和胶基糖配方. 食品工业科技, 2005(6):181－182.

31. 孙国宝, 何坚. 香精概论:生产、配方与应用. 第2版. 北京:化学工业出版社, 2006.

32. 杜世祥. 食品香精安全性评价. 中国食品添加剂, 2003(2):16－18.

33. 张亚红, 岳春, 刘玉洁. 食用香精香料的现状及发展趋势. 饮料工业, 2008, 11(9):3－6.

34. 史银飞,路新国. 我国营养强化剂的应用进展[J]. 食品研究与开发,2009,03:181－184.

35. 周爱梅. 食品营养强化剂的应用与展望[J]. 农产品加工,2009,08:12－13.

36. 黄建,霍军生,孙静,王波. 食品营养强化剂在中国的应用现状及前景[J]. 中国食品工业,2008,02:47－50.

37. 新食品营养强化剂使用标准正式实施[J]. 中国酿造,2013,01:143.

38. 刘鲁林,鲍小丹,许中敏. 铁营养强化剂的国内外应用情况及质量安全管理[J]. 食品安全导刊,2013,06:59－60.

39. 张敏洁,幸庆武,姜广军. 规范食品营养强化剂的使用[J]. 中国检验检疫,2010,02:18－19.

40. 孟祥平,张普查. 营养强化剂在食品工业中的应用前景[J]. 食品研究与开发,2013,20:122－124.

41. 于炜. 营养强化剂的选择和使用[J]. 食品工业科技,2002,03:83－85.

42. 邹志飞,林海丹,易蓉,陈永红,刘超. 中国食品添加剂法规标准概述与应用[A]. 广东省预防医学会.2012广东省预防医学会学术年会资料汇编[C]. 广东省预防医学会:,2013:14.

43. 王云. 强化食品不可强食[J]. 生活与健康,2005,10:26－28.

44. 郝利平. 食品添加剂. 北京:中国农业大学出版社, 2002.

45. 侯振建. 食品添加剂及其应用技术. 北京:化学工业出版社, 2004.

46. 张俭波. 美国食品添加剂管理介绍. 中国食品添加剂, 2010, 1:45～47

47. 凌关庭. 食品添加剂手册. 北京:化学工业出版社, 2003.

48. 刘志皋, 高彦祥. 食品添加剂基础. 北京:中国轻工业出版社, 1998.

49. 刘钟栋. 食品添加剂原理及应用技术. 第2版. 北京:中国轻工业出版社, 2000.

50. 彭珊珊, 钟瑞敏, 李琳. 食品添加剂. 北京:中国轻工业出版社, 2004.

51. 姚斯洁. 欧盟与中国食品添加剂法规标准的对比分析. 职业与健康, 2011, 12:1332～1335

52. 于江虹. 我国食品添加剂使用中存在的问题和对策. 食品科技, 2004, 6:1～5

53. 胡国华. 复合食品添加剂. 北京:化学工业出版社, 2006.

54. 姚焕章. 食品添加剂. 北京:中国物资出版社, 2001.

55. 赵丹宇, 郑云雁, 李晓瑜. 食品添加剂与污染物. 北京:中国标准出版社, 2003.

56. 周家华. 食品添加剂. 北京:化学工业出版社, 2001.

57. 温辉梁. 食品添加剂生产技术与应用配方. 南昌:江西科学技术出版社, 2002.

58. 陈正行, 狄济乐. 食品添加剂新产品与新技术. 南京:江苏科学技术出版社, 2002.

59. 孙平. 食品添加剂使用手册. 北京:化学工业出版社, 2004.

60. 郝利平. 食品添加剂. 北京:中国农业大学出版社, 2002.

61. 侯振建. 食品添加剂及其应用技术. 北京:化学工业出版社, 2004.

62. 张俭波. 美国食品添加剂管理介绍. 中国食品添加剂, 2010, 1:45 ~47
63. 凌关庭. 食品添加剂手册. 北京:化学工业出版社, 2003.
64. 刘志臬, 高彦祥. 食品添加剂基础. 北京:中国轻工业出版社, 1998.
65. 刘钟栋. 食品添加剂原理及应用技术. 第2版. 北京:中国轻工业出版社, 2000.
66. 彭珊珊, 钟瑞敏, 李琳. 食品添加剂. 北京:中国轻工业出版社, 2004.
67. 姚斯洁. 欧盟与中国食品添加剂法规标准的对比分析. 职业与健康, 2011, 12: 1332 ~1335
68. 于江虹. 我国食品添加剂使用中存在的问题和对策. 食品科技, 2004, 6:1 ~5
69. 胡国华. 复合食品添加剂. 北京:化学工业出版社, 2006.
70. 姚焕章. 食品添加剂. 北京:中国物资出版社, 2001.
71. 赵丹宇, 郑云雁, 李晓瑜. 食品添加剂与污染物. 北京:中国标准出版社, 2003.
72. 周家华. 食品添加剂. 北京:化学工业出版社, 2001.
73. 温辉梁. 食品添加剂生产技术与应用配方. 南昌:江西科学技术出版社, 2002.
74. 陈正行, 狄济乐. 食品添加剂新产品与新技术. 南京:江苏科学技术出版社, 2002.
75. 孙平. 食品添加剂使用手册. 北京:化学工业出版社, 2004.